全国中等职业学校机械类专业通用教材

全国技工院校机械类专业通用教材（中级技能层级）

冷作工工艺学

（第五版）

人力资源社会保障部教材办公室组织编写

中国劳动社会保障出版社

简介

本书主要内容包括冷作识图、放样与号料、展开放样基础知识、展开放样、矫正、下料、零件预加工、弯形与压延、装配、连接等。

本书由郑文杰担任主编，陈蓉担任副主编，孟广斌、孟庆峰、王忠杰、邹景旺、米光明、李明强参加编写。

图书在版编目（CIP）数据

冷作工工艺学 / 人力资源社会保障部教材办公室组织编写 . --5 版 . -- 北京：中国劳动社会保障出版社，2020

全国中等职业学校机械类专业通用教材 全国技工院校机械类专业通用教材 . 中级技能层级

ISBN 978-7-5167-4623-3

Ⅰ.①冷… Ⅱ.①人… Ⅲ.①冷加工 – 工艺学 – 中等专业学校 – 教材 Ⅳ.①TG386

中国版本图书馆 CIP 数据核字（2020）第 207757 号

中国劳动社会保障出版社出版发行

（北京市惠新东街 1 号 邮政编码：100029）

*

北京市艺辉印刷有限公司印刷装订 新华书店经销

787 毫米 × 1092 毫米 16 开本 15.25 印张 360 千字

2020 年 12 月第 5 版 2020 年 12 月第 1 次印刷

定价：29.00 元

读者服务部电话：（010）64929211/84209101/64921644
营销中心电话：（010）64962347
出版社网址：http://www.class.com.cn
http://jg.class.com.cn

前 言

为了更好地适应全国技工院校机械类专业的教学要求，全面提升教学质量，人力资源社会保障部教材办公室组织有关学校的一线教师和行业、企业专家，在充分调研企业生产和学校教学情况、广泛听取教师对教材使用反馈意见的基础上，对全国技工院校机械类专业通用教材中所包含的车工、钳工、机修钳工、铣工、焊工、冷作工、机床加工等工艺学、技能训练教材进行了修订。

本次教材修订工作的重点主要体现在以下几个方面：

第一，合理更新教材内容。

根据机械类专业毕业生所从事岗位的实际需要和教学实际情况的变化，合理确定学生应具备的能力与知识结构，对部分教材内容及其深度、难度做了适当调整；根据相关专业领域的最新发展，在教材中充实新知识、新技术、新设备、新材料等方面的内容，体现教材的先进性；采用最新国家技术标准，使教材更加科学和规范。

第二，紧密衔接国家职业技能标准要求。

教材编写以国家职业技能标准《车工（2018年版）》《钳工（2020年版）》《铣工（2018年版）》《焊工（2018年版）》等为依据，涵盖国家职业技能标准（中级）的知识和技能要求，并在与教材配套的习题册、技能训练图册中增加了针对相关职业技能鉴定考试的练习题。

第三，精心设计教材形式。

在教材内容的呈现形式上，尽可能使用图片、实物照片和表格等形式将知识点生动地展示出来，力求让学生更直观地理解和掌握所学内容。针对不同的知识点，设计了许多贴近实际的互动栏目，在激发学生学习兴趣和自主学习积极性的同时，使教材"易教易学，易懂易用"。在教材插图的制作中采用了立体造型技术，同时部分教材在印刷工艺上采用了四色印刷，增强了教材的表现力。

第四，引入"互联网+"技术，进一步做好教学服务工作。

在《车工工艺学（第六版）》《车工技能训练（第六版）》《钳工工艺学（第六版）》等教材中使用了增强现实（AR）技术。学生在移动终端上安装App，扫描教材中带有AR图标的页面，可以对呈现的立体模型进行缩放、旋转、剖切等操作，以及观察模型的运动和拆分动画，便于更直观、细致地探究机构的内部结构和工作原理，还可以浏览相关视频、图片、文本等拓展资料。在部分教材中使用了二维码技术，针对教材中的教学重点和难点制作了动画、视频、微课等多媒体资源，学生使用移动终端扫描二维码即可在线观看相应内容。

本套教材中的工艺学教材配有习题册，技能训练教材配有技能训练图册。另外，还配有方便教师上课使用的电子课件，电子课件和习题册答案可通过技工教育网（http://jg.class.com.cn）下载。

本次教材的修订工作得到了辽宁、江苏、浙江、山东、河南等省人力资源和社会保障厅及有关学校的大力支持，在此我们表示诚挚的谢意。

人力资源社会保障部教材办公室

2020 年 8 月

目　录

绪论 ……………………………………………………………………… （1）

第一章　冷作识图 ……………………………………………………… （4）

　§1-1　冷作识图基础知识 ……………………………………………… （4）

　§1-2　典型冷作产品结构图 …………………………………………… （12）

第二章　放样与号料 …………………………………………………… （23）

　§2-1　放样 ……………………………………………………………… （23）

　§2-2　号料 ……………………………………………………………… （32）

第三章　展开放样基础知识 …………………………………………… （35）

　§3-1　求线段实长 ……………………………………………………… （35）

　§3-2　截交线 …………………………………………………………… （41）

　§3-3　相贯线 …………………………………………………………… （45）

　§3-4　断面实形及其应用 ……………………………………………… （50）

第四章　展开放样 ……………………………………………………… （53）

　§4-1　展开的基本方法 ………………………………………………… （53）

　§4-2　基本形体展开法 ………………………………………………… （57）

　§4-3　弯头展开法 ……………………………………………………… （59）

　§4-4　过渡接头展开法 ………………………………………………… （62）

　§4-5　相贯构件展开法 ………………………………………………… （65）

　§4-6　不可展曲面的近似展开 ………………………………………… （70）

　§4-7　板厚处理 ………………………………………………………… （73）

　§4-8　钢材弯形料长计算 ……………………………………………… （76）

　§4-9　钢材质量的计算 ………………………………………………… （82）

第五章　矫正 …………………………………………………………… （83）

　§5-1　矫正原理 ………………………………………………………… （83）

　§5-2　机械矫正 ………………………………………………………… （85）

　§5-3　手工矫正 ………………………………………………………… （88）

　§5-4　火焰矫正 ………………………………………………………… （90）

§5-5 高频热点矫正 ……………………………………………………………（ 93 ）

第六章　下料 ………………………………………………………………（ 94 ）

§6-1 剪切 …………………………………………………………………（ 94 ）

§6-2 冲裁 …………………………………………………………………（102）

§6-3 气割 …………………………………………………………………（113）

§6-4 等离子弧切割 ……………………………………………………（117）

§6-5 数控切割 ……………………………………………………………（121）

第七章　零件预加工 ………………………………………………………（129）

§7-1 钻孔 …………………………………………………………………（129）

§7-2 开坡口 ………………………………………………………………（135）

§7-3 磨削 …………………………………………………………………（139）

第八章　弯形与压延 ………………………………………………………（140）

§8-1 弯形加工基础知识 ………………………………………………（140）

§8-2 压弯 …………………………………………………………………（143）

§8-3 滚弯 …………………………………………………………………（151）

§8-4 压延 …………………………………………………………………（156）

§8-5 水火弯板 ……………………………………………………………（159）

§8-6 其他成形方法 ………………………………………………………（161）

第九章　装配 ………………………………………………………………（163）

§9-1 装配的基本条件和定位原理 ……………………………………（163）

§9-2 装配中的测量 ………………………………………………………（166）

§9-3 装配的夹具和吊具 …………………………………………………（172）

§9-4 装配的基本方法 ……………………………………………………（179）

§9-5 胎型装配法 …………………………………………………………（184）

§9-6 典型结构的装配 ……………………………………………………（187）

§9-7 装配的质量检验 ……………………………………………………（193）

§9-8 工艺规程的基本知识 ………………………………………………（193）

第十章　连接 ………………………………………………………………（196）

§10-1 铆接 ………………………………………………………………（196）

§10-2 螺纹连接 …………………………………………………………（201）

§10-3 焊接 ………………………………………………………………（204）

§10-4 胀接 ………………………………………………………………（220）

附录 …………………………………………………………………………（226）

绪　　论

　　将金属板材、型材及管材，在基本不改变其断面特征的情况下，加工成各种金属结构制品的综合工艺称为冷作工艺，从事冷作工艺的工人称为冷作工，冷作工是机械制造业中的主要工种之一。

一、冷作工的加工对象

　　冷作工的加工对象是金属结构。金属结构按所用材料不同可分为钢结构、有色金属结构和混合结构（由黑色金属材料和有色金属材料混合制成的结构），其中，钢结构为数较多。金属结构的主要形式有桁架结构、容器结构、箱体结构和一般结构。桁架结构是以型材为主体制造的结构，如屋架、桥梁等，如图 0-1a 所示为鸟巢的桁架结构；容器结构是以板材为主体制造的结构，如油罐、锅炉等，如图 0-1b 所示为油罐的容器结构；箱体结构（见图 0-1c）和一般结构则是以板材和型材混合制造的结构，如船舶、机架等。

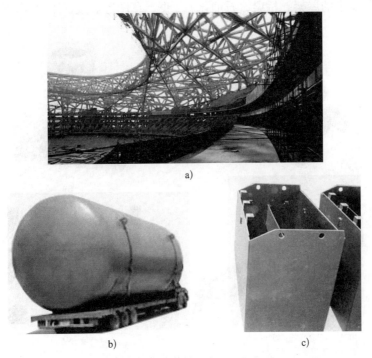

a)

b)　　　　　　　　　c)

图 0-1　金属结构的主要形式

a）鸟巢的桁架结构　b）油罐的容器结构　c）箱体结构

金属结构的连接方法主要有铆接、焊接、螺纹连接和胀接，如图0-2所示。由于焊接技术的高速发展，采用焊接的金属结构越来越多，而铆接的金属结构则日趋减少。

金属结构具有以下特点：产品具有较高的强度和刚度，较低的结构质量；结构设计灵活性大，可按受力和工作情况，在结构的不同部位选用不同强度和不同耐磨、耐腐蚀、耐高温等性能的材料，而且各部位厚度可以相差很大，这与铸件、锻件相比，具有很大的优越性；产品制造所用设备简单，生产周期短，切削加工量小，材料损耗少，从而可以降低生产成本。

金属结构的上述特点使其明显优于其他结构（如铸造、锻造结构），因此金属结构制品得到广泛应用，已经遍及国民经济的各个部门，例如，冶金工业中的高炉炉壳、炼焦设备；机械工业中的制氧机、起重机、大型压力机机架；电力工业中的锅炉、冷凝器、铁塔；交通运输业中的飞机、机车、汽车、船舶；建筑业中的屋架、桥梁；石油化学工业中的塔、器、罐等。金属结构制品在农业、轻工业及国防工业等部门的应用也很普遍。

二、冷作工艺

冷作工艺的主要内容是按冷作产品设计图样的要求，对板材、型材和管材等材料，通过下料、成形、组装、连接和检验等工艺过程，完成产品的制造。

冷作工操作的基本工序有矫正、放样、下料、零件预加工、弯曲成形、装配、连接等，按工序性质可分为备料、放样、加工成形和装配连接四大部分，如图0-3所示。

备料主要指原材料和零件坯料的准备，其中包括材料的矫正、除锈、检验和验收等。如果所制造的零件尺寸比原材料的尺寸大，还需要进行拼接，此时备料工作还包括划线、切割等。

放样是根据产品的图样画出放样图，再根据放样图确定产品或零件的实际形状和尺寸，同时获取产品制造所需要的样板、数据、草图等。放样工序通常包含号料。

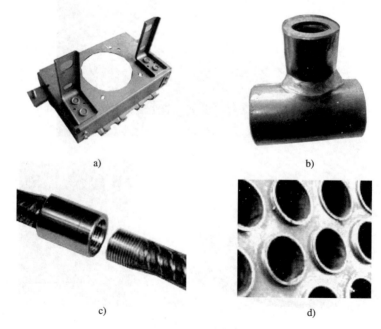

a)

b)

c)

d)

图0-2　金属结构的连接方法

a）铆接　b）焊接　c）螺纹连接　d）胀接

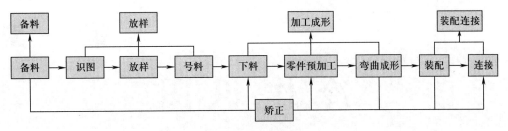

图 0-3　冷作工操作的基本工序

加工成形就是用剪、冲、割（气割或等离子切割）等方法，把坯料从原材料上分离下来，然后利用弯曲、压延、水火弯板等成形方法，将坯料加工成一定的形状。坯料的成形过程通常是在常温下完成的，有时也要在坯料加热后才能进行。

装配连接是将加工好的零件组装成部件或产品，并用适当的方法（如铆接、焊接等）将其连接成整体。

三、本课程的性质和特点

冷作工工艺学是一门综合性、实践性都很强的专门工艺理论课程。为学好这门课程，首先应掌握机械制图、工程力学、金属材料、机械基础等基础理论知识。在学习这门课程的过程中，要密切联系生产实际，把工艺理论知识与操作技能训练紧密地结合起来。同时，学习一些焊接、起重等相关专业知识也是十分必要的。另外，随着工业生产和科学技术的不断发展，冷作工操作的机械化、自动化程度越来越高，计算机放样、自动下料、特种加工成形等新技术、新工艺日益普及，因此，还需注意对冷作工新技术、新工艺的学习。

第 一 章

冷 作 识 图

图样是工程技术界的语言，是生产和检验产品的依据。冷作工在进行加工前，首先必须看懂图样和相关技术要求，才能进行构件的放样、下料、成形、装配和连接，特别是放样工序与机械识图知识密切相关。本章将介绍与冷作识图有关的知识，以满足冷作工放样等工序的工作要求。

§1-1 冷作识图基础知识

由于冷作产品加工对象和加工工艺的特殊性，其图样与其他加工方式的图样有所区别。如图 1-1a 所示，压力容器由接管 1、接管 4、接管 5、接管 6、封头 2、筒体 7 和底座 3 装配而成，通过识读此图可以想象出这个压力容器的整体形状和结构，如图 1-1b 所示。但是图 1-1a 中并没有给出此压力容器的整体尺寸以及各部件的具体尺寸，要制作此容器还需要识读各部件的部件图，如图 1-2 所示为容器底座部件图，表达了容器底座的组成、尺寸以及各零件的具体尺寸。这样先按部件图制作出各零部件，再按总装图将其装配连接成一个整体，这是冷作图样所表达的主要内容。

一、冷作图样的特点

1. 一般冷作图样由总装图、部件图和零件图等组成，图样较多且较复杂。

2. 冷作构件的板厚和构件尺寸相差较大，造成图样上轮廓接合处的线条密集，其细节部分往往很难表达，所以图样中局部放大图、断面图、向视图、省略画法等较多。如图 1-1 所示，在装配图上采用局部剖视图表达断面的内容。

3. 一般图样上只标出主要的技术尺寸，有些零件的尺寸没有标出，只有通过放实样或计算才能确定。如图 1-2 所示，肋板 1 和肋板 3 的高度就需要通过放实样或计算求得。

4. 在加工较大结构件时，由于受到毛坯尺寸的限制，需要进行拼接，而图样上通常未予标出（图 1-1a 中筒体的制作），这就需要按技术要求、受力情况安排焊缝的拼接位置、拼接方式。

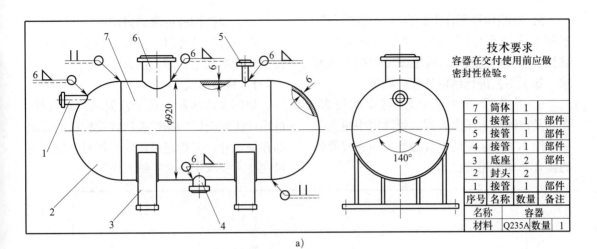

技术要求
容器在交付使用前应做密封性检验。

7	筒体	1	
6	接管	1	部件
5	接管	1	部件
4	接管	1	部件
3	底座	2	部件
2	封头	2	部件
1	接管	1	部件
序号	名称	数量	备注
名称		容器	
材料	Q235A	数量	1

a)

b)

图 1-1　压力容器总装图
a）装配图　b）实物图

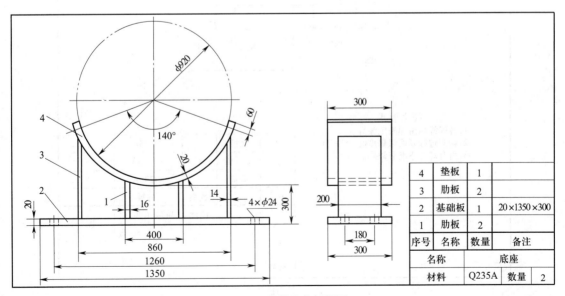

4	垫板	1	
3	肋板	2	
2	基础板	1	20×1350×300
1	肋板	2	
序号	名称	数量	备注
名称		底座	
材料	Q235A	数量	2

图 1-2　容器底座部件图

5. 有些构件图样上接合处的接缝形式、连接方式没有标明（图1-2中各肋板和基础板、垫板的连接），这也需要根据技术要求、加工工艺进行结构处理后确定。

6. 冷作图样中相贯线、截交线较多，尤其是在锅炉、压力容器、管路图中更为常见（图1-1中装配图上各接管与封头或筒体的接合处均为相贯线）。

二、冷作图样的表达方法

识读冷作图样时，首先应熟悉它的表示特点和基本规定，即表达方法。

1. 整体形式

如图1-3所示，对于较简单的焊接件，可用一张较全面的图样表达焊接构件的形状和详细尺寸，其焊缝可用焊缝符号标出，也可在技术要求中用文字统一说明。

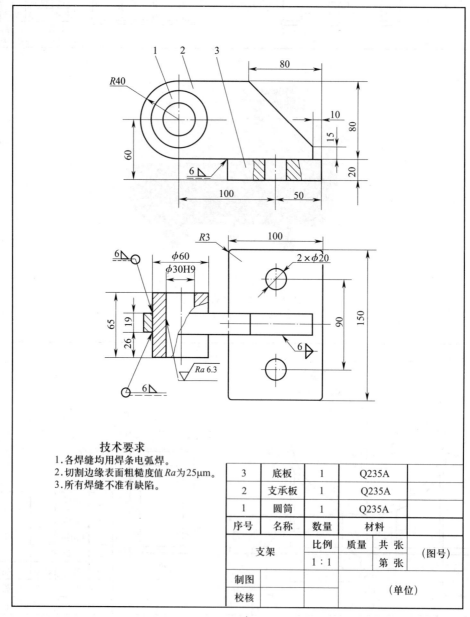

技术要求
1.各焊缝均用焊条电弧焊。
2.切割边缘表面粗糙度值 Ra 为25μm。
3.所有焊缝不准有缺陷。

3	底板	1	Q235A	
2	支承板	1	Q235A	
1	圆筒	1	Q235A	
序号	名称	数量	材料	

支架	比例	质量	共 张	（图号）
	1：1		第 张	
制图			（单位）	
校核				

a)

— 6 —

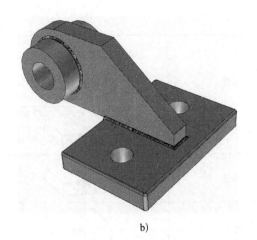

b)

图 1–3　整体形式焊件图

a）装配图　b）三维图

2. 分件形式

分件形式图样除了要求有一张表达装配关系的总装图外，还需要附有每一部件的详图。它适用于表达较复杂的部件，如图 1–1（总装图）、图 1–2（部件图）所示。

三、焊缝符号与焊接方法代号

当焊缝分布比较简单时，可不必画出焊缝，对于焊接要求一般都采用焊缝符号和焊接方法代号来表示，所以说焊缝符号和焊接方法代号也是一种工程界语言。在我国焊缝符号和焊接方法代号分别由国家标准 GB/T 324—2008《焊缝符号表示法》和GB/T 5185—2005《焊接及相关工艺方法代号》统一规定。

焊缝符号可以表示出焊缝的位置、焊缝横截面形状（坡口形状）及坡口尺寸、焊缝表面形状特征、焊缝尺寸或其他要求。

1. 焊缝符号

完整的焊缝符号包括基本符号、指引线、补充符号、尺寸符号及数据等。为了简化，在图样上标注焊缝时通常只采用基本符号和指引线，其他内容一般在有关文件（如焊接工艺规程等）中明确。

（1）符号

1）基本符号　表示焊缝横截面的基本形式或特征，见表 1–1。

表 1–1　　　　　　　　　　基本符号（摘自 GB/T 324—2008）

序号	名称	示意图	符号
1	卷边焊缝（卷边完全熔化）		八
2	I 形焊缝		‖
3	V 形焊缝		V
4	单边 V 形焊缝		V

— 7 —

序号	名称	示意图	符号
5	带钝边 V 形焊缝		Y
6	带钝边单边 V 形焊缝		Y
7	带钝边 U 形焊缝		Y
8	带钝边 J 形焊缝		Y
9	封底焊缝		⌣
10	角焊缝		◺
11	塞焊缝或槽焊缝		⊐
12	点焊缝		○
13	缝焊缝		⊖
14	陡边 V 形焊缝		⊔
15	陡边单 V 形焊缝		⊔
16	端焊缝		‖‖
17	堆焊缝		ᗡ

序号	名称	示意图	符号
18	平面连接（钎焊）		=
19	斜面连接（钎焊）		//
20	折叠连接（钎焊）		⊆

2）基本符号的组合　标注双面焊焊缝或接头时，基本符号可以组合使用，见表 1-2。

3）补充符号　用来补充说明有关焊缝或接头的某些特征（如表面形状、衬垫、焊缝分布、施焊位置等），见表 1-3。

表 1-2　　　　　　基本符号的组合（摘自 GB/T 324—2008）

序号	名称	示意图	符号
1	双面 V 形焊缝（X 焊缝）		X
2	双面单 V 形焊缝（K 焊缝）		K
3	带钝边的双面 V 形焊缝		X
4	带钝边的双面单 V 形焊缝		K
5	双面 U 形焊缝		⅀
6	带钝边的双面 J 形焊缝		K

表 1–3　补充符号（摘自 GB/T 324—2008）

序号	名称	符号	说明
1	平面	———	焊缝表面通常经过加工后平整
2	凹面	⌣	焊缝表面凹陷
3	凸面	⌢	焊缝表面凸起
4	圆弧过渡	⏜	焊趾处过渡圆滑
5	永久衬垫	M	衬垫永久保留
6	临时衬垫	MR	衬垫在焊接完成后拆除
7	三面焊缝	⊓	三面带有焊缝
8	周围焊缝	○	沿着工件周边施焊的焊缝 标注位置为基准线与箭头线的交点处
9	现场焊接	◤	在现场焊接的焊缝
10	尾部	＜	可以表示所需的信息

（2）基本符号和指引线的位置规定

1）指引线　由箭头线和基准线（实线和虚线）组成，如图1–4所示。

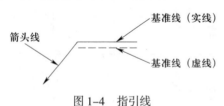

图1–4　指引线

①箭头线　箭头直接指向的接头侧为"接头的箭头侧"，与之相对的则为"接头的非箭头侧"，如图1–5所示。

②基准线　基准线一般应与图样的底边相平行，必要时也可与底边相垂直。实线和虚线的位置可根据需要互换。

2）基本符号与基准线的相对位置

①基本符号在实线侧时，表示焊缝在箭头侧，如图1–6a所示。

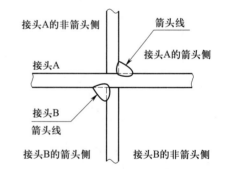

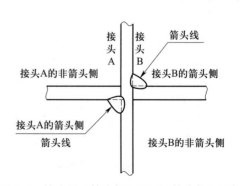

图1–5　接头的"箭头侧"和"非箭头侧"示例

②基本符号在虚线侧时，表示焊缝在非箭头侧，如图1-6b所示。

③对称焊缝允许省略虚线，如图1-6c所示。

④在明确焊缝分布位置的情况下，有些双面焊缝也可省略虚线，如图1-6d所示。

（3）尺寸及标注

1）一般要求　必要时，可以在焊缝符号中标注焊缝尺寸。常用焊缝尺寸符号见表1-4。

2）标注原则　尺寸标注方法如图1-7所示。

①焊缝横截面上的尺寸标注在基本符号的左侧。

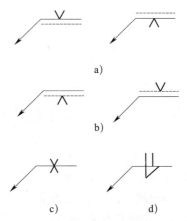

图1-6　基本符号与基准线的相对位置

a）焊缝在接头的箭头侧
b）焊缝在接头的非箭头侧
c）对称焊缝　d）双面焊缝

表1-4　　　　　　　　　　　　常用焊缝尺寸符号

符号	名称	示意图	符号	名称	示意图
t	工件厚度		c	焊缝宽度	
α	坡口角度		K	焊脚尺寸	
β	坡口面角度		d	点焊：熔核直径 塞焊：孔径	
b	根部间隙		n	焊缝段数	
p	钝边		l	焊缝长度	
R	根部半径		e	焊缝间距	
H	坡口深度		N	相同焊缝数量	
S	焊缝有效厚度		h	余高	

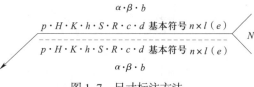

图1-7　尺寸标注方法

②焊缝长度方向尺寸标注在基本符号的右侧。

③坡口角度、坡口面角度、根部间隙标注在基本符号的上侧或下侧。

④相同焊缝数量标注在尾部。

⑤当尺寸较多不易分辨时，可在数据前面标注相应的尺寸符号。

⑥当箭头线方向改变时，上述规则不变。

3）关于尺寸的其他规定

①确定焊缝位置的尺寸不在焊缝符号中标注，应将其标注在图样上。

②在基本符号的右侧无任何尺寸标注又无其他说明时，意味着焊缝在工件的整个长度方向上是连续的。

③在基本符号左侧无任何尺寸标注又无其他说明时，意味着对接焊缝应完全焊透。

④塞焊缝、槽焊缝带有斜边时，应标注其底部的尺寸。

2. 焊接方法代号

为了简化焊接方法的标注和说明，国家标准 GB/T 5185—2005 规定了用阿拉伯数字表示金属焊接及钎焊方法的代号。常用焊接方法代号见表1-5。

表1-5　　　　　　　　　　　　　常用焊接方法代号

焊接方法	代号	焊接方法	代号
电弧焊	1	气焊	3
焊条电弧焊	111	氧乙炔焊	311
埋弧焊	12	氧丙烷焊	312
熔化极惰性气体保护焊	131	压力焊	4
熔化极非惰性气体保护焊	135	摩擦焊	42
钨极惰性气体保护焊	141	扩散焊	45
等离子弧焊	15	其他焊接方法	7
电阻焊	2	电渣焊	72
点焊	21	激光焊	751
缝焊	22	电子束焊	76
闪光焊	24	硬钎焊、软钎焊及钎接焊	9

§1-2　典型冷作产品结构图

冷作识图是相对较复杂的过程。冷作产品的图样一般由总装图和若干零部件图组成，所以识图应先从总装图入手，了解组成产品的各零部件的概况，明确各零部件的组合形式及相互关系。要对总装图技术要求及图框内容了解清楚，为以后产品制造和组装奠定一个良好的基础。对零部件图的分析主要是形状、尺寸、材料应清楚、准确，然后才能有的放矢地安排生产和制定工艺。

冷作识图的基本方法如下。

（1）图样分析　对照总装图和零部件图，分析及了解产品组成、技术要求、各部件构成及相互关系。

（2）形体分析　分析构成产品的各零部件形状、位置和连接方式。

（3）尺寸分析　了解各零部件各部位尺寸（包括基准、尺寸链等）是否正确，对照形体分析正确一致。

（4）综合分析　将零部件连接起来，形成的产品是否符合总装图要求。

（5）确认图样分析正确，可以安排生产和制定工艺。

一、桁架结构图

1. 桁架结构识图的基本知识

桁架结构是由各种形状的型钢组合连接而成的结构。由于钢结构承载能力大，因此常用于高层和超高层建筑、大跨度单体建筑（如体育场馆、会展中心等）、工业厂房、大跨度桥梁等。

一般来讲，桁架结构图比较复杂，它主要包括构件的总体布置图和钢结构节点详图。总体布置图表示整个钢结构构件的布置情况，一般用单线条绘制并标注出几何中心线尺寸；钢结构节点详图包括构件的断面尺寸、类型以及节点的连接方式等。

桁架结构图的表达方式与常规的机械制图表达方式不太一样。因为一些复杂桁架结构件（如工业厂房、桥梁等）的外形尺寸都非常大，又都属于空间立体结构，若采用常规的视图表达方式会有一定困难，所以复杂桁架结构件常采用平面图、立面图和节点详图等方式来表达。

如上所述，由于复杂桁架结构件的表达方式与常规的表达方式不同，因此识图时看到的多数是一些分散的平面图形，没有整体意识。这就要求识图者在读完各种平面图形后，把它们互相联系起来，从而形成整体意识，这是识读复杂桁架结构件图样的关键所在。

2. 桁架结构识图的过程

（1）图样总体分析　如图1-8所示为桁架构件图。通过图样可以看出，该桁架是一个用来支承管道的部件，主要由工字钢、角钢和钢板等零件组成。它是以底脚板为安装基础，采用叠加形式组成的支承式部件，各零件之间的连接采用焊接。

图样采用一个主视图和四个局部剖视图将桁架构件表达清楚，底脚板是部件组装的基础。

（2）组成零件分析　组成该桁架构件的零件分别采用工字钢、角钢和钢板，材料为Q235钢，其中用来支承管道的弧形板需要在下料后滚弯成形。

（3）组成零件具体形状和尺寸分析　部件中所有的工字钢和角钢零件均为符合国家标准的标准型钢；在所有的钢板零件中，除了其中12个连接板为不规则的五边形外，其余钢板零件均为矩形。

就各零件尺寸而言，工字钢（3根）的规格及长度已在图样中标注清楚；所有角钢零件（14根）的规格已经给出，但长度尺寸需要通过放样确定；所有钢板零件除了连接板的尺寸需要通过放样确定以及管道弧形板的展开长度尺寸需要通过工艺计算确定外，其余钢板零件的尺寸都已经在图样中标注清楚。

（4）综合分析并确认　对上述各分析过程进行确认，经过综合分析，确保各零件形状、尺寸、连接方式和位置关系清楚、正确后，可以安排生产和制定工艺。

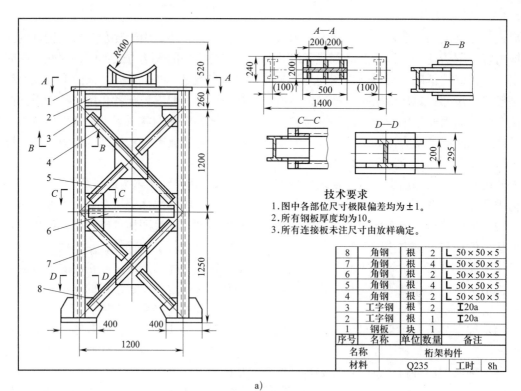

技术要求

1. 图中各部位尺寸极限偏差均为±1。
2. 所有钢板厚度均为10。
3. 所有连接板未注尺寸由放样确定。

8	角钢	根	2	∟ 50×50×5
7	角钢	根	4	∟ 50×50×5
6	角钢	根	2	∟ 50×50×5
5	角钢	根	4	∟ 50×50×5
4	角钢	根	2	∟ 50×50×5
3	工字钢	根	2	Ⅰ20a
2	工字钢	根	1	Ⅰ20a
1	钢板	块	1	
序号	名称	单位	数量	备注
名称		桁架构件		
材料		Q235	工时	8h

a)

b)

图 1-8　桁架构件图

a）装配图　b）实物图

二、板架结构图

1. 板架结构识图的基本知识

一般来说，板架结构是承受压力的，它主要对某些机器、设备或设备中的某些元件起支承作用，如电动机底座、减速器底座、机床床身底座等。由此可见，板架结构属于承载构件，所以要求其具有足够的强度。

组成板架结构的常用材料是钢板，但有时也可采用型钢结构或钢板与型钢组合结构制成。板架结构对强度有较高的要求，但对制造精度的要求并不是很高。

板架结构完全采用了机械制图中规定的机件的各种表达方式来表达，即采用三视图、剖视图、局部视图等将板架结构表达清楚，所以在识读这类构件图样时，最根本的原则是要遵循正投影原理和识图规律。

2. 板架结构识图的过程

（1）读图方法 识读板架结构图应采用形体分析法，分析该制件由哪些基本件所组成，各基本件的结构和形状，它们之间的相对位置及焊接方法。

分析如图1-9所示轴承挂架结构图可知，该结构包括四种基本件。

（2）读图的步骤

1）概括了解 读标题栏和明细栏，了解制件与基本件的名称、数量、材料和绘图比例，初步了解其用途、大小和复杂程度。

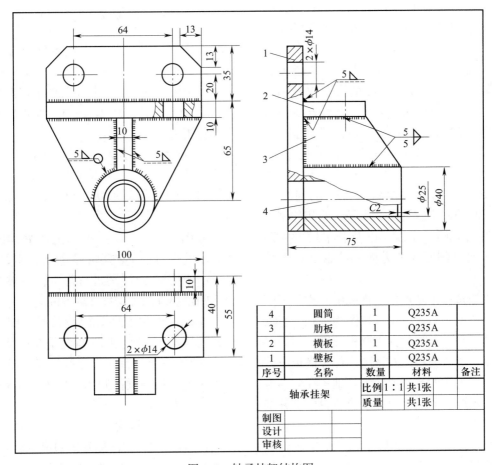

4	圆筒	1	Q235A	
3	肋板	1	Q235A	
2	横板	1	Q235A	
1	壁板	1	Q235A	
序号	名称	数量	材料	备注
轴承挂架		比例1：1	共1张	
		质量	共1张	
制图				
设计				
审核				

图 1-9 轴承挂架结构图

例如，从图 1-9 的标题栏和明细栏中，可知该焊接结构图所表示的是机件的轴承挂架，用于支承其他件。该制件由四种基本件组成，从绘图比例 1∶1 推断实物与图形大小相同，并从图中所标注的尺寸确定该制件总长为 100 mm、总宽为 75 mm、总高为 120 mm（65+35+40/2）。

2）分析视图　了解图中视图的数目、名称、投影关系，明确各视图表示目的，为投影分析奠定基础。

如图 1-9 所示，轴承挂架结构图采用主、俯、左三个基本视图，主、左视图采用局部剖视图。主视图主要表示件 1、件 4 的特征形状以及件 1、件 2、件 3、件 4 的左右和上下相对位置及焊接形式；左视图主要表示件 3 的特征形状以及件 1、件 2、件 3、件 4 的前后、上下相对位置及焊接形式；俯视图主要表示件 2 的形状及两个圆孔的位置。

3）想象各基本件的形状　要想象各基本件的形状，应从焊接结构图中分离出每一个基本件的投影范围。分离方法主要按视图之间的投影度量关系，即"主、俯长对正""主、左高平齐"和"俯、左宽相等"的三等关系，借助于三角板、分规等工具在三视图中找出每部分的对应关系，同时用图中编列出的序号，两相邻基本件接触面只画一条线，以及若采用剖视画法时，通过剖面线的方向和疏密加以区分等。

当把每一个基本件在视图中的投影范围独自分离出来后，以特征视图为基础，想象其立体形状。例如，件 1 壁板及件 4 圆筒以主视图、件 3 肋板以左视图、件 2 横板以俯视图中所表示的特征形状为基础，配合其他视图所对应的形状，便能较快地想象出各基本件的立体形状。

4）综合想象总体形状　当想象出各部分的形状后，还应根据三视图所表示的方位

和连接关系，综合想象出如图 1-10 所示轴承挂架立体形状。但应指出这一步骤往往不是孤立地进行的，而在想象每个基本件的形状时就应该同时进行。

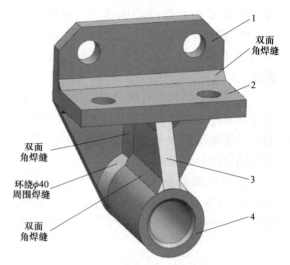

图 1-10　轴承挂架立体图

读图时，从左视图上确定件 1 与件 2、件 3、件 4 的前后相对位置及件 3 与件 2、件 4 的上下相对位置；从主视图上以对称面为准，确定件 1、件 2、件 3、件 4 与对称面的位置关系。

5）熟悉图中所表示的焊接内容　从图中所示的焊接内容，熟悉两相邻基本件的焊接形式、焊缝断面形状、焊缝尺寸及要求等。

如图 1-9 所示，主视图上两处焊缝符号表示壁板与圆筒之间角焊缝的焊脚尺寸为 5 mm，环绕圆筒周围进行焊接；壁板与肋板之间角焊缝的焊脚尺寸为 5 mm。

左视图上也有两处焊缝符号，壁板与横板间的焊缝符号表明该焊缝是焊脚尺寸为 5 mm 的角焊缝；另一焊缝符号表明横板与肋板间、肋板与圆筒间为双面连续角焊缝，焊脚尺寸为 5 mm。

三、容器结构图

1. 容器结构识图的基本知识

容器结构是以板材为主体制造的结构，

如油罐、塔、压力容器等，而且以钢结构为多，有色金属结构较少。就连接方式而言，以焊接连接方式为多，以铆接、胀接和螺栓连接的结构逐渐减少。

这类图样一般是用正投影的三视图来表达的。一般情况下容器图样的高度方向为正面投影，称为主视图；平面方向为俯视投影，称为俯视图，常作为平面方位图；侧面投影是根据容器的具体表达情况而定的。

这类图样一般可分为总装图、部件图和标准件图。

识读这类图样的方法是，首先要看标题栏和明细栏，从标题栏和明细栏可以了解设备名称，图样总张数，设备各结构件的材料、规格和质量以及设备总质量，同时还可以看清各构件所在图号和标准图号（一般常用的法兰、封头、人孔等部件均有标准图）；然后再看总装图的装配图样，对容器的整体结构有一个大概了解，在头脑中先形成容器的空间形体形象；最后再分步骤查看部件图和标准件图，详细了解各构件之间的连接情况和部件的结构、形状，同时还要看图样的技术要求说明。这类图样均有详细的技术要求，以说明制造的质量标准、焊接要求、试压、防腐和工艺配管的管口方位等在图样上不易表达的问题。

2. 容器结构识图的过程

（1）概括了解 如图 1-11 所示为拱顶储罐。从标题栏中以及对图样进行通读后，可以得到如下基本信息：该储罐为立式拱顶储罐，主体结构由罐底、罐体和罐顶三大部分组成，附属结构如盘梯、平台等没有给出。该储罐主体部分所用材料为 Q355 钢，管座材料为 Q235 钢。

（2）分析视图 图样采用了主、俯两面视图将拱顶储罐的结构表达清楚。

图中每个构件都有编号，件号 1 为管座 1，件号 2 为顶板，件号 3 为壁板，件号

4 为底板，件号 5 为管座 2。从明细栏中可以查出顶板、壁板和底板的材料均为 Q355 钢，板厚分别为 10 mm、10 mm 和 16 mm；两个管座有专门的零件图，详细结构及尺寸在零件图中给出。

在视图中使用了焊缝的标注符号，壁板纵缝和环缝的焊接可以从焊缝符号中清楚地看出，外表面开 60° V 形坡口，根部间隙为 2 mm，背面为封底焊；壁板与底板之间采用周围连续焊的角焊缝形式，焊脚尺寸为 8 mm。

（3）了解技术要求 图样中有三条技术要求，均属于正常要求范畴。由于储罐的容积较大，因此必须在现场安装，同样底板也必须进行分块拼接处理。

（4）综合归纳 对上述各分析步骤进行归纳、总结，确认各分析步骤准确无误后，可以安排下一步的生产及制定工艺。

四、管道结构图

管道是所有管线的统称。管线是由管段、管件、阀门等基本单元组成的。

管道结构图也是冷作工经常接触到的。管道结构图常见的是管道布置图和管道施工图。管道布置图应有平面图和立面图，同时应注明各类管道的介质名称、流向、管材名称和规格尺寸以及管件等。在平面布置图中可看到同一平面内管道的数量、走向等，在立面布置图中可看到管道的标高、数量等。

管道施工图有单线图和双线图两种画法，同时有三视图和轴测图等多种图示法。对于阀门、管件、管道的连接形式以及管道的图示符号和标注方法等都有明确的规定。

1. 管道施工图识图的基本知识

（1）标高的标注方法 除注明外，管道一般标注管中心的标高，单位为 m，标到小数点后两位，如零点标注为 ±0.00。标高一般标注在管道的起始点或转弯处，标

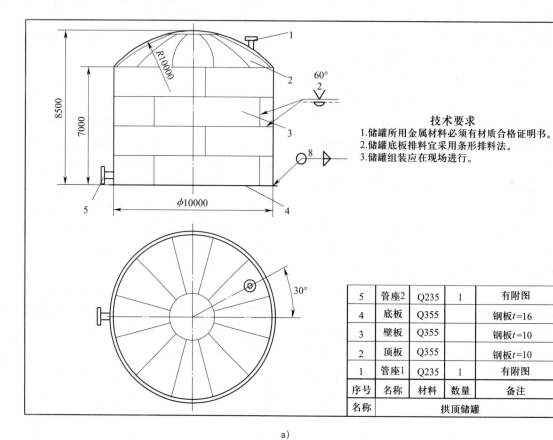

技术要求
1.储罐所用金属材料必须有材质合格证明书。
2.储罐底板排料宜采用条形排料法。
3.储罐组装应在现场进行。

5	管座2	Q235	1	有附图
4	底板	Q355		钢板t=16
3	壁板	Q355		钢板t=10
2	顶板	Q355		钢板t=10
1	管座1	Q235	1	有附图
序号	名称	材料	数量	备注
名称			拱顶储罐	

a)

b)

图 1-11 拱顶储罐

a）装配图　b）实物图

注示例如图1-12所示。在图样中表示时一般采用图1-12c所示的表示方法，若图面位置不够时可采用图1-12d所示的表示方法。

（2）管径的标注方法　对无缝钢管或有色金属管道，应标注为"外径×壁厚"；对水、煤气等其他输送管线，应标注公称直径"DN"。管径标注示例如图1-13所示，对三种不同的管道分别标出了它们的类别代号和钢管的规格型号。

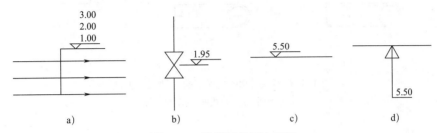

图 1-12　管道标高标注示例

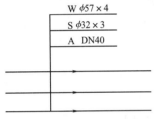

图 1-13　管径标注示例

（3）管段图的表示方法　管道施工图中对管段可采用三视图、双线图和单线图的表示方法，如图1-14所示，分别是用三视图、双线图和单线图表示管段的立面图和平面图。如果只用一条直线段表示管子在立面上的投影，而在平面图上用一小圆点外面加画一个小圆，即为管子的单线图。图1-14c中的三种表达方法所表示的意义是相同的。

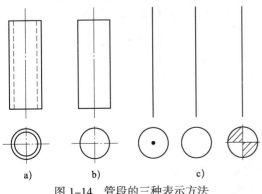

图 1-14　管段的三种表示方法
a）三视图　b）双线图　c）单线图

（4）弯头图的表示方法　如图1-15所示为弯头（90°煨弯）的三种表示方法，图1-15a是弯头的三视图，图1-15b是弯头的双线图，图1-15c是弯头的单线图。从图1-15可以看出，管道图中双线图和单线图的画法仍然有三视图投影画法的基础，只是对三视图的画法进行了简化。在三视图中只要将管子的内径和虚线部分去掉就是管子的双线图。单线图的画法和管段的画法相似，在平面图中先看到立管的断口，后看到横管，画图时对于立管断口投影画成一有圆点的小圆，横管画到小圆边上。在侧面图上先看到立管，横管的断口在背面看不到，这时横管应画成小圆，立管画到小圆的圆心处。

（5）三通管、四通管双线图和单线图的表示方法　如图1-16所示为等径和异径三通的双线图和单线图。其中图1-16a为等径三通的双线图，图1-16b为异径三通的双线图，图1-16c为三通的单线图，在单线图中没有等径和异径的区别。在单线图的左侧图中横管在后，所以立管的单线条横穿小圆；而右侧图中立管在后，所以立管断开画在加点小圆的后面。

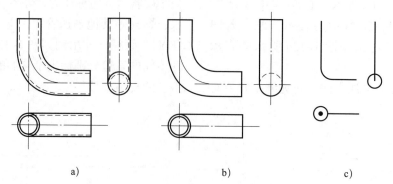

图 1-15　弯头（90°煨弯）的三种表示方法

a）三视图　b）双线图　c）单线图

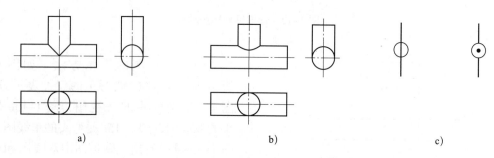

图 1-16　等径和异径三通的双线图和单线图

a）等径三通的双线图　b）异径三通的双线图　c）三通的单线图

　　等径正四通单线图、双线图的表示方法和三通的表示方法相同，如图 1-17 所示。对于异径四通的表示方法可参考前几例来画出。

　　（6）轴测图的表示方法　管道施工图中常用轴测图的表示方法来绘制施工图样。管道的轴测图一般多用单线图表示，能同时反映长、宽、高三个方向的尺寸，立体感

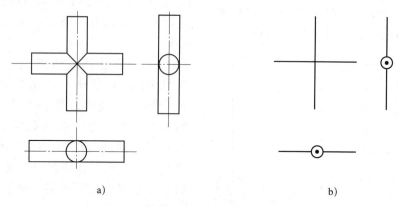

图 1-17　等径正四通的双线图和单线图

a）双线图　b）单线图

强，容易看懂，所以它是管道施工图的重要图样。管道施工图中常用的有正等轴测图和斜等轴测图。

（7）阀门的表示方法　阀门的种类繁多，名称也不统一，可按使用功能或公称压力分类，也可按阀体材料分类。我国阀门产品型号表示方法是由 7 个单元组成的，第一单元用汉语拼音第一个字母表示阀门类型。

例如，闸阀用 Z，球阀用 Q，截止阀用 J，安全阀用 A 等。阀门是管道中通过改变其内部通路面积来控制管路中介质流动的通用机械产品，是管道线路中必不可少的管件，所以在管道施工中必须对阀门有所了解。

阀门符号是在识读管道施工图中经常接触到的图形，常用阀门的图示符号如图 1–18 所示。

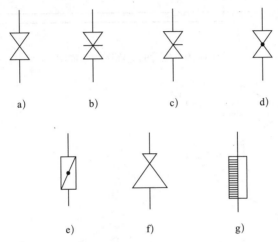

图 1–18　常用阀门的图示符号
a）截止阀　b）闸阀　c）节流阀　d）球阀
e）碟阀　f）减压阀　g）疏水阀

2. 管道施工图识图的过程

如图 1–19 所示为配管的立面图和平面图，是用两视图表示的单线图。因表示配管，所以图中设备用细双点画线画出，管线用粗实线表示。为了便于理解，在立面图和平面图中标出了管线上下、前后和左右的关系。

从图中可以看出阀门用法兰连接的单线图，以及阀门在水平管和立管中连接时阀柄的方向，这在管道施工时是十分重要的，如果方向不对，就可能使阀柄不在指定的操作位置而出现安装错误。另外，从图中还可以

看出介质的流向已在进口、出口处标出，这也是读图时要注意的问题，因有些阀门是有进口、出口方向的。其他图形可用前面讲过的基本知识去理解。

下面将这个配管图例用正等轴测图画出来，如图 1–20 所示。在正等轴测图中，将轴线用细实线画出，管线用粗实线画出，设备仍用细双点画线画出。为绘图方便，把作为左右方向的 OY 轴选在两设备中心的连线上，原点选在两设备的中点。为了便于理解，仍把管线上下、左右、前后与轴线的关系标出来。

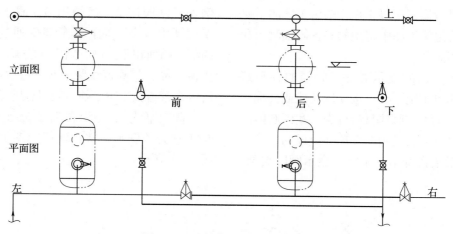

图 1-19　配管的立面图和平面图

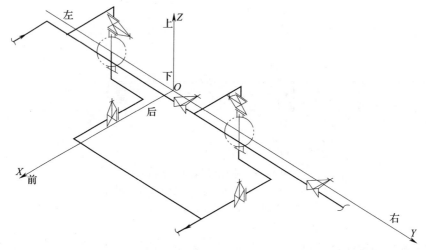

图 1-20　配管的正等轴测图

第 二 章

放样与号料

　　放样是制造金属结构的第一道工序，它对保证产品质量、缩短生产周期、节约原材料等都有着重要的作用。从事这项工作，需要多方面的知识，理论性很强。本章以分析放样过程为重点，同时介绍号料方法。

§2-1　放样

　　放样就是在产品图样基础上，根据产品的结构特点、制造工艺要求等条件，按一定比例（通常取 1:1）准确绘制结构的全部或部分投影图，并进行结构的工艺性处理及必要的计算和展开，最后获得产品制造过程所需要的数据、样杆、样板和草图等。

　　金属结构的放样一般要经过线型放样、结构放样、展开放样三个过程，但并不是所有的金属结构放样都包含上述三个过程，有些构件（如桁架类）完全由平板或杆件组成而无须展开，放样时自然就省去了展开放样过程。本章主要介绍线型放样和结构放样。

一、放样的任务

通过放样，一般要完成以下任务。

1. 详细复核产品图样所表达的构件各部分投影关系、尺寸及外部轮廓形状（曲线或曲面）是否正确并符合设计要求。

产品图样一般都是采用缩小比例的方法来绘制的，各部分投影关系的一致性及尺寸准确程度受到一定的限制，外部轮廓形状（尤其是一般曲面）能否完全符合设计要求较难肯定。而放样图因采用 1:1 的实际尺寸绘制，故设计中不易发现的问题将充分显露，并将在放样中得到解决。这类问题在大型产品放样和新产品试制中比较突出。

2. 在不违背原设计基本要求的前提下，依据工艺要求进行结构处理，这是产品放样必须解决的问题。

结构处理主要是考虑原设计结构从工艺性角度看是否合理、优越，并处理因受所用材料、设备能力和加工条件等因素影响而出现的结构问题。结构处理涉及面较广，有时还很复杂，需要操作者具有较丰富的专业知识和生产实践经验，并对相关专业（如焊接、起重等）

知识有所了解。下面通过两个例子对放样过程中的结构处理问题予以说明。

（1）离心式通风机的机壳中有一零件为进风口，其设计结构如图2-1a所示。它是由锥形筒翻边而成的。从工艺性角度看，按此方案加工难度大，尤其是质量不易保证。某厂在制造该产品时，决定在不降低原设计强度要求的前提下，改为图2-1b所示的三件组合结构（以图中细双点画线为界）。其中A件为一个法兰圈，可由钢板切割而成；B件为一个圆锥筒，可由滚板机滚制而成；C件为一个弧形外弯板筒，可以分为两块压制而成。改进后的产品加工难度降低，质量也容易得到保证，生产效率将有所提高。

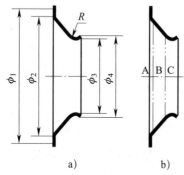

图 2-1 进风口
a）设计结构 b）三件组合结构

（2）如图2-2所示为大圆筒，原设计中只给出了各部位尺寸要求，但由于此大圆筒直径较大，其展开料长较长，需要由几块钢板拼制而成。因此，放样时就应考虑拼接焊缝的位置和接头坡口形式。从保证大圆筒的强度、避免应力集中、防止或减小焊接变形的角度来考虑，采用图2-3所示的拼接位置及坡口形式应该是一个较好的方案。

以上两例说明，结构处理中要考虑的问题是多种多样的，操作者要根据产品的具体情况和企业的加工条件加以妥善解决。

3. 利用放样图，确定复杂构件在缩小比例的图样中无法表达，而在实际制造中又必须明确的尺寸。

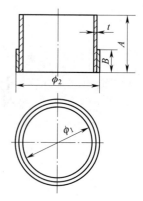

图 2-2 大圆筒

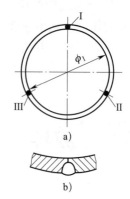

图 2-3 拼接位置及坡口形式
a）拼接位置 b）坡口形式

例如，在锅炉、轮船及飞机制造中，由于其形状和结构比较复杂，尺寸又大，设计图样一般是按1:5、1:10或更小的比例绘制的，因此在图样上除了主要尺寸外，有些尺寸不能全部表达出来，而在实际制造中必须确定每一个构件的尺寸，这就需要通过放样才能解决。

4. 利用放样图，结合必要的计算，求出构件用料的真实形状和尺寸，有时还要画出与之连接的构件的位置线（即算料与展开）。

5. 依据构件的工艺需要，利用放样图设计加工或装配所需的胎具和模具。

6. 为后续工序提供施工依据，即绘制供号料划线用的草图，制作各类样板、样杆和样箱，准备数据资料等。

7. 某些构件还可以直接利用放样图进

行装配时的定位，即所谓"地样装配"。桁架类构件和某些组合框架的装配经常采用这种方法。这时，放样图就画在钢质装配平台上。

二、放样程序与放样过程分析举例

放样的方法有多种，在长期的生产实践中，形成了以实尺放样为主的放样方法。随着科学技术的发展，又出现了比例放样、计算机放样等新工艺，并逐步推广应用。但目前多数企业广泛应用的仍然是实尺放样。即使采用其他新方法放样，一般也要首先熟悉实尺放样的过程。

1. 实尺放样程序

实尺放样就是采用1∶1的比例放样，根据图样的形状和尺寸，用基本的作图方法，以产品的实际大小画到放样台上的工作。由于实尺放样是手工操作，因此要求工作细致、认真，有高度的责任心。

不同行业（如机械、船舶、车辆、化工、冶金、飞机制造等）的实尺放样程序各具特色，但其基本程序大体相同。这里以常见的普通金属结构为例来介绍实尺放样程序。

（1）线型放样 线型放样就是根据结构制造需要，绘制构件整体或局部轮廓（或若干组剖面）的投影基本线型。

进行线型放样时要注意以下几点。

1）根据所要绘制图样的大小和数量多少，安排好各图样在放样台上的位置。为了节省放样台面积和减轻放样劳动量，对于大型结构的放样，允许采用部分视图重叠或单向缩小比例的方法。

2）选定放样划线基准。放样划线基准就是放样划线时用以确定其他点、线、面空间位置的依据，以线作为基准的称为基准线，以面作为基准的称为基准面。在零件图上用来确定其他点、线、面位置的基准称为设计基准。放样划线基准的选择通常与设计基准是一致的。

在平面上确定几何要素的位置，需要两个独立坐标，所以放样划线时每个图要选取两个基准。放样划线基准一般可按以下三种方式选择。

①以两条互相垂直的线（或两个互相垂直的面）作为基准，如图2-4a所示。

②以两条中心线为基准，如图2-4b所示。

③以一个面和一条中心线为基准，如图2-4c所示。

应当指出，较短的基准线可以直接用钢直尺或弹粉线划出，而对于外形尺寸长达几十米甚至超过百米的大型金属结构，则需用拉钢丝配合直角尺或悬挂线锤的方法划出基准线。目前，某些企业已采用激光经纬仪作出大型结构的放样基准线，从而获得较高的精确度。作好基准线后，还要经过必要的检验，并标注规定的符号。

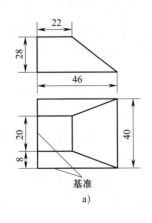

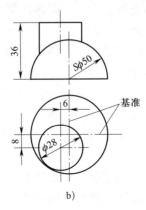

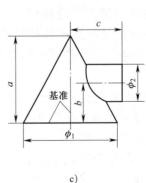

a)　　　　　　b)　　　　　　c)

图2-4　放样划线基准

3）线型放样时首先划基准线，其次才能划其他线。对于图形对称的零件，一般先划中心线和垂直线，以此作为基准，然后再划圆周或圆弧，最后划出各直线段。对于非对称图形的零件，先要根据图样上所标注的尺寸找出零件的两个基准，将基准线划出后，再逐步划出其他圆弧和直线段，最后完成整个放样工作。

4）线型放样以划出设计要求必须保证的轮廓线型为主，而那些因工艺需要可能变动的线型则可暂时不划。

5）进行线型放样必须严格遵循正投影规律。放样时，究竟划出构件的整体还是局部，可依工艺需要而定。但无论是整体还是局部，所划出的线型包含的几何投影必须符合正投影关系，即必须保证投影的一致性。

6）对于具有复杂曲线的金属结构，如船舶、飞行器、车辆等，则往往采用平行于投影面的剖面剖切，划出一组或几组线型表示结构的完整形状和尺寸。

（2）结构放样　结构放样就是在线型放样的基础上，依制造工艺要求进行工艺性处理的过程。它一般包含以下内容。

1）确定各部位接合位置及连接形式。在实际生产中，由于受到材料规格及加工条件等限制，往往需要将原设计中的产品整体分为几部分加工、组合。这时，就需要操作者根据构件的实际情况，正确、合理地确定接合部位及连接形式。此外，对原设计中的产品各连接部位结构形式也要进行工艺分析，对其不合理的部分要加以修改。

2）根据加工工艺及企业实际生产加工能力，对结构中的某些部位或构件给予必要的改动，如图2-1所示。

3）计算或量取零部件料长及平面零件的实际形状，绘制号料草图，制作号料样板、样杆、样箱，或按一定格式填写数据，供数控切割使用。

4）根据各加工工序的需要，设计胎具或胎架，绘制各类加工、装配草图，制作各类加工、装配用样板。

这里需要强调的是，一定要在不违背原设计要求的前提下进行结构的工艺性处理。对设计上有特殊要求的结构或结构上的某些部位，即使加工有困难，也要尽量满足设计要求。凡是对结构做较大的改动，须经设计部门或产品使用单位有关技术部门同意，并由本单位技术负责人批准，方可进行。

（3）展开放样　展开放样是在结构放样的基础上，对不反映实形或需要展开的部件进行展开，以求取实形的过程。其具体过程如下。

1）板厚处理。根据加工过程中的各种因素，合理考虑板厚对构件形状、尺寸的影响，作出欲展开构件的单线图（即理论线），以便据此展开。

2）展开作图。即利用作出的构件单线图，运用正投影理论和钣金展开的基本方法，作出构件的展开图。

3）根据作出的展开图，制作号料样板或绘制号料草图。

2. 放样过程分析举例

在明确了放样的任务和程序后，下面以实例进行综合分析，以便对放样过程有一个具体而深入的了解。

如图2-5所示为冶金炉炉壳主体部件，该部件的放样过程如下。

（1）识读、分析构件图样　在识读、分析构件图样的过程中，主要解决以下问题。

1）弄清构件的用途及一般技术要求。该构件为冶金炉炉壳主体，主要应保证其有足够的强度，尺寸精度要求并不高。因炉壳内还要砌筑耐火砖，所以连接部位允许按工艺要求做必要的变动。

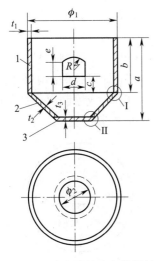

图 2-5 冶金炉炉壳主体部件

2）了解构件的外部尺寸、质量、材料、加工数量等，并结合本企业的加工能力，确定产品的制造工艺。通过分析可知该产品外形尺寸及质量较大，需要较大的工作场地和起重能力。加工过程中，尤其在装配、焊接时，不宜多翻转。又知该产品加工数量少，故装配、焊接都不宜制作专门的胎具。

3）弄清各部位投影关系和尺寸要求，确定可变动与不可变动的部位及尺寸。

还应指出，对于某些大型、复杂的金属结构，在放样前常常需要熟悉大量图样，全面了解所要制作的产品。

（2）线型放样（见图 2-6）

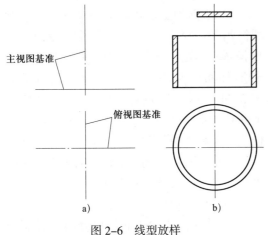

图 2-6　线型放样
a）划基准线　b）划放样图

1）确定放样划线基准。从该件图样看出：主视图应以中心线和炉壳上口轮廓线为放样划线基准，而俯视图应以两中心线为放样划线基准。主、俯视图的放样划线基准确定后，应准确地划出各视图中的基准线。

2）划出构件基本线型。这里件 1 的尺寸必须符合设计要求，可先划出。件 3 的位置已由设计给定，不得改动，也应先划出。而件 2 的尺寸要待处理好连接部位后才能确定，不宜先划出。至于件 1 上的孔，则先划后划均可。

为便于展开放样，这里将构件按其使用位置倒置划出。

（3）结构放样

1）连接部位 I、II 的处理。首先看部位 I，它可以有三种连接形式，如图 2-7 所示。究竟选取哪种连接形式，工艺上主要从装配和焊接两个方面考虑。

从构件装配方面看，因圆筒体（件 1）大而重，易于放稳，故装配时可将圆筒体置于装配平台上，再将圆锥台（包括件 2、件 3）落于其上。这样，三种连接形式除定位外，一般装配环节基本相同。从定位方面考虑，显然图 2-7b 所示的连接形式最不利，而图 2-7c 所示的连接形式则较好。

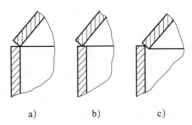

图 2-7　部位 I 连接形式比较
a）外环焊接　b）、c）内、外环缝焊接

从焊接工艺性方面看，显然图 2-7b 所示的连接形式不好，因为内、外两环缝的焊接均处于不利位置，装配后须依装配时位置焊接外环缝，处于横焊和仰焊之间；而翻转工件再焊内环缝时，不但需要仰焊，且受构件尺寸限制，操作极为不便。再比较

图2-7a 和图2-7c 所示两种连接形式，图2-7a 所示的外环缝和内环缝均处于横焊位置，不利于焊接，图2-7c 所示的连接形式更为有利，在外环缝焊接时接近平角焊，翻转工件后内环缝也处于平角焊位置，均有利于焊接操作。

综合以上两方面因素，部位 I 采取图2-7c 所示形式连接为好。

至于部位 II，因件 3 体积小，质量轻，易于装配、焊接，可采用图样所给的连接形式。

I、II 两部位连接形式确定后，即可按以下方法画出件 2（见图2-8）。

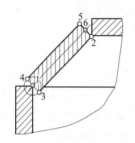

图2-8 圆锥台侧板画法

以圆筒内表面点 1 为圆心、圆锥台侧板 1/2 板厚为半径画一圆。过炉底板下沿点 2 引已画出圆的切线，则此切线即为圆锥台侧板内表面线。分别过点 1 和点 2 引内表面线的垂线，使之长度等于板厚，得点 3、4、5。连接点 4 和点 5，得圆锥台侧板外表面线。同时画出板厚中心线 1—6，供展开放样用。

2）因构件尺寸（a、b、ϕ_1、ϕ_2）较大，且件 2 锥度太大，不能采取滚弯成形方式，需分几块压制成形或手工煨制，然后组对。组对接缝的部位应按不削弱构件强度和尽量减小变形的原则确定，焊缝应交错排列，且不能选在孔眼位置，如图2-9 所示。

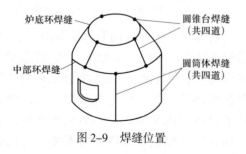

图2-9 焊缝位置

3）计算料长、绘制草图和量取必要的数据。因为圆筒展开后为一个矩形，所以计算圆筒的料长时可不必制作号料样板，只需记录长、宽尺寸即可；做出炉底板的号料样板（见图2-10），或绘制出号料草图，这是一个直径为 ϕ_2 的整圆。

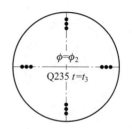

图2-10 炉底板的号料样板

由于圆锥台的结构尺寸发生变动，需要根据放样图上改动后的圆锥台尺寸绘制出圆锥台结构草图，以备展开放样和装配时使用。如图2-11 所示，在结构草图上应标注出必要的尺寸，如大端最外轮廓圆直径 ϕ'、总高度 h_1 等。

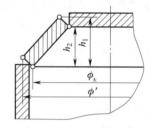

图2-11 圆锥台结构草图

4）依据加工需要制作各类样板。卷制圆筒需要一个卡形样板（见图2-12a），其直径 $\phi=\phi_1-2t_1$；圆锥台弯曲加工需要两个卡形样板（见图2-12b、c），其中 $\phi_大$ 如图2-11 所示，ϕ_2 如图2-5 所示。制作圆筒上开孔的定位样板或样杆也可以采取实测定位或以号料样板代替。

圆锥台若为压制成形，则需要考虑胎模形状和尺寸的设计及胎模制作。

（4）展开放样

1）作出圆锥台表面的展开图，并制作号料样板。

圆筒卡形 $\phi = \phi_1 - 2t_1$	圆锥台大口卡形 $\phi = \phi_大$	圆锥台小口卡形 $\phi = \phi_2$
a)	b)	c)

图 2-12　炉壳制作卡形样板

2）作出筒体开孔孔型的展开图，并制作号料样板。

三、放样台

放样台是进行实尺放样的工作场地，有钢质和木质两种。

1. 钢质放样台

钢质放样台是用铸铁或厚度为 12 mm 以上的低碳钢钢板制成的。钢板连接处的焊缝应铲平磨光，板面要平整。必要时，在板面涂上带胶白粉，板下需用枕木或型钢垫高。

2. 木质放样台

木质放样台为木地板，一般设在室内（放样间）。要求地板光滑、平整，表面无裂缝，木材纹理要细，疤节少，还要有较好的弹性。为保证地板具有足够的刚度，防止产生较大的挠度而影响放样精度，对放样台地板厚度的要求为 70 ~ 100 mm。各板料之间必须紧密连接，接缝应该交错排列。

地板局部的平面度公差规定在 5 m^2 面积内为 ±3 mm。地板表面要涂上两三道底漆，待干后再涂抹一层暗灰色的无光漆，以免地板反光刺眼，同时，该漆面应能将各种色漆鲜明地映衬出。

对放样间要求光线充足，便于看图和划线。

四、样板、样杆的制作

放样过程中，在结构放样和展开放样后，即可着手制作各种样板、样杆。使用样板、样杆进行号料划线，可以大大提高划线的效率和质量。对于板状零件一般都制作样板，型钢零件则制作样杆。

1. 样板的分类

样板按其用途通常分为以下几类。

（1）号料样板　它是供号料或号料同时号孔的样板。如果需制作胎架，还应包括胎架号料用样板。如图 2-10 所示为单一号料样板。

（2）成形样板　它是用于检验成形加工零件的形状、角度、曲率半径及尺寸的样板。成形样板又可分为卡形样板和验形样板。

1）卡形样板　它是用于检查弯形件的角度和曲率（见图 2-12）。

2）验形样板　它是用于成形加工后检查零件整体或某一局部的形状和尺寸，如图 2-13 所示。对于具有双重曲度的复杂构件，常常需要制作一组样板或样箱。验形样板有时也可兼作二次号料用样板。

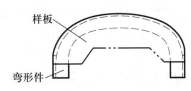

图 2-13　验形样板

（3）定位样板　它是用于确定构件之间的相对位置（如装配线、角度、斜度）和各种孔口的位置、形状。如图 2-14 所示为装配定位角度样板。

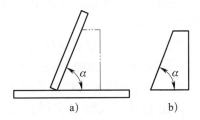

图 2-14　装配定位角度样板
a）样板的使用　b）样板

（4）样杆　样杆主要用于定位，有时也用于简单零件的号料。定位样杆上应标有定位基准线。

2. 制作样板和样杆的材料

制作样板的材料一般采用0.5～2 mm的薄钢板。当样板较大时，可用板条拼成花格骨架，以减轻质量。中、小型零件的样板多用0.5～0.75 mm的薄板制作。为节约钢材，对精度要求不高的一次性样板，可用黄板纸或油毡纸制作。

制作样杆的材料一般采用25 mm×0.8 mm、20 mm×0.8 mm的扁钢条或铅条。木质样杆也常有应用，但木条必须干燥，以防收缩变形。此外，某些行业由于进行计算机放样，有条件采用铝质活络样板，根据计算机提供的数据在专门平台上可得到样板曲边的任何形状，节省了大量制作样板的材料和工时。

3. 样板、样杆的制作

样板、样杆经划样后加工而成。其划样方法主要有以下两种。

（1）直接划样法　即直接在样板材料上划出所需样板的图样。展开号料样板及一些小型平面材料样板多用此法制作。

（2）过渡划样法（又称过样法）　这种方法分为不覆盖过样和覆盖过样两种，多用于制作简单平面图形零件的号料样板和一般加工样板。

不覆盖过样法是通过作垂线或平行线，将实样图中零件的形状、位置引划到样板料上的方法。如图2-15所示为不覆盖过样法，角钢号孔样板就是利用此法划出的。样杆的制作也多用此法。

如图2-16所示，覆盖过样法是事先将需要过样的图线延长到能不被样板材料遮盖的长度，然后将样板材料覆盖在实样上，再利用露出的各延长线将实样各线划出。图2-16中的桁架连接板的样板及图2-12中的各卡形样板均由此法制得。

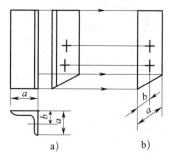

图2-15　不覆盖过样法
a）实样图　b）样板

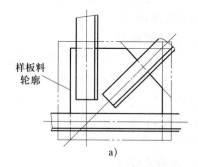

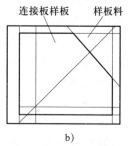

图2-16　覆盖过样法

在样板上划出图样后，有时也考虑加放工艺余量（但多数情况下是将余量直接加放在实料上，样板上只标注出加放余量的部位和数值），然后经过剪、冲、钻、锉等加工制作成样板。样板上必须注明零件图号、名称、件数、材料、规格、基准线、加工符号及其他必要的说明（如表示上下、左右的方位，样杆上注明的边心距、孔径等）。样板、样杆使用后应妥善保管，避免因损坏、变形而影响精度。

在制作样板和进行号料时，经常使用各种符号。目前，放样号料符号并未统一，放样中常用的符号见表2-1。

表 2-1 　　　　　　　　　　　　放样中常用的符号

序号	名称	符号	序号	名称	符号
1	板缝线		5	余料切线 （斜线为余料）	
2	中心线		6	弯曲线	
3	R 曲线		7	结构线	
4	切断线		8	刨边加工	

五、工艺余量与放样允许误差

1. 工艺余量

产品在制造过程中要经过多道工序。由于产品结构的复杂程度、操作者的技术水平和所采取的工艺措施都不会完全相同，因此，在各道工序都会存在一定的加工误差。此外，某些产品在制造过程中还不可避免地产生一定的加工损耗和结构变形。为了消除产品制造过程中加工误差、损耗和结构变形对产品形状及尺寸精度的影响，要在制造过程中采取加放余量的措施，即所谓工艺余量。

确定工艺余量时主要考虑下列因素。

（1）放样误差的影响　包括放样过程和号料过程中的误差。

（2）零件加工误差的影响　包括切割、边缘加工及各种成形加工过程中的误差。

（3）装配误差的影响　包括装配边缘的修整和装配间隙的控制、部件装配和总装的装配误差以及必要的反变形值等。

（4）焊接变形的影响　包括进行火焰矫正变形时所产生的收缩量。

放样时，应全面考虑上述因素，并参照经验合理确定余量加放的部位、方向及数值。

2. 放样允许误差

在放样过程中，由于受到放样量具、工具精度及操作者水平等因素的影响，实样图会出现一定的尺寸偏差。把这种偏差限制在一定的范围内，就叫作放样允许误差。

在实际生产中，放样允许误差值往往随产品类型、尺寸大小和精度要求的不同而不同。常用放样允许误差见表 2-2。

表 2-2 　　　　　　　　　　　　常用放样允许误差

名称	允许误差 /mm	名称	允许误差 /mm
十字线	±0.5	样板和地样	±1
平行线和基准线	±(0.5 ~ 1)	两孔之间	±0.5
轮廓线	±(0.5 ~ 1)	样杆、样条和地样	±1
结构线	±1	加工样板	±1
		装配用样杆、样条	±1

六、光学放样与计算机放样

1. 光学放样

就放样方法而言，目前多数企业广泛应用的仍然是实尺放样，但是对于大型冷作结构件，若采用实尺放样，必须具备庞大的放样台，工作量大而且繁重，以至于不能适应现代化生产的要求。光学放样就是在实尺放样的基础上发展起来的一种新工艺，它是比例放样和光学号料的总称。

比例放样是将构件按 1:5 或 1:10 的比例，采用与实尺放样相同的工艺方法，在一种特制的变形较小的放样台上进行放样，然后再以相同比例将构件展开并绘制成样板图。光学号料就是将比例放样所绘制的样板图再缩小 5 ~ 10 倍进行摄影，然后通过投影机的光学系统，将摄制好的底片放大 25 ~ 100 倍还原成构件的实际形状和尺寸，在钢板上进行号料划线。另外，由比例放样绘制成的仿形图也可供光电跟踪切割机使用。

光学放样法的典型应用领域就是造船工业，它是对传统实尺放样法的一个重大改进。当前，某些造船厂研制成了一项新的造船工艺技术装备——光学放样装置，就是把设计图样中的船体零件图样先按照 1:10 或 1:5 的比例绘成缩小的图样，然后将图样拍成照片，再把底片放在投影器内，最后将被放成 1:1 比例的图样显示在特种放样台的

材料上，在所需材料上进行号料划线和打好记号后，即可运去进行加工。

2. 计算机放样

随着计算机技术的不断发展，在工业生产中，计算机越来越显示出其不可替代的作用。计算机辅助设计（即 CAD）是世界上发展最快的一种技术，在我国同样也得到广泛的应用和较快发展。CAD 技术目前应用最多的是利用计算机的图形系统和软件绘制工程图样，用 CAD 绘制图样能提高绘图质量。现在 CAD 技术已在冷作结构件的放样中得到应用，从而实现了冷作结构件的计算机放样，并且该项技术正在日趋成熟。

计算机辅助设计法是在 AutoCAD 软件环境下运行的，它用计算机屏幕显示代替了传统方法中的钢平台或样板料，利用 AutoCAD 的实时缩放、实时平移、缩放窗口等显示控制命令，很容易地调节绘图平台和图形显示之间的关系。可以通过移动鼠标到达平台的任意位置，使用计算机命令代替了划规、钢直尺、划针等绘图工具，大大降低了劳动强度，提高了放样的精度和工作效率。特别是 AutoCAD 的三维功能，使许多结构多样、外形复杂的冷作结构件的展开变得简单。掌握计算机放样技术并能熟练运用这种方法，可以把一些复杂结构件的放样做得非常出色。

---

§2-2 号料

利用样板、样杆、号料草图及放样得出的数据，在板料或型钢上划出零件真实的轮廓和孔口的真实形状，以及与之连接构件的位置线、加工线等，并注出加工符号，这一

工作过程称为号料。号料通常由手工操作完成（见图 2-17）。目前，光学投影号料、数控号料等一些先进的号料方法也正在被逐步采用，以代替手工号料。

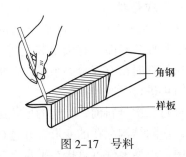

图 2-17　号料

号料是一项细致而重要的工作，必须按有关技术要求进行。同时，还要着眼于产品的整个制造工艺，充分考虑合理用料问题，灵活而又准确地在各种板料、型钢及成形零件上进行号料划线。

一、号料的一般技术要求

1. 熟悉产品图样和制造工艺，合理安排各零件号料的先后顺序，零件在材料上位置的排布应符合制造工艺的要求。

例如，某些需经弯形加工的零件，要求弯曲线与材料的纤维方向垂直；需要在剪床上剪切的零件，其零件位置的排布应保证剪切加工的可能性。

2. 根据产品图样，验明样板、样杆、草图及号料数据；核对钢材牌号、规格，保证图样、样板、材料三者的一致性。对重要产品所用的材料，还要核对其检验合格证书。

3. 检查材料有无裂纹、夹层、表面疤痕或厚度不均匀等缺陷，并根据产品的技术要求酌情处理。当材料有较大变形，影响号料精度时，应先进行矫正。

4. 号料前应将材料垫放平整、稳妥，既要有利于号料划线并保证划线精度，又要保证安全且不影响他人工作。

5. 正确使用号料工具、量具、样板和样杆，尽量减小由于操作不当而引起的号料偏差。例如，弹画粉线时，拽起的粉线应在欲划线的垂直平面内，不得偏斜；用石笔划出的线不应过粗。

6. 号料划线后，在零件的加工线、接缝线及孔的中心位置等处，应根据加工需要打上錾印或样冲眼。同时，按样板上的技术说明，应用涂料标注清楚，为下道工序提供方便。要求文字、符号和线条端正、清晰。

二、合理用料

利用各种方法、技巧，合理铺排零件在材料上的位置，最大限度地提高材料的利用率是号料的一项重要内容。生产中，常采用下述排料方法来达到合理用料的目的。

1. 集中套排号料（见图 2-18）

由于各种零件的材料、规格是多种多样的，为了做到合理使用原材料，在零件数量较多时，可将使用相同牌号材料且厚度相同的零件集中在一起，统筹安排，长短搭配，凹凸相就，这样可以充分利用原材料，提高材料的利用率。

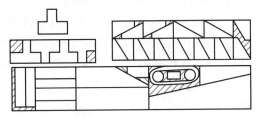

图 2-18　集中套排号料

2. 余料利用

由于每一块钢板或每一根型钢号料后，经常会出现一些形状和长度大小不同的余料。将这些余料按牌号、规格集中在一起，用于小型零件的号料，可最大限度提高材料的利用率。

3. 分块排料法（见图 2-19）

在生产中，为提高材料的利用率，在工艺许可的条件下常用"以小拼整"的结构。例如，在钢板上割制圆环零件时，可将圆环分成 2 个半圆环或 4 个 1/4 圆环，再拼焊而成，这比采用整体结构时材料利用率高。以 1/4 圆环为单元比以 1/2 圆环为单元材料利用率更高。

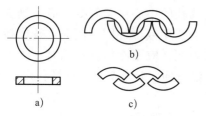

图 2-19　分块排料法

a）整体圆环　b）1/2 圆环　c）1/4 圆环

目前，在某些企业中，上述合理用料的工作已由计算机来完成（即计算机排样），并与数控切割等先进下料方法相结合。

三、型钢号料（见图 2-20）

因型钢截面形状多种多样，故其号料方法也有特殊之处。

1. 整齐端口长度号料

当型钢零件端口整齐，只需确定其长度时，一般采用样杆或卷尺号出其长度尺寸，再利用过线板划出端线，如图 2-20a 所示。

2. 中间切口或异形端口号料

有中间切口或异形端口的型钢号料时，首先利用样杆或卷尺确定切口位置，然后利用切口处形状样板划出切口线，如图 2-20b 所示。

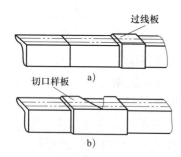

图 2-20　型钢号料

a）利用过线板　b）利用切口样板

3. 在型钢上号孔的位置

在型钢上号孔的位置时，一般先用勒子划出边心线，再利用样杆确定长度方向孔的位置，然后利用过线板划线，有时也用号孔样板来号孔的位置。

四、二次号料

对于某些加工前无法准确下料的零件（如某些热加工零件、有余量装配等），往往在一次号料时留有充分的余量，待加工后或装配时再进行二次号料。

在进行二次号料前，结构的形状必须矫正准确，消除结构存在的变形，并进行精确定位。中、小型零件可直接在平台上二次号料，如图 2-21 所示；大型结构则在现场用常规划线工具，并配合经纬仪等进行二次号料。

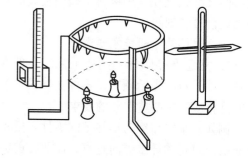

图 2-21　中、小型零件可直接在平台上二次号料

五、号料允许误差

号料划线是为加工提供直接依据。为保证产品质量，对号料划线偏差要加以限制。常用的号料允许误差见表 2-3。

表 2-3　常用的号料允许误差

名称	允许误差 /mm
直线	± 0.5
曲线	±（0.5 ~ 1）
结构线	± 1
钻孔	± 0.5
减轻孔	±（2 ~ 5）
料宽和料长	± 1
两孔（钻孔）距离	±（0.5 ~ 1）
铆接孔距	± 0.5
样冲眼和线间吻合度	± 0.5
扁铲（主印）	± 0.5

第 三 章

展开放样基础知识

展开放样是金属结构制造中放样工序的重要环节，其主要内容是完成各种不同类型的金属板壳构件的展开。要系统掌握展开技术，必须先掌握求线段实长、截交线、相贯线、断面实形等画法几何知识，这些知识是展开技术的理论基础。

§3-1 求线段实长

在构件的展开图上，所有图线（如轮廓线、棱线、辅助线等）都是构件表面上对应线段的实长线。然而，并非构件上所有线段在图样中都反映实长，因此，必须能够正确判断线段的投影是否为实长，并掌握求线段实长的方法。

一、线段实长的鉴别

线段的投影是否反映实长，要根据线段的投影特性来判断。空间各种线段的投影特性简述如下。

1. 垂直线

正投影中，垂直于一个投影面而平行于另两个投影面的线段称为垂直线。垂直线在它所垂直的投影面上的投影为一个点，具有积聚性；而在与其平行的另两个投影面上的投影反映实长。如图 3-1 所示为三种垂直线的投影。

2. 平行线

正投影中，平行于一个投影面而倾斜于另两个投影面的线段称为平行线。平行线在它所平行的投影面上的投影反映实长，而在另两个投影面上的投影为缩短了的直线段。如图 3-2 所示为三种平行线的投影。

3. 一般位置直线

正投影中，与三个投影面均倾斜的线段称为一般位置直线。一般位置直线在三个投影面上的投影均不反映实长，如图 3-3 所示。

4. 曲线

曲线可分为平面曲线和空间曲线。

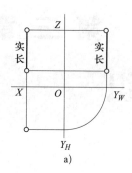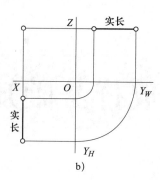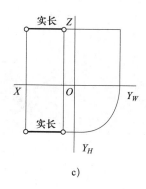

图 3-1　三种垂直线的投影

a）垂直于 *XOY* 面的线　b）垂直于 *XOZ* 面的线　c）垂直于 *ZOY* 面的线

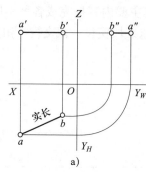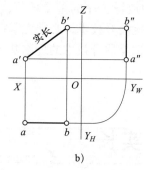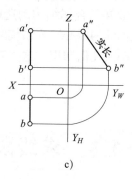

图 3-2　三种平行线的投影

a）平行于 *XOY* 面的线　b）平行于 *XOZ* 面的线　c）平行于 *ZOY* 面的线

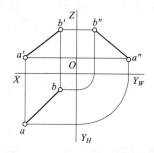

图 3-3　一般位置直线的投影

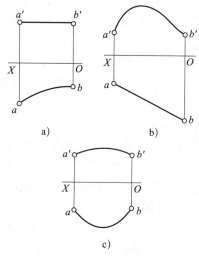

图 3-4　曲线的投影

a）、b）平面曲线　c）空间曲线

（1）平面曲线　平面曲线的投影是否反映实长，由该曲线所在平面的位置来决定。位于平行面上的曲线，在与它平行的投影面上的投影反映实长，而另两个投影面上的投影则为平行于投影轴的直线段（见图 3-4a）；位于垂直面上的曲线，在它所垂直的投影面上的投影积聚成直线段，而在另外两投影面上的投影仍为曲线，但不反映实长（见图 3-4b）。曲线若位于一般位置平面上，则其三面投影均不反映实长。

（2）空间曲线　空间曲线又称翘曲线，这种曲线上各点不在同一平面上，它的各面投影均不反映实长。如图 3-4c 所示为一空间曲线的投影。

注意：只有根据线段的两面或三面投影，才能对其投影是否反映实长做出正确的判断。因此，在进行构件的展开时，首先需要一一对应地找出构件上各线段的投影，以确定非实长线段。

二、求直线段实长

由前述可知，空间一般位置直线的三面投影都不反映实长。在这种情况下，就要运用投影改造的方法求出一般位置直线段的实长。

1. 直角三角形法（见图3-5）

如图3-5a所示为一般位置线段 AB 的直观图。现在分析线段与它的投影之间的关系，以寻找求线段实长的图解方法。过点 B 作 H 面垂线，过点 A 作 H 面平行线且与垂线交于点 C，成直角三角形 ACB，其斜边 AB 是空间线段的实长。两直角边的长度可在投影图上量得：一直角边 AC 的长度等于线段 AB 的水平投影 ab；另一直角边 BC 是线段两端点 A、B 距水平投影面的距离之差，其长度等于正面投影图中的 b′c′。

由上述分析得直角三角形法求实长的投影作图方法，如图3-5b、c 所示。根据实际需要，直角三角形法求实长也可以在投影图外作图（见图3-5d）。

直角三角形法求实长的作图要领如下。

（1）作一个直角。

（2）令直角的一边等于线段在某一投影面上的投影长，直角的另一边等于线段两端点与该投影面的距离差（此距离差可由线段的另一面投影图量取）。

（3）连接直角两边端点成一直角三角形，则其斜边即为线段的实长。

例3-1 直角三角形法求实长的应用。

如图3-6所示为圆方过渡接头的立体图和主、俯视图。俯视图中四个全等的等腰三角形表示其平面部分，各等腰线为圆方过渡线（平面与曲面的分界线）。这些线均为一般位置直线，在视图中不反映实长。为展开需要，还需在曲面部分作出一些辅助线，如 B—2、B—3（点2和点3为1/4圆角的等分点），这些辅助线也是一般位置直线，投影不反映实长。

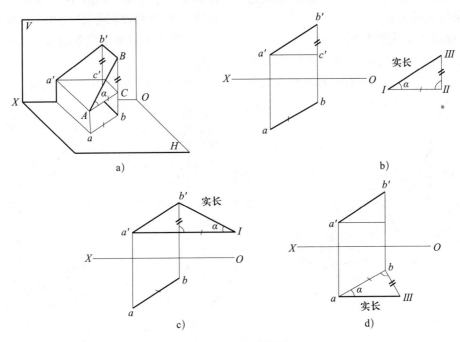

a)

b)

c)

d)

图3-5 直角三角形法

a）一般位置线段 AB 的直观图   b）、c）直角三角形投影作图法   d）在投影图外作图求实长

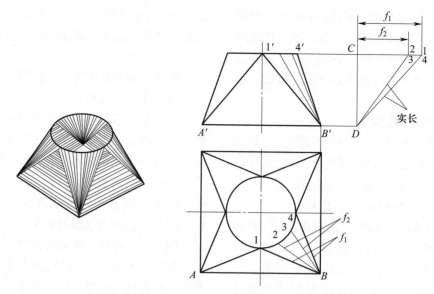

图 3-6　圆方过渡接头的立体图和主、俯视图

实长线求法：上述各线的实长在实际放样时多直接在主视图中作出。为使图面清晰，将求实长作图移至主视图右侧，即以各线段正面投影高度差（距离差）CD 为一直角边，以各线的水平投影长 f_1、f_2 为另一直角边，画出两直角三角形，则三角形的斜边即为所求线段的实长。

2. 旋转法（见图 3-7）

旋转法求实长是将空间一般位置直线绕一垂直于投影面的固定旋转轴旋转成投影面平行线，则该直线段在与之平行的投影面上的投影反映实长。如图 3-7a 所示，以 AO 为轴，将一般位置直线 AB 旋转至与正面平行的 AB_1 位置。此时，线段 AB 已由一般位置变为正平线位置，其新的正面投影 $a'b'_1$ 即为 AB 的实长。如图 3-7b 所示为上述旋转法求实长的投影作图。如图 3-7c 所示为将 AB 线旋转成水平位置以求其实长的作图过程。

旋转法求实长的作图要领如下。

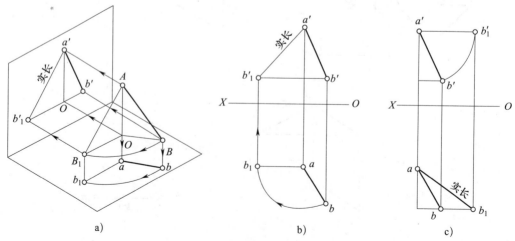

图 3-7　旋转法

a）空间投影　b）旋转法求实长的投影作图　c）作图过程

（1）过线段一端点设一与投影面垂直的旋转轴。

（2）在与旋转轴所垂直的投影面上，将线段的投影绕该轴（投影为一个点）旋转至与投影轴平行。

（3）作线段旋转后与之平行的投影面上的投影，则该投影反映线段实长。

例 3-2 旋转法求实长的应用。

如图 3-8 所示为斜圆锥，为作出斜圆锥表面的展开图，须先求出其圆周各等分点与锥顶连线（素线）的实长。由图 3-8 可知，这些素线除主视图两边轮廓线（$O'—1'$、$O'—5'$）外，均不反映实长。

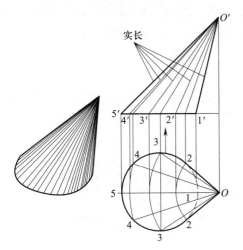

图 3-8 斜圆锥

实长线求法：以 O 为圆心，O 至 2、3、4 各点的距离为半径画同心圆弧，得到与水平中心线 $O—5$ 的各交点。由各交点引上垂线交 $1'—5'$ 于点 $2'$、$3'$、$4'$，连接点 $2'$、$3'$、$4'$ 与 O'，则 $O'—2'$、$O'—3'$、$O'—4'$ 即为所求三条素线的实长。

3. 换面法（见图 3-9）

如前所述，当线段与某一投影面平行时，它在该投影面上的投影反映实长。换面法求实长就是根据线段投影的这一规律，当空间线段与投影面不平行时，设法用一新的与空间线段平行的投影面替换原来的投影面，则线段在新投影面上的投影就能反映实长。

换面法求实长的作图要领如下。

（1）新设的投影轴应与线段的一投影平行。

（2）新引出的投影连线要与新设的投影轴垂直。

（3）新投影面上点的投影至投影轴的距离应与原投影面上点的投影至投影轴的距离相等。

在实际放样时，当构件上求实长的线段较多时，直接应用换面法求实长，会使样图上图线过多，显得零乱。这时往往将求实长作图从投影图中移出（见图 3-10）。换面法的移出作图形式常称为直角梯形法。

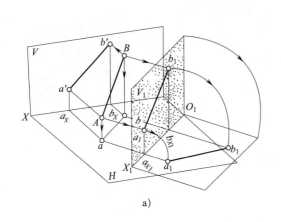

a)

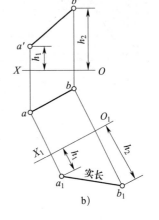

b)

图 3-9 换面法

a）空间投影　b）换面法投影作图

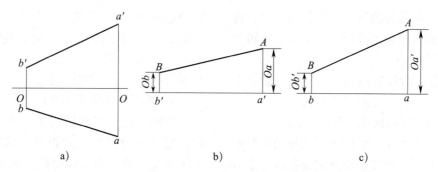

a）投影图　b）与投影 $a'b'$ 平行的换面法　c）与投影 ab 平行的换面法

图 3-10　换面法的应用

例 3-3　换面法求实长的应用举例。

如图 3-11 所示为顶口与底口垂直的圆方过渡接头，其表面各线的实长就是利用换面法移出作图求出的。

三、求曲线实长

求曲线实长，通常是将曲线划分为若干段，当分段足够多时，即可把每一段都近似视为直线段，然后再用上述求线段实长的方法，逐段求出其实长。如图 3-12 所示为斜截圆柱，求它的斜口曲线实长就采用了换面移出作图法，按分段顺序求出每段实长，再连成光滑曲线。

当曲线为平面曲线，又垂直于投影面时，更可直接应用换面法求出其实长，而不必分段，如图 3-13 所示。

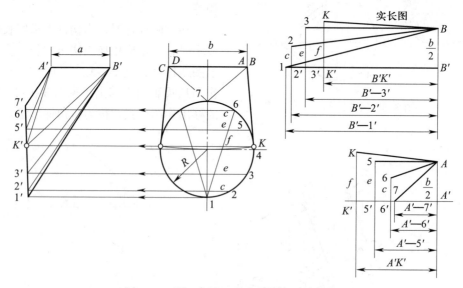

图 3-11　顶口与底口垂直的圆方过渡接头

— 40 —

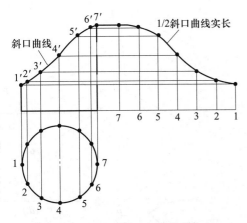

图 3-12 求斜截圆柱斜口曲线实长

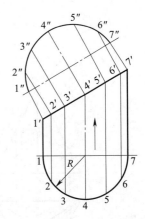

图 3-13 换面法求平面曲线实长

平面与立体表面相交，可以看作立体表面被平面截割。如图 3-14 所示为一个平面与三棱锥相交，截割立体的平面 P 称为截平面，截平面与立体表面的交线 I II III 称为截交线。展开技术中研究平面与立体表面相交的目的是求截交线，因为能否准确求出平面与不同立体表面相交而形成的截交线，将直接影响构件形状及构件展开图的正确性。

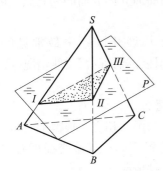

图 3-14 平面与三棱锥相交

一、平面与平面立体相交

平面与平面立体相交，其截交线是由直线组成的封闭多边形。多边形顶点的数目取决于立体与平面相交的棱线的数目。求平面立体截交线的方法有以下两种：

求各棱线与平面的交点，即棱线法。

求各棱面与平面的交线，即棱面法。

上述两种方法的实质是一样的，都是求立体表面与平面的共有点和共有线。作图时，两种方法有时也可相互结合使用。

例 3-4 正垂面 P 与正三棱锥相交，求截交线。

如图 3-15 所示，P 为正垂面，正面投影 P_V 有积聚性，用棱线法可直接求出平面 P 与 SA、SB、SC 三条棱线的交点 I、II、III 的正面投影 1′、2′、3′，然后再求出各点的水平投影 1、2、3。其中，点 II 所在 SB 线为侧平线，不能直接求出点 II 的水平投影点 2。为求点 2，可通过点 2′ 作水平辅助线交 s′c′ 于点 2″，再由点 2″ 引下垂线与 sc 线相交，并由此交点作 bc 的平行线交 sb 于点 2，即为点 II 的水平投影。连接 1—2—3—1 得 △123，就是截交线的水平投影。

— 41 —

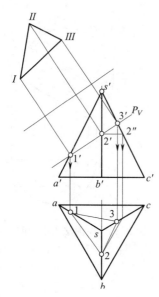

图 3-15 平面与正三棱锥相交的截交线

例 3-5 正垂面 P 与正四棱柱相交，求截交线。

如图 3-16 所示，截平面 P 为正垂面，利用 P_V 的积聚性可以看出，平面 P 与正四棱柱的顶面、底面及 B、D 棱相交。正四棱柱的顶面为水平面，它与平面 P 相交，其正面投影 1′（2′）积聚为一点；水平投影 1—2 为可见直线。同理，正四棱柱的底面也是水平面，它与平面 P 的交线也是正垂线，正面投影 5′（4′）积聚为一点，水平投影 5—4 也可直接按投影规律求出。平面 P 与 B、D 两棱线的交点 VI、III 的正面投影 6′、3′ 和水平投影 6、3 可直接找出。将求出的交点顺次连接，即得所求截交线。

以上两例在求出截交线后，可利用换面法求出截断面实形。

二、平面与曲面立体相交

平面与曲面立体相交，截交线为平面曲线，曲线上的每一点都是平面与曲面立体表面的共有点。所以，若要求截交线，就必须找出一系列共有点，然后用光滑曲线把这些点的同名投影连接起来，即得所求截交线的投影。

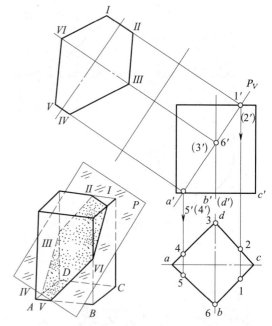

图 3-16 平面与正四棱柱相交的截交线

求曲面立体截交线常用以下两种方法。

素线法：在曲面立体表面取若干条素线，求出每条素线与截平面的交点，然后依次相连成截交线。

辅助平面法：利用特殊位置的辅助平面（如水平面）截切曲面立体，使得到的交线为简单易画的规则曲线（如圆），然后再画出这些规则曲线与所给截平面的交点，即为截平面与曲面立体表面的共有点，可作出截交线。

下面将展开放样中最常见的曲面立体——圆柱和圆锥的截交线情况分别介绍如下。

1. 圆柱

平面与圆柱相交，根据平面与圆柱轴线的相对位置不同，其截交线可有如图 3-17 所示的三种情况。

（1）圆　截平面与圆柱轴线垂直（见图 3-17a）。

（2）平行两直线　截平面与圆柱轴线平行（见图 3-17b）。

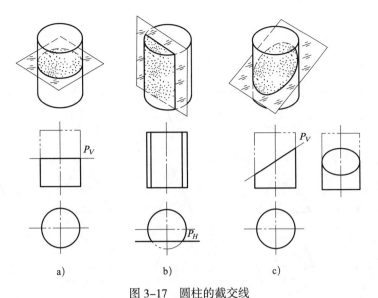

图 3-17　圆柱的截交线

a）截交线为圆　b）截交线为平行两直线　c）截交线为椭圆

（3）椭圆　截平面与圆柱轴线倾斜（见图 3-17c）。

例 3-6　正垂面与圆柱相交，求截交线。

如图 3-18 所示，由于截平面与圆柱轴线倾斜，因此截交线是椭圆。截交线的正面投影积聚于 P_V；水平投影积聚于圆周；侧面投影在一般情况下为一个椭圆，需通过素线求点的方法作图。

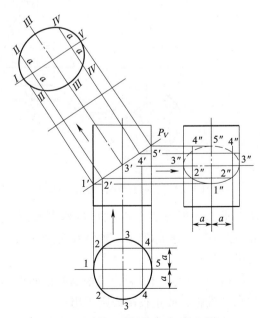

图 3-18　正垂面与圆柱的截交线

先求特殊点。截交线最左点和最右点（也是最低点和最高点）的正面投影 1′、5′ 是圆柱左右轮廓线与 P_V 的交点，其侧面投影 1″、5″ 位于圆柱轴线上，可按正投影"高平齐"的规律求得。截交线最前点和最后点（两点正面重影）的正面投影 3′ 是轴线与 P_V 的交点，其侧面投影 3″、点 3″ 在左视图的轮廓线上。然后，再用素线法求出一般点 II、IV 的正面投影 2′、4′ 和侧面投影 2″、4″。通过各点连成椭圆，即为所求截交线的侧面投影。

然后用换面法可求得截断面实形。

2. 圆锥

平面与圆锥相交，根据平面与圆锥的相对位置不同，其截交线有如图 3-19 所示的五种情况。

（1）圆　截平面与圆锥轴线垂直，截交线为圆（见图 3-19a）。

（2）椭圆　截平面与圆锥轴线倾斜，并截圆锥所有素线，截交线为椭圆（见图 3-19b）。

（3）抛物线　截平面与圆锥母线平行而与圆锥轴线相交，截交线为抛物线（见图 3-19c）。

— 43 —

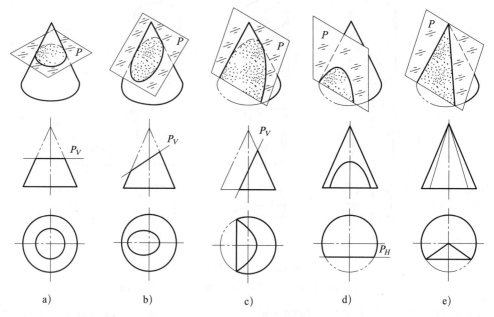

图 3-19　圆锥面的截交线

a）截交线为圆　b）截交线为椭圆　c）截交线为抛物线　d）截交线为双曲线　e）截交线为相交两直线

（4）双曲线　截平面与圆锥轴线平行，截交线为双曲线（见图 3-19d）。

（5）相交两直线　截平面通过锥顶，截交线为相交两直线（见图 3-19e）。

例 3-7　正垂面与圆锥相交，求截交线。

如图 3-20 所示，因为截平面 P 与圆锥轴线倾斜，并与所有素线相交，故可知截交线为椭圆。截交线的正面投影积聚于 P_V，而水平投影和侧面投影可用素线法或辅助平面法求出。本例选用素线法，具体作图过程如下。

先求特殊点。平面 P 与圆锥母线的正面投影交点为 1′、5′，其水平投影在俯视图水平中心线上，按"长对正"的投影规律可直接求出 1、5 两点。1′—5′ 线的中点 3′ 是截交线的最前点和最后点（两点正面投影重合），可过点 3′ 引圆锥表面素线，并作出该素线的水平投影，则点 3′ 的水平投影必在该素线的水平投影上，可按"长对正"的投影规律作出。用同样的方

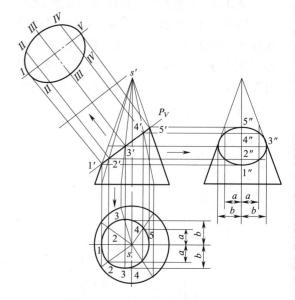

图 3-20　正垂面与圆锥的截交线

法，求出一般点 2′、4′ 对应的水平投影 2、4。通过各点连成椭圆，即得截交线的水平投影。

截交线的侧面投影，可根据其正面投影和水平投影，按正投影规则求出。

截断面实形为椭圆，可用换面法求得。

在展开放样中，经常会遇到各种形体相交而成的构件。如图 3-21 所示的异径正交三通管即由两个不同直径的圆管相交而成。形体相交后，要在形体表面形成相贯线（也称表面交线）。在进行相交形体的展开时，准确地求出其相贯线至关重要。因为相贯线一经确定，复杂的相交形体就可根据相贯线划分为若干基本形体的截体，可将它们分别展开。

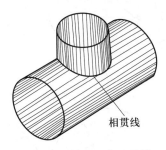

图 3-21 异径正交三通管

由于组成相交形体的各基本形体的几何形状和相对位置不同，相贯线的形状也就各异。但任何相交形体的相贯线都具有以下性质。

（1）相贯线是相交两形体表面的共有线，也是相交两形体表面的分界线。

（2）由于形体都有一定的范围，因此相贯线都是封闭的。

根据相贯线的性质可知，求相贯线的实质就是在相交两形体表面找出一定数量的共有点，将这些共有点依次连接起来（见图 3-22），即得到所求相贯线。求相贯线的方法主要有辅助平面法、辅助球面法和素线法。

一、辅助平面法

用辅助平面法求相贯线，是以一个假想辅助平面截切相交两形体，然后作出两形体

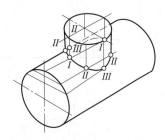

图 3-22 形体表面共有点构成相贯线

的截交线，两截交线的交点即为两形体表面的共有点。当以若干辅助平面截切相交两形体时，就可求出足够多的表面共有点，从而求出相交两形体的相贯线。

下面举例说明用辅助平面法求相贯线的作图方法。

例 3-8 求圆管正交圆锥的相贯线。

分析：圆管正交圆锥，相贯线为空间曲线。相贯线的侧面投影积聚成圆为已知，另外两面投影可用辅助平面法求得。具体作图方法如图 3-23 所示。

（1）相贯线最高点和最低点的正面投影为圆管轮廓线和圆锥母线的交点 $1'$、$5'$，作正面投影时可直接画出。这两点的水平投影可由点 $1'$、$5'$ 按正投影规则求出，为 1、5。

（2）相贯线最前点和最后点的正面投影在圆管轴线位置的素线上，其水平投影在圆管前、后两轮廓线上。为准确求出这两点的投影，可假想用平面 Q 沿圆管轴线位置水平截切相贯体（见图 3-23b），并在水平投影图上作出相贯体的截交线，求得两形体截交线的交点 3、3，即为相贯线的最前点和最后点。这两点的正面投影点 $3'$ 可由点 3 按投影规则在辅助平面 Q 的正面迹线位置上求得。

（3）一般位置点的投影可按上述方法设置辅助平面 P、R 截切相贯体来求得，它们在投影图中为 $2'$、$4'$ 和 2、4。

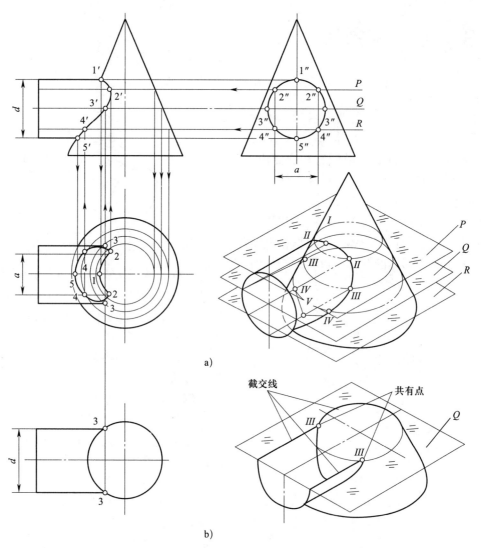

图 3-23　圆管与圆锥管正交相贯线的求法

a）辅助平面作图法求相贯线　b）特殊点的假想辅助平面截切

（4）各相贯点的正面投影和水平投影都求出后，便可用光滑曲线将其连接，以构成完整相贯线的投影。

例 3-9　求圆柱和球偏心相交的相贯线（见图 3-24）。

分析：圆柱面与球面偏心相交时，相贯线为空间曲线。由于圆柱面轴线为铅垂线，因此相贯线的水平投影积聚成圆为已知。相贯线的正面投影需用辅助平面法求得，具体作图过程如图 3-24 所示，不再详细说明。

二、辅助球面法

辅助球面法求相贯线的作图原理与辅助平面法基本相同，只是用以截切相贯体的不是平面而是球面。为了更清楚地说明其原理，先来分析回转体与球相交的一个特殊情况。如图 3-25 所示，当回转体轴线通过球心与球相交时，其交线为平面曲线——圆，特别是当回转体轴线又平行于某一投影面（在图 3-25 中为正面）时，则交线在该投影面的投影为一条直线段。回转体与球相交的这一特殊性质提供了用辅助球面作图的方法。

— 46 —

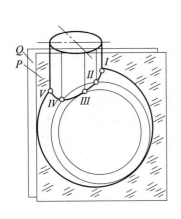

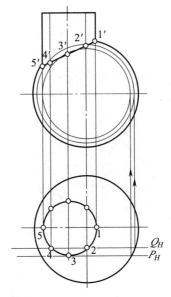

图 3-24　圆柱与球相贯

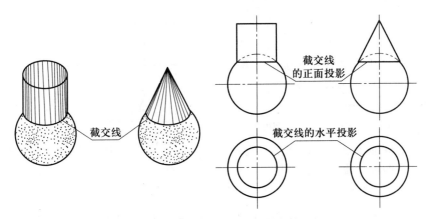

图 3-25　回转体与球相交的特殊情况

如图 3-26 所示，当两相交回转体轴线相交，且平行于某一投影面时，可以两轴线交点为球心，在相贯区域内用一个辅助球面（在投影图中一半径为 R 的圆）截切两回转体，然后求出各回转体的截交线（该截交线在投影图中表现为直线），两截交线的交点 A、B 就是相交两回转体表面的共有点，即相贯点。当以必要多的辅助球面截切相贯体时，就可求出足够多的相贯点。将各相贯点连成光滑曲线，就是所求的相贯线。这便是用辅助球面法求相贯线的作图原理。

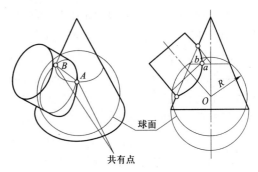

图 3-26　辅助球面法作图原理

例 3-10　求圆柱斜交圆锥的相贯线。

分析：圆柱与圆锥斜交如图 3-27 所示，相贯线为空间曲线。相贯线最高点和最低点的正投影1、4为圆柱轮廓线与圆锥母线的交点，作投影图时可直接画出。由于相交两形体均为回转体，而且轴线相交并平行于正投影面，相贯线上其他各点的正面投影可用辅助球面法求得。

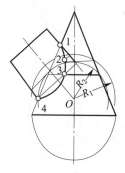

图 3-27 圆柱斜交圆锥的相贯线求法

具体作图方法：以两回转体轴线交点 O 为圆心（球心），适宜长 R_1、R_2 为半径画两同心圆弧（球面），与两回转体轮廓线分别相交，在各回转体内分别连接各弧的弦长，对应交点为2、3。通过各点连成1—2—3—4曲线，即为所求相贯线。

应用辅助球面法求相贯线，作图时应对最大的和最小的球面半径有个估计。一般来说，由球心至两曲面轮廓线交点中最远一点的距离就是最大球面的半径，因为再大就找不到共有点了；从球心向两曲面轮廓线作垂线，两垂线中较长的一个就是最小球面的半径，因为再小的话，辅助球面与某一曲面就不能相交了。

三、素线法

研究形体相交问题时，若两相交形体中有一个为柱（管）体，则因其表面可以获得有积聚性的投影，而表面相贯线又必积聚其中，故这类相交形体的相贯线定有一面投影为已知。在这种情况下，可以由相贯线已知的投影，通过用素线在形体表面定点的方法，求出相贯线的未知投影，这种求相贯线的方法称为素线法。下面举例说明这种方法的作图步骤。

例 3-11 求异径正交三通管的相贯线。

分析：如图 3-28 所示为两异径圆管正交，相贯线为空间曲线。由投影图可知，支管轴线为铅垂线，主管轴线为侧垂线，所以支管的水平投影和主管的侧面投影都积聚成圆。根据相贯线的性质可知，相贯线的水平投影必积聚在支管的水平投影上；相贯线的侧面投影必积聚在主管的侧面投影上，并只在相交部分的圆弧内。既然相贯线的两面投影都为已知，则其正面投影可用素线法求出。

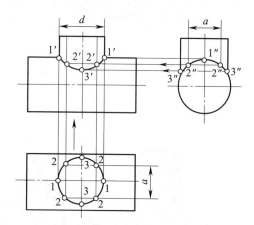

图 3-28 异径正交三通管的相贯线求法

具体作图方法：先作出相贯件的三面投影，并八等分支管的水平投影，得等分点1、2、3；过各等分点引支管的表面素线，得正面投影1′、1′，侧面投影1″、2″、3″；由各点已知投影利用素线确定点2′、3′、2′，连点 1′—2′—3′—2′—1′，得到相贯线的正面投影。

在实际放样时，求这类构件的相贯线均不画出俯视图和左视图，而是在主视图中画出支管1/2断面，并作若干等分取代俯视图；同时在主管轴线任意端画出两管1/2同心断面；再将其中支管断面分为与前述相同等份，并将各等分点沿铅垂方向投射至主管断面圆周上，得相贯点的侧面投影；再用素线法求出相贯线的正面投影，从而简化了作图过程（见图 3-29）。

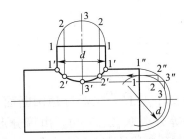

图 3-29　三通管相贯线的简便求法

由上述可知，应用素线法求相贯线，应至少已知相贯线的一面投影。为此，须满足"两相交形体中有一个为柱体"的条件。但若相交形体中的柱体并不与已给的投影面垂直，投影则无积聚性。这时须先经投影变换，以求得柱体积聚性的投影（当然相贯线的一面投影也包含其中），然后再利用素线法求相贯线的未知投影。如图 3-30 所示，圆柱斜交圆锥的相贯线即用换面法与素线法结合求得。

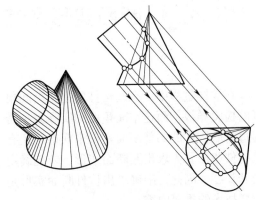

图 3-30　换面法与素线法结合求相贯线

四、相贯线的特殊情况

回转体相交相贯线一般为空间曲线。而当两相交回转体外切于同一球面时，其相贯线便为平面曲线，如图 3-31 所示。此时，若两回转体的轴线平行于某一投影面，则相贯线在该面上的投影为两相交直线。

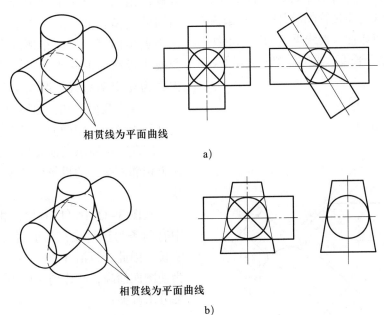

相贯线为平面曲线

a)

相贯线为平面曲线

b)

图 3-31　回转体相交的特殊情况
a）两圆柱外切于同一球面　b）圆柱与圆台外切于同一球面

在放样过程中，有些构件要制作空间角度的检验样板，而这空间角度的实际大小需通过求取构件的局部断面实形来获得。还有些构件往往要先求出其断面实形，才能确定展开长度。因此，准确求出构件断面实形是放样技术的重要内容。

放样中主要利用变换投影面法求构件断面实形。下面举例介绍断面实形的求法及其应用。

例 3-12 圆顶腰圆底过渡连接管断面实形的求法。

分析：如图 3-32 所示的过渡连接管由曲面和平面组成，其中左面是半径为 R 的 1/2 圆管，中间为三角形平面，右面为 1/2 椭圆管。进行这类连接管的展开时，一般需用换面法求出椭圆管与素线垂直的断面的实形，用以确定展开长度。具体作图方法如下。

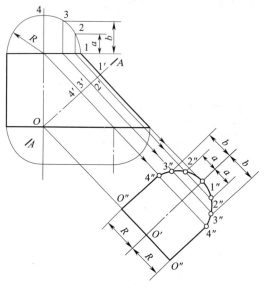

图 3-32　过渡连接管断面实形的求法

用已知尺寸画出主视图和顶、底 1/2 端面图。由点 O 画剖切迹线 $A—A$ 垂直于右轮

廓线并交于点 $1'$。三等分顶圆断面 1/4 圆周，得等分点 1、2、3、4。由等分点引下垂线得与顶口线的交点，再由各交点引椭圆管表面素线交剖切迹线于点 $2'$、$3'$、$4'$。

设新投影轴与剖切迹线 $A—A$ 平行，并求出剖切迹线上各点在新投影面上的投影 $1''$、$2''$、$3''$、$4''$。用光滑曲线连接各点，即得椭圆管部分的断面实形。

例 3-13 求方锥筒内角角钢劈并角度。

分析：为了提高金属板构件的连接强度，常将方锥筒内四角衬以角钢（见图 3-33）。这样，必须求出方锥筒各面夹角，以确定角钢劈并角度。从图 3-33 可知，方锥筒由四个全等的梯形面围成，由于各面间的夹角相同，故只需求出相邻两面的一个夹角即可。当把相邻两个平面的投影变换成投影面的垂直面时，这两面的投影积聚为相交两直线，两线交角即为所求角度。从投影几何可知，如果相交两平面同时垂直于投影面，则两面交线必垂直于该投影面。因此，可将求两面夹角的实质归结为把两个相邻面交线的投影变换成投影面的垂直线。

从图 3-33 中可以看出，相邻两面交线中有两条为正平线，其正面投影 $A'B'$ 反映实长。因此，可沿 $A'B'$ 方向进行投影作图。为使图面清晰，在作图时可用相邻两面的一部分求其夹角。

（1）用已知尺寸画出主视图和俯视图。

（2）在主视图 $A'B'$ 上任意点 $2'$ 引垂直于 $A'B'$ 的直线 $1'—2'$（截交线的正面投影），由 $1'$（$3'$）、$2'$ 引下垂线得与俯视图 AC、AB、AD 的交点 1、2、3，以直线连接 1—2—3—1（截交线的水平投影）。

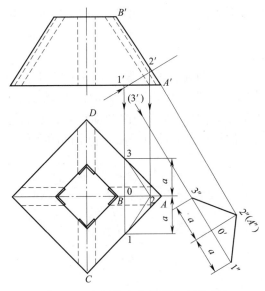

图 3-33　方锥筒内角角钢角度的求法

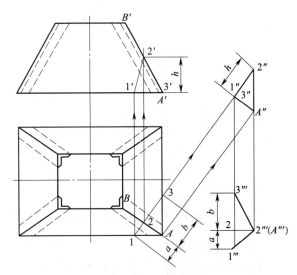

图 3-34　矩形锥筒加强角钢角度的求法

（3）断面实形画法：在 $B'A'$ 延长线上的适当位置作垂线 $0'—2'$，与由 $1'$（$3'$）引与 $B'A'$ 平行线交点为 $0'$。取 $0'—1''$、$0—3''$ 的长度等于俯视图 $0—1$、$0—3$ 的长度，连接 $1''—2''$、$2''—3''$，则 $\angle 1''2''3''$ 为方锥筒相邻两面的夹角，也就是角钢的劈并角度。

例 3-14　求矩形锥筒内角加强角钢的张开角度。

分析：如图 3-34 所示为一个矩形锥筒，本例与前例的不同之处是矩形锥筒各侧面的交线为一般位置直线段。由于一般位置直线段的各面投影均不反映实长，因此只进行一次换面不能求出相邻两面的交角，须进行两次换面。即第一次变换使一般位置直线段变成投影面平行线，第二次变换使投影面平行线变为投影面垂直线。具体作图方法如下。

由俯视图 AB 线上任意点 2 引 AB 线的垂线与底面两边相交于点 1、3；由点 1、2、3 引投影连线得其正面投影点 $1'$、$2'$、$3'$。点 $2'$ 至底边的高度为 h。

第一次换面：在适当位置设置新投影轴与 AB 平行，并求出各点在新投影面上的投影 $1''$、$2''$、$3''$、A''，连出各线。这时锥筒两侧面交线 $2''—A''$ 为投影面平行线。

第二次换面：设新投影轴垂直于 $2''—A''$，并求出各点的新投影 $1'''$、$2'''$（A'''）、$3'''$。这时，$2'''—A'''$ 线投影为一个点，锥筒两侧面（部分）线分别为 $2'''—3'''$ 和 $2'''—1'''$，其夹角就是锥筒内侧角钢应张开的角度。

例 3-15　求空间弯管的夹角。

金属结构上经常有成各种空间角度的弯管，弯曲这类空间弯管时，需要在放样时做出检验弯曲角度的样板。

求作弯管空间的夹角时通常采用作图法。根据立体弯管在图样上的特征，可以归纳为三种类型。现以作图法为例分述如下。

第一类，圆管的一端为正平线位置，另一端折成水平位置，求其空间夹角。

作弯管的两投影图（见图 3-35，以粗实线代替圆管）。其中 $a'b'$ 为正平线，bc 为水平线，两线在视图中反映实长。

延长 cb，由点 a 作此延长线的垂线 aa''；以点 b 为圆心、$a'b'$ 之长为半径画圆弧交 aa'' 于点 a''。连接 $a''b$，则 $\angle a''bc$ 即为弯管空间的夹角，以 α 表示，β 为其外角。

第二类，圆管的一端为平行线位置，另一端弯成任意位置，求其空间夹角。

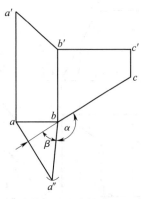

图 3-35　弯管空间夹角的求法（类型一）

如图 3-36 所示，空间弯管的右侧管为水平位置，投影 bc 反映实长；左侧管为一般位置，在视图中不反映实长。求这一弯管的空间夹角时可用二次换面法，即在第一次换面时，将弯管所在平面变成投影面的垂直面；第二次换面时，将该平面变成投影面的平行面，则弯管夹角的大小可求出。具体作图方法如图 3-36 所示，不再详细叙述。

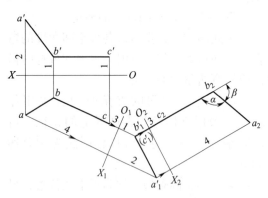

图 3-36　弯管空间夹角的求法（类型二）

第三类，求作任意弯管空间的夹角。

任意弯管在两视图中均不反映实长和空间实际夹角（见图 3-37），求作弯管空间的夹角时可用换面法。用换面法求作空间夹角的实质均可归结为求弯管所确定的平面投影的实形。

为了简化作图步骤，在图 3-37 中作一辅助正平线，其正面投影 $a'd'$ 反映实长。先沿 $a'd'$ 方向进行一次换面投影，然后进行二次换面投影即可得出弯管空间的夹角。

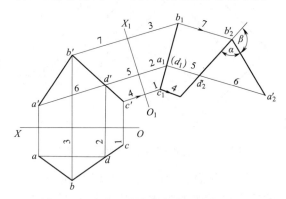

图 3-37　弯管空间夹角的求法（类型三）

（1）作弯管的两面投影图。

（2）由点 a 引水平线交 bc 于点 d，再由点 d 引上垂线交 $b'c'$ 于点 d'。连接 $a'd'$。

（3）在一次换面图中，O_1X_1 与 $a'd'$ 延长线垂直相交，并由点 b'、c' 分别按正投影原理引出垂直于 O_1X_1 的投射线。在三条投射线的延长线上对应截取弯管水平投影 a、b、d、c 各点至 OX 的距离，得点 a_1（d_1）、b_1、c_1。以直线连接 b_1c_1，得弯管一次换面投影。

（4）在二次换面图中，由 b_1、a_1（d_1）、c_1 各点引对 b_1c_1 直角线，截取各线长度对应等于弯管正面投影 a'、b'、d'、c' 各点至 O_1X_1 距离得点 a'_2、b'_2、d'_2、c'_2。以直线段连接点 $a'_2b'_2d'_2c'_2$，则 $\angle a'_2b'_2c'_2$ 即为弯管空间的夹角，以 α 表示，β 为其外角。

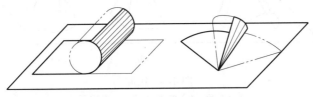

第 四 章

展 开 放 样

在金属结构制造中，各种板壳结构及弯形构件都需要进行展开放样。本章主要介绍展开放样中的展开作图、板厚处理及各种弯形零件的料长计算。

§4-1　展开的基本方法

将金属板壳构件的表面全部或局部按其实际形状和大小依次铺平在同一平面上，称为构件表面展开，简称展开，构件表面展开后构成的平面图形称为展开图，如图 4-1 所示。

作展开图的方法通常有作图法和计算法两种，目前企业多采用作图法展开。但是随着计算技术的发展和计算机的广泛应用，计算法展开在企业的应用也日益增多。

图 4-1　展开图

一、立体表面成形分析

研究金属板壳构件的展开，先要熟悉立体表面的成形过程，分析立体表面形状特征，从而确定立体表面能否展开及采用什么方式展开。

任何立体表面都可看作由线（直线段或曲线）按一定的要求运动而形成。这种运动着的线称为母线，控制母线运动的线或面称为导线或导面，母线在立体表面上的任一位置叫作素线。因此，也可以说立体表面是由无数条素线构成的。从这个意义上讲，表面展开就是将立体表面的素线按一定的规律铺展到平面上。所以，研究立体表面的展开，必须了解立体表面素线的分布规律。

1. 直纹面

以直线段为母线而形成的表面称为直纹面，如柱面、锥面等。

（1）柱面　直母线 AB 沿导线 BMN 运动，且保持相互平行，这样形成的面称为柱面（见图 4-2a）。当柱面的导线为折线时，称为棱柱面（见图 4-2b）。当柱面的导线为圆且与母线垂直时，称为正圆柱面。柱面有如下性质。

1）所有素线相互平行。

2）用相互平行的平面截切柱面时，其断面图形相同。

（2）锥面　直母线 AS 沿导线 AMN 运动，且母线始终通过定点 S，这样形成的面称为锥面，定点 S 称为锥顶（见图 4-3a）。

当锥面的导线为折线时，称为棱锥面（见图 4-3b）。当锥面的导线为圆且垂直于中轴线时，称为正圆锥面（见图 4-3c）。锥面有如下特征。

1）所有素线相交于一点。

2）用相互平行的平面截切锥面时，其断面图形相似。

3）过锥顶的截交线为直线。

（3）切线面　直母线沿导线 CMN 运动，且始终与导线相切，这样形成的面称为切线面，其导线称为脊线（见图 4-4a）。

切线面的一个重要特征是同一素线上各

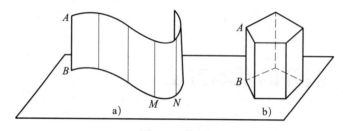

图 4-2　柱面

a）柱面　b）棱柱面

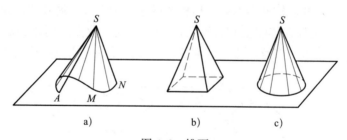

图 4-3　锥面

a）锥面　b）棱锥面　c）正圆锥面

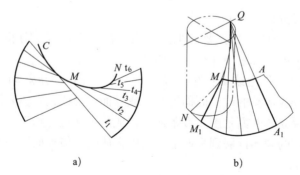

图 4-4　切线面

a）带脊线的切线面　b）以圆柱螺旋线为导线的切线面

点有相同的切平面。切线面上相邻的两条素线一般既不平行也不相交，但当导线上两点的距离趋近于零时，相邻的两条切线便趋向同一个平面，也就是切平面。

柱面和锥面也符合上述特征，因此它们是切线面的一种特殊形式（即脊线化为一点的切线面）。

需要说明的是：像图4-4a那样明显的带有脊线的切线面并不常见，在工程上常用的是其转化形式。如图4-4b所示的曲面 MAA_1M_1 是以圆柱螺旋线 NMQ 为导线的切线面的一部分。

2. 曲纹面

以曲线为母线，并做曲线运动而形成的面称为曲纹面，如圆球面、椭球面和圆环面等。曲纹面通常具有双重曲度。

二、可展表面与不可展表面

就可展性而言，立体表面可分为可展表面和不可展表面。立体表面的可展性分析是展开放样中的一个重要问题。

1. 可展表面

立体的表面若能全部平整地摊平在一个平面上，而不发生撕裂或褶皱，称为可展表面。可展表面相邻两素线应能构成一个平面。柱面和锥面相邻两素线平行或是相交，总可构成平面，故是可展表面。切线面在相邻两条素线无限接近的情况下，也可构成一微小的平面，因此也可视为可展表面。此外，还可以这样认为：凡是在连续的滚动中以直素线与平行面相切的立体表面，都是可展的。

2. 不可展表面

如果立体表面不能自然平整地摊平在一个平面上，称为不可展表面。圆球等曲纹面上不存在直素线，故不可展。螺旋面等扭曲面虽然由直素线构成，但相邻两素线是异面直线，因而也是不可展表面。

三、展开的基本方法

展开的基本方法有平行线展开法、放射线展开法和三角形展开法三种。这些方法的共同特点如下：先按立体表面的性质，用直素线把待展表面分割成许多小平面，用这些小平面去逼近立体表面；然后求出这些小平面的实形，并依次画在平面上，从而构成立体表面的展开图。这一过程可以形象地比喻为"化整为零"和"积零为整"两个阶段。

1. 平行线展开法

平行线展开法主要用于表面素线相互平行的立体。首先将立体表面用其相互平行的素线分割为若干平面，展开时就以这些相互平行的素线为骨架，依次作出每个平面的实形，以构成展开图。下面以圆管件为例说明作图的方法。

例4-1 作斜切圆管的展开图（见图4-5）。画出斜切圆管的主视图和俯视图。

八等分俯视图圆周，等分点为1、2、3…由各等分点向主视图引素线，得与圆管上口交点为1′、2′、3′…则相邻两素线组成一个小梯形，每个小梯形近似一个小平面。

延长主视图的下口线作为展开的基准线，将圆管正截面（即俯视图）的圆周展开在延长线上，得1、2、3、…、1各点。过基准线上各分点引上垂线（即为圆管素线），与主视图1′~5′各点向右所引的水平线相交，将对应交点连接成光滑曲线，即为展开图。

2. 放射线展开法

放射线展开法适用于表面素线相交于一点的锥体。展开时，将锥体表面用呈放射形的素线分割成共顶的若干个小三角形平面，求出其实际大小后，以这些放射形素线为骨架，依次将它们画在同一平面上，即得所求锥体表面的展开图。现以正圆锥为例说明其作图的方法。

例4-2 正圆锥的展开。

正圆锥的特点是表面所有素线长度相等，圆锥母线为它们的实长线，展开图为一个扇形。

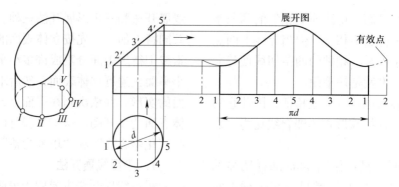

图 4-5　斜切圆管的展开

展开时，先画出圆锥的主视图和锥底断面图，并将锥底断面半圆周分为若干等份。过等分点向圆锥底口引垂线即得交点，由底口线上各交点向锥顶 S 点连素线，即将圆锥面划分为 12 个三角形小平面（见图 4-6a）。再以锥顶 S 点为圆心、S—7 长为半径画圆弧 $\overset{\frown}{11}$ 等于锥底断面圆周长，连接 1、1 于 S 点，即得所求展开图（见图 4-6b）。若将展开图圆弧上各分点与 S 点连接，便是圆锥表面素线在展开图上的位置。

3. 三角形展开法

三角形展开法是以立体表面素线（棱线）为主，并画出必要的辅助线，将立体表面分割成一定数量的三角形平面，然后求出每个三角形的实形，并依次画在平面上，从而得到整个立体表面的展开图。

三角形展开法适用于各类形体，只是精确程度有所不同。

例 4-3　正四棱锥筒的展开（见图 4-7）。
画出正四棱锥筒的主视图和俯视图。

在俯视图中依次连出各面的对角线 1—6、2—7、3—8、4—5，并求出它们在主视图中的对应位置，则锥筒侧面被划分为 8 个三角形。

由主、俯两视图可知，锥筒的上口、下口各线在视图中反映实长，而 4 条棱线及对角线不反映实长，可用直角三角形法求其实长（见实长图）。

利用各线实长，以视图上已划定的排列顺序，依次作出各三角形的实形，即为四棱锥筒的展开图。

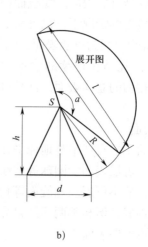

a)　　　　　　　　　　　　　b)

图 4-6　正圆锥的展开
a）等分作图　b）展开图

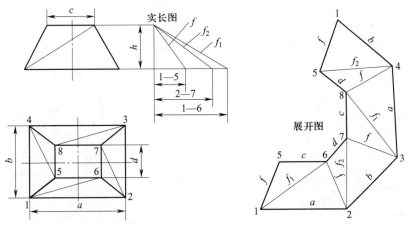

图 4-7 正四棱锥筒的展开

§4-2 基本形体展开法

一、棱柱管的展开

顶口倾斜的四棱柱管由正平面和侧平面组成，其中前、后两面为正平面。正面投影反映实形；左、右两面为侧平面，侧面投影也反映实形。由于棱柱管各棱线相互平行，且其正面投影中各棱线为实长，各棱线间距离可由水平投影求得，故用平行线法作出其展开图。具体展开作图过程如图 4-8 所示。

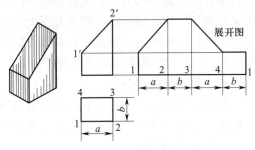

图 4-8 棱柱管的展开

二、正四棱锥的展开（见图 4-9）

由已给投影图可知，四条棱线等长，但其投影不反映实长；棱锥的底口为正方形，其水平投影反映实形。正四棱锥可用放射线法展开，具体作图方法如下。

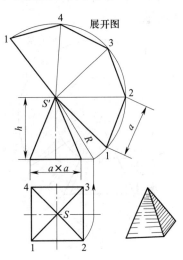

图 4-9 正四棱锥的展开

1. 用旋转法求出棱线实长 R。

2. 以点 S' 为圆心、侧棱实长 R 为半径画圆弧，并以底口边长的水平投影长（实长）在圆弧上顺次截取四等份，得点 1、2、

3、4、1。再以直线段连接各点，并将各点与点 S' 连接，即得正四棱锥的展开图。

如图 4-10 所示为正四棱锥筒的展开。

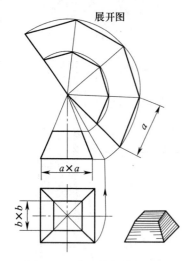

图 4-10　正四棱锥筒的展开

三、圆锥管的展开

圆锥管由圆锥被与其轴线垂直的截平面截去锥顶而形成。因此，圆锥管的展开图可在正圆锥展开图中截去锥顶切缺部分后获得，圆锥管展开图的具体作图方法如图 4-11 所示。

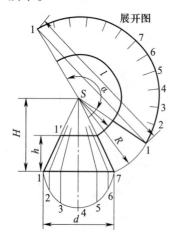

图 4-11　圆锥管的展开

四、顶口倾斜圆锥管的展开

顶口倾斜圆锥管可视为圆锥被正垂面截切而成，其展开图可在正圆锥展开图中截去切缺部分后得出。但是圆锥被斜截后，各素线长度不再相等，因此，正确求出各素线实长是展开的重要环节。展开图的作图方法如图 4-12 所示。

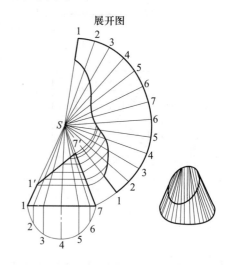

图 4-12　顶口倾斜圆锥管的展开

1. 画出顶口倾斜圆锥管及其所在锥体的主视图。

2. 画出锥管底断面半圆周，并将其六等分。由等分点 2、3、4、5、6 引上垂线得与锥底 1—7 的交点，由锥底线上各交点向锥顶 S 点连素线，分锥面为 12 个小三角形平面。

3. 过顶口与各素线的交点引底口线平行线交于圆锥母线 S—7，则各交点至锥顶的距离即为各素线截切部分的实长。

4. 用放射线法作出正圆锥的展开图，然后用各素线截切部分的实长截切展开图上对应的素线。用光滑曲线连接展开图上各素线截切点，该曲线与圆锥底口展开弧线间的图形即为顶口倾斜圆锥管的展开图。

五、斜圆锥的展开

斜圆锥不同于正圆锥，它的表面素线各不相等，作展开图时须一一求出，具体展开方法如图 4-13 所示。

1. **画出斜圆锥主视图和底断面半圆周**

将底断面半圆周六等分，等分点为 1、2、3、…、7。求出锥顶点水平投影 S，并与各等分点连线，各连线即为斜圆锥各素线

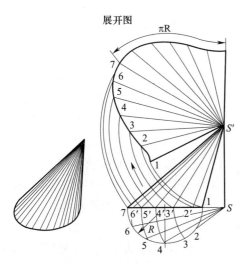

图 4-13　斜圆锥的展开

3. 作展开图

以点 S' 为圆心、各素线实长为半径画同心圆弧；在 $S'—1$ 为半径的圆弧上任取一点 1 为基准，以断面上等分点弧长为半径依次画弧，与前面的同心圆弧对应相交，得交点 2、3、4…用光滑曲线连接各交点，并过各点画出斜圆锥素线，即得所求展开图。

如图 4-14 所示为斜圆锥管的展开。斜圆锥管展开图是从斜圆锥展开图中截去顶部斜圆锥后得出的。

的水平投影。为使图面清晰，各素线的正面投影省略不画。

2. 求实长

主视图轮廓线的正面投影 $S'—1$、$S'—7$ 为正平线，反映实长。其余各素线实长用旋转法求出：即以点 S 为圆心、各素线水平投影长为半径，画出同心圆弧与底口线相交，得点 $2'$、$3'$、$4'$、$5'$、$6'$，将这些点分别与点 S' 连线，即为所求各素线的实长。

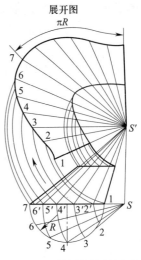

图 4-14　斜圆锥管的展开

§4-3　弯头展开法

弯头多用于通风换气或输送各种液体的管路中。由于使用要求不同，弯头的结构形式及断面形状也不尽相同。下面介绍几种常见弯头的展开。

一、90°方弯头的展开

90°方弯头有两种不同的结构形式：一种是直角转向，另一种是圆角转向。前者是由两节截体方柱管组合而成的，可按截体棱柱管展开（见图 4-8）。后者由两块平板和两块柱面弯板组成（见图 4-15），其中，前、后两平板为正平面，主视图反映其实形；内、外两弯板展开后为矩形，矩形的宽度就是弯头的口径 a，矩形的长度为内、外弯板的弧长。

二、两节等径 90°弯头的展开

两节等径 90°弯头由两节相同截体圆管

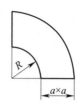

内、外弯板的展开图

图 4-15 90°方管弯头的展开

组成，相贯线为平面曲线。在其正面投影中，相贯线为一条与水平线成 45° 角的斜线。作这种弯头的展开图，实际上就是作斜切圆管的展开图（见图 4-16）。

三、多节等径 90° 弯头的展开

多节等径 90° 弯头由多节截体圆管组合而成，组合原则通常是两个端节为中间节的 1/2，所有中间节相等。作图时，按此原则进行分节。

计算式如下：

$$\beta = \frac{90°}{N-1} \qquad (4-1)$$

式中　β ——中节分节角，(°)；

N ——节数。

1. 三节等径 90° 弯头的展开

如图 4-17 所示，已知三节等径 90° 弯头的回转半径为 R，圆管直径为 d，展开图作图方法如下。

（1）分节。弯头的中节分节角 $\beta = \dfrac{90°}{N-1} = \dfrac{90°}{3-1} = 45°$，端节分节角 $\beta/2=22.5°$。如用作图法作分节角，可以 R 为半径画 1/4 圆周，并进行四等分，过等分点向中心点 O 连线（端节各占一等份，中节占两等份），为各节的分节线，则各分节角就自然得出。

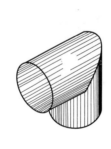
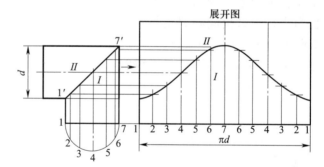

图 4-16　两节等径 90° 弯头的展开

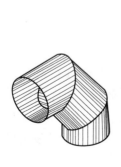
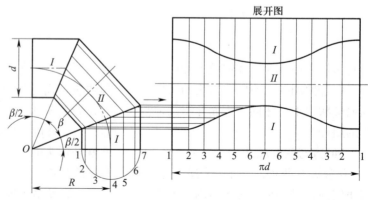

图 4-17　三节等径 90° 弯头的展开

（2）画各节圆管轴线，注意端节轴线应与弯头端面垂直，且各节轴线应与回转圆弧相切。

（3）以圆管直径 d 画出各节圆管轮廓线，完成弯头的主视图。

（4）用平行线法作出弯头各节的展开图。在制造工艺允许的情况下，为节约用料，可将各节的接缝错开180°布置，则三节的展开图拼画在一起为一个矩形。

2. 四节等径90°弯头的展开

四节等径90°弯头的中节分节角 $\beta = \dfrac{90°}{N-1} = 30°$，端节分节角 $\beta/2 = 15°$。如用作图法分节，可将直角弯头的回转圆弧分为六等份，过等分点向回转中心 O 连线（端

节各占一等份，中间节各占两等份），为各节的分节线。然后按圆管直径作出投影图，再用平行线法作出各节的展开图（见图4-18）。

四、多节渐缩90°弯头的展开

如图4-19所示为四节渐缩90°弯头，已知回转半径为 R，锥管的大径为 D，小径为 d，展开图的具体作图方法如下。

1. 分析

四节渐缩90°弯头是由四段锥度相同的圆锥管依次连接而成的直角弯管，两端口平面互相垂直，分为四节，头尾为半节。将Ⅱ、Ⅳ节绕着自身轴线旋转180°，可使其与Ⅰ、Ⅲ节拼合为完整圆锥台，再用放射线法将其展开。

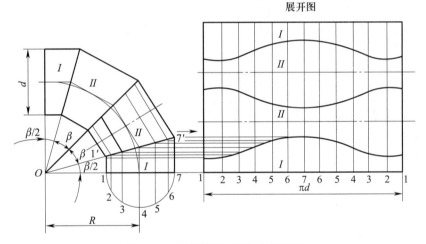

图 4-18　四节等径90°弯头的展开

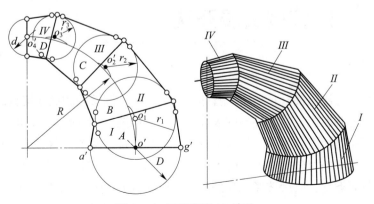

图 4-19　四节渐缩90°弯头

2. 作图

（1）以锥管的大径为底面，小径为端面，互相垂直，进行六等分，头尾Ⅰ、Ⅳ两节各占一等份，中间Ⅱ、Ⅲ两节各占两等份，如图4-19所示。

（2）将Ⅱ、Ⅳ节绕轴线旋转180°与Ⅰ、Ⅲ节依次叠合在一起，成为一个完整圆锥台（见图4-20左侧图形）。

（3）按完整圆锥台展开（见图4-20右侧图形）。

（4）各分节在圆锥台展开图上展开，这样节省材料（见图4-20右侧图形）。

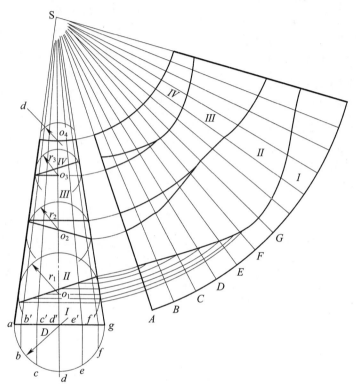

图4-20　四节渐缩90°弯头的展开

---

§4-4　过渡接头展开法

过渡接头又称过渡连接管，多用于管路变口或变径处的过渡连接。过渡接头的表面多由不同的平面和曲面组合组成。作这类管件的展开图时，应正确划分出其表面的不同部分，并判断曲面类型，然后选择适当的展开方法。

一、圆顶腰圆底连接管的展开

如图4-21所示，圆顶腰圆底连接管由半个圆管、两个三角形平面和半个椭圆管组合而成。按视图所给条件可知：两个三角形平面在视图中反映实形，展开时可按视图所给尺寸直接画出；圆管和椭圆管的表面素线均为实长，可直接用平行线法作出展开图。但需注意，为确定椭圆管表面素线间的距离，应求出其与素线垂直的截断面实形。展开图的具体作图方法如图4-21所示。

二、圆方过渡接头的展开

圆方过渡接头是企业里应用较多的变口型连接管。它由四个全等斜圆锥面和四个等腰三角形平面组合而成，通常用三角形法作出其展开图。具体作图方法如下（见图4-22）。

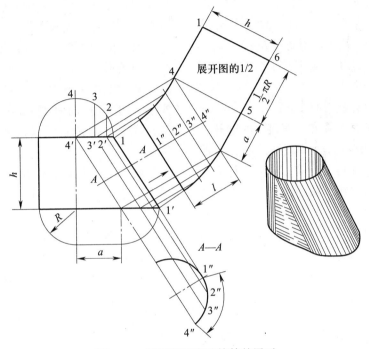

图4-21　圆顶腰圆底连接管的展开

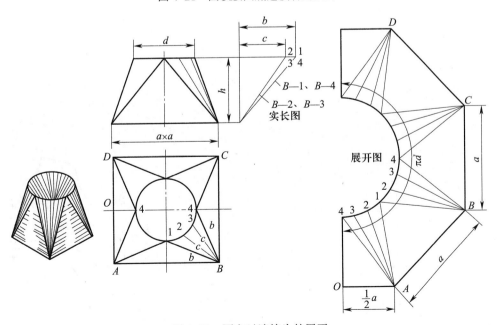

图4-22　圆方过渡接头的展开

1. 用已知尺寸 a、d、h 画出主视图和俯视图。三等分俯视图 1/4 圆周，等分点为 1、2、3、4。连接各等分点与点 B，则分以点 B 为顶角的斜圆锥面为三个小三角形，其中 $B—1 = B—4$，$B—2 = B—3$，并以 b、c 表示各线长度。

2. 由视图可知，平面、曲面分界线 $B—1$、$B—4$ 和锥面上的辅助线 $B—2$、$B—3$ 均不反映实长，故用直角三角形法求出它们的实长（见实长图）。

3. 用三角形法作出展开图。

三、底口倾斜的圆方过渡接头的展开

如图 4-23 所示为底口倾斜的圆方过渡接头。由于底口倾斜，使前、后两平行面与圆口的切点偏离中线，从而改变了平面、曲面分界线的位置。因此，作这类管件的展开图时，需先求出前、后两平面与顶圆的切点，以确定平面、曲面分界线。具体展开作图方法如下。

1. 用已知尺寸 a、b、h_1、h_2、d 及 β 角画出主视图和俯视图。主视图 $B'C'$ 延长线与顶口延长线交于点 S'。在俯视图的 BC

延长线上求出点 S' 的水平投影点 S。由点 S 引圆的切线得切点 K，再求出点 K 的正面投影点 K'。连接 BK、CK 及对应的 DK、AK，即为前、后两平面与相邻曲面的分界线，其正面投影也可相应画出。侧面平面、曲面分界线可由 C、D 两点分别向点 7 连线，A、B 两点分别向点 1 连线而得。

2. 作辅助线，将曲面部分划分成若干个小三角形。

3. 求出视图中不反映实长的各线的实长。求实长时注意：由于接头底口倾斜，左、右两侧各线长度不等，应分别求出。

4. 用三角形法作出展开图。在展开图上，点 K 位置要明确注出，以免连线出错。

四、直角换向圆方过渡接头的展开

直角换向圆方过渡接头的展开方法与底口倾斜的圆方过渡接头基本相同。本例中前、后两平面与圆口的切点在左视图中已直接画出，不必另求。具体展开作图方法如图 4-24 所示，这里不再详细叙述。

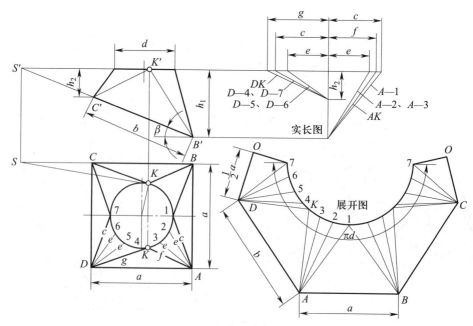

图 4-23 底口倾斜的圆方过渡接头的展开

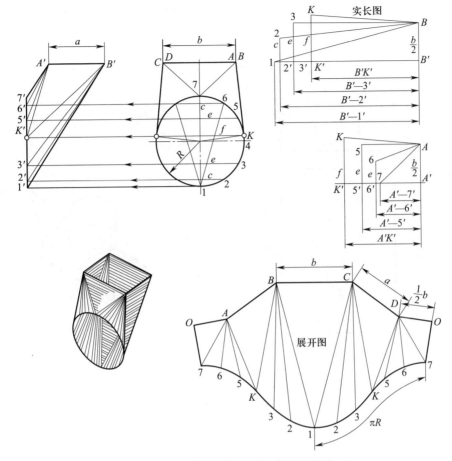

图 4-24　直角换向圆方过渡接头的展开

相贯构件展开法

　　在钣金结构中，经常遇到各种形体的相贯件。作相贯构件的展开，关键在于确定相贯线。一旦求出相贯线，相贯体便以相贯线为界限，划分成若干基本形体的截体，于是便可按基本形体展开法作出各自的展开图。本节将介绍一些典型相贯件的展开方法。

　　一、等径直交三通管的展开

　　等径直交三通管由轴线相交的两等径圆管相贯而成，其相贯线为平面曲线。当两管轴线平行于投影面时，相贯线在该面上的投影为相交两直线，作图时可直接画出。作出相贯线后，便可用平行线法将两管分别展开，如图 4-25 所示。

　　二、异径斜交三通管的展开

　　异径斜交三通管由轴线相交的两异径圆管相贯而成。异径斜交三通管的相贯线为空间曲线，可用素线法求出。如图 4-26 所示为异径斜交三通管求相贯线和作展开图的方法，图中以两圆管同心断面图取代左视图，使作图更方便快捷。

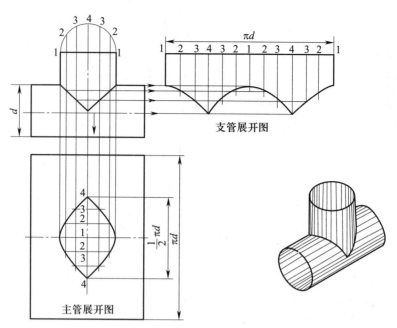

图 4-25　等径直交三通管的展开

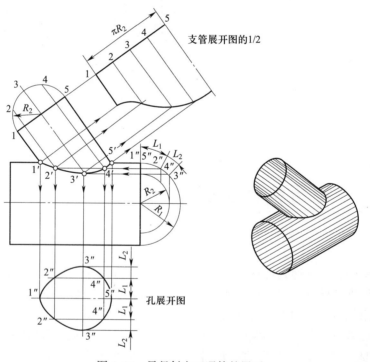

图 4-26　异径斜交三通管的展开

三、等径直交三通补料管的展开

三通补料管是工业管道中的常见管件，可改善管道中流体在转折处的流动状态及减小管件上的应力集中。如图 4-27 所示，等

径直交三通补料管通常采取左右对称的补料形式，补料部分由两个与三通管等径的半圆管和两个三角形平面构成，相贯线仍为平面曲线。当三通管轴线与投影平面平行时，相

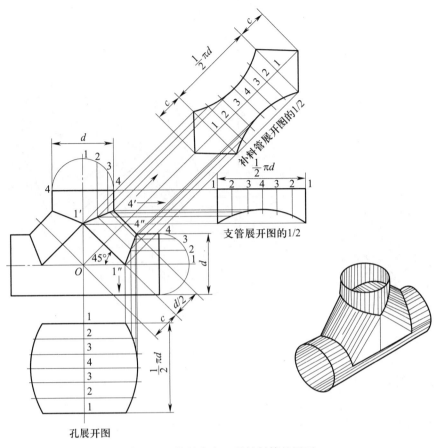

图 4-27　等径直交三通补料管的展开

贯线的投影为相交直线。两个三角形平面与三通管轴线平行，视图中为投影面的平行面，故其投影反映实形。

　　组成三通补料管各管的展开图均可使用平行线法作出。

　　四、圆管正交圆锥的展开

　　圆管与圆锥正交，相贯线一般为空间曲线。求其相贯线的方法有多种，本例采用辅助平面法。为便于展开，辅助平面的截切位置沿圆管断面圆周等分点的素线设置。求相贯线及作展开图的具体步骤如下（见图4-28）。

　　1. 用已知尺寸画出主视图和圆管、锥底1/2断面图。四等分圆管断面半圆周，等分点为1、2、3、4、5。由点2、3、4引水平线与圆锥相交，各水平线可视为平面截切相贯体所得截交线的正面投影，并在锥底分

别画出各形体截交线的水平投影（一半），得点2、3、4。由点2、3、4引上垂线，与各截交线的正面投影对应交点为2′、3′、4′。通过各点连成$\overset{\frown}{1'5'}$曲线，即为相贯线的正面投影，完成主视图。

　　2. 应用平行线法，作出圆管展开图。

　　3. 应用放射线法作圆锥展开图：由锥底点O向点2、3、4连线交锥底圆周于点2″、3″、4″；以点O'为圆心、$O'A$为半径画圆弧$\overset{\frown}{BC}$等于锥底半圆周长；由$\overset{\frown}{BC}$中点1″（5″）左右对称截取锥底断面$\overset{\frown}{1''2''}$、$\overset{\frown}{2''4''}$、$\overset{\frown}{4''3''}$弧长，得点1″、2″、3″、4″，并由各点向点O'连素线，与以点O'为圆心、点O'到OA线上各点距离为半径所画的同心圆弧对应相交，将各交点连成光滑曲线，即为开孔实形，即得圆锥的1/2展开图。

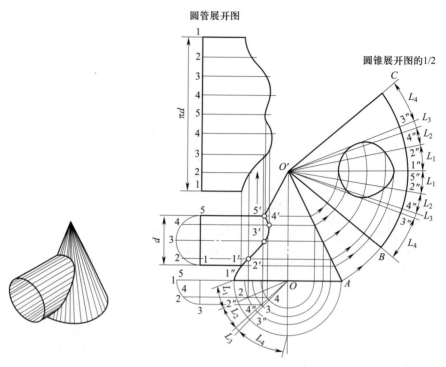

图 4-28　圆管正交圆锥的展开

五、圆锥管斜交圆管的展开

如图 4-29 所示，该水壶状构件由圆锥管和圆管相贯而成，相贯线为空间曲线。由于圆锥管和圆管均为回转体，且轴线相交，故可用辅助球面法求其相贯线。求相贯线与展开图的具体作图方法如下。

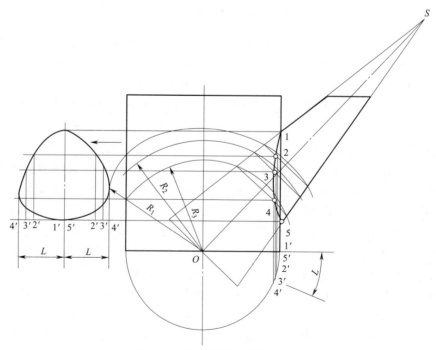

图 4-29　圆锥管斜交圆管的展开

1. 用已知尺寸画出主视图轮廓线、圆管断面及圆锥管辅助断面。以两管轴线交点 O 为圆心，在形体相贯区内画三个不同半径（R_1、R_2、R_3）的圆弧，与两形体轮廓线分别相交。在各自形体内，分别连接各弧的弦，得对应交点 2、3、4。通过各点连成 $\overset{\frown}{15}$ 光滑曲线，即为两管相贯线，完成主视图。

2. 用平行线法作出圆管孔口部分的展开图（圆管展开图略）。

3. 作壶嘴锥管展开图。为使图面清晰，将锥管移出视图单独画出（见图4-30）。四等分锥管辅助断面半圆周，等分点为 1、2、3、4、5。由各等分点引锥底的垂线，过各垂足向锥顶 S 点连素线。由各素线与锥管顶口线、相贯线的交点，分别引圆锥轴线的垂线交于 S—5 线各点，则各点至锥顶距离反映各素线对应部分的实长，然后用放射线法作出壶嘴锥管的展开图。

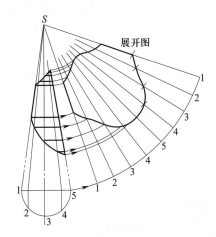

图4-30 壶嘴锥管的展开

六、异径Y形三通管的展开

异径Y形三通管可由不同形体的截体组合而成，如两圆锥管、两斜圆锥管或两切线面管等。对于不同形体所组成的Y形管，要用不同的方式来展开。这里仅以由斜圆锥管组成的Y形管为例加以分析。

如图4-31所示，Y形管两支管对称，因而其相贯线为对称中线，可以直接画出。展开作图步骤如下。

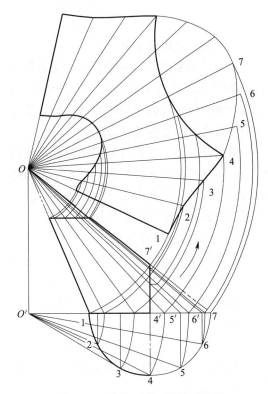

图4-31 异径Y形三通管的展开

1. 为使图面清晰，用已知尺寸画出Y形管的单支管主视图及底断面半圆周。六等分断面半圆周，等分点为 1、2、3、…、7。连接各等分点与锥顶的水平投影点 O，得斜圆锥表面各素线的水平投影。

2. 用旋转法求出各素线的实长。其中 O—5、O—6、O—7线的实长应以与相贯线的交点为界来确定。为此，需作出 O—5、O—6两素线的正面投影，得与相贯线的交点，由各交点向右引水平线求截切后线段的实长。

3. 用放射线法作出斜圆锥管的展开图，再减去切缺的部分，即为异径Y形三通管单支管的展开图。

不可展曲面的近似展开

一、球面的近似展开

球面是典型的不可展曲面，只能近似展开。即假设球面由许多小块板料拼接而成，而每一块板料可看成单向弯曲可展的，于是整个球面便可以近似地展开。

球面分割方式通常有分瓣法和分带法两种。球面分割数越多，拼接后越光滑，但相应的落料成形工艺越复杂。分割数的多少应根据球的直径大小和加工条件而定。

1. 球面的分瓣展开

球面分瓣展开法是沿经线方向将球面分割为若干瓣，每瓣大小相同，展开后为柳叶形。球面分瓣展开的具体作图方法如下（见图4-32）。

（1）用已知尺寸画出球面的主视图和1/4断面图，并在主视图中画出极帽和分瓣。四等分圆弧$\overset{\frown}{15}$，等分点为1、2、3、4、5。由等分点向上引垂线，得球面一瓣（近似视为柱面）的素线。

（2）用平行线法作出球面一瓣的展开图。

（3）以$\overset{\frown}{O1}$长为半径画圆，即为极帽的展开图。

2. 球面的分带展开

球面分带展开法是沿纬线方向将球面分割为若干横带圈，各带圈可近似视为圆柱面或锥面，然后分别展开，如图4-33所示。具体作图方法如下。

（1）用已知尺寸画出球面的主视图，十六等分球面圆周，并由等分点引水平线（纬线）分球面为两个极帽、七个带圈。

（2）球面中间带视为圆筒，可用平行线法作出其展开图。

（3）球面其余各带圈可视为正截头圆锥管，用放射线法展开，展开半径为R_1、R_2、R_3。半径的求法：连接主视图圆周上1—2、2—3、3—4，并向上延长交竖直轴线于点O_1、O_2、O_3，得R_1、R_2、R_3。

（4）以主视图$\overset{\frown}{O1}$为半径画圆，即为极帽的展开图。

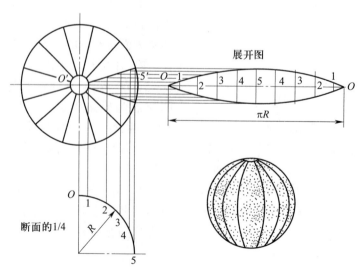

图4-32　球面的分瓣展开

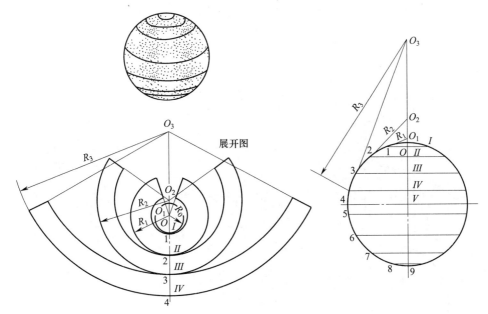

图 4-33 球面的分带展开

二、正螺旋叶片的近似展开

正螺旋叶片是圆柱形螺旋输送机的主要部件，它与螺纹一样有单线和双线、左旋和右旋之分。单线螺旋螺距等于导程，双线螺旋螺距等于 1/2 导程。螺旋叶片通常按一个螺距或稍大于一个导程的螺旋面展开下料，弯曲成形后，再在机轴上拼接成连续的螺旋面。正螺旋叶片的近似展开方法有很多，这里介绍应用较多的几种方法。

1. 三角形法

三角形法是将螺旋面分成若干个三角形，并将每一个三角形近似地视为平面，求出实形。然后再将这些三角形的实形依次拼接在一起，即为螺旋面的展开图。具体作图方法如下（见图 4-34）。

（1）用正螺旋面的内、外直径 d、D 画出俯视图，十二等分俯视图内、外圆周，等分点分别为 0、2、4、…、12 和 1、3、5、…、13。以细双点画线和细实线交替连接各点。在主视图取 h 等于螺距，并十二等分，由等分点引水平线，与俯视图内、外圆周各等分点所引上垂线得对应交点，区别内、外圆，将各交点连成两条螺旋线，完成主视图。

（2）求实长，作展开图。从主、俯两视图不难看出，螺旋面上各三角形的细实线边为水平线，其水平投影反映实长，且各线实长相等；各细双点画线及内、外圆的等分弧为一般位置直线和曲线，投影不反映实长，可用直角三角形法求出（如实长图所示）。求出各线实长后，便可依次作出各三角形实形，完成展开图。

2. 简便展开法

由图 4-34 可知，一个螺距的正螺旋面展开图为一切口圆环。简便展开法是根据正螺旋面的外径 D、内径 d 和螺距 h，通过简单计算和作图，求出螺旋面展开图中切口圆环的内径、外径和弧长，从而画出展开图。具体作图方法如下。

（1）用直角三角形法求出内、外螺旋线的实长 l 及 L（见图 4-35a）。

（2）作一直角梯形 $ABCE$，使 $AB=L/2$，$EC=l/2$，$BC=(D-d)/2$，且 $AB//EC$，$BC \perp AB$。连接 AE、BC，并延长两线相交于点 O（见图 4-35b）。

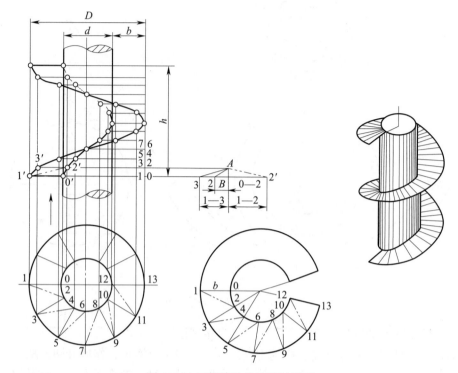

图 4-34　正螺旋叶片的近似展开

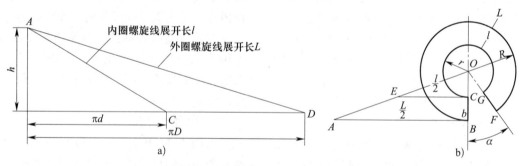

图 4-35　正螺旋叶片的简便展开法

（3）以点 O 为圆心，OB、OC 为半径画同心圆弧，取 $\overset{\frown}{BF}=L$，连接 FO 交内圆弧于点 G，即得螺旋面的展开图。

3. 计算法

由图 4-35 可知：

$$L = \sqrt{(\pi D)^2 + h^2}$$

$$l = \sqrt{(\pi d)^2 + h^2}$$

若展开图圆环的内径、外径以 r、R 表示，则

$$\frac{\dfrac{l}{2}}{\dfrac{L}{2}} = \frac{r}{R} = \frac{r}{r+b}$$

整理后：$l(b+r)=Lr$，$lb=r(L-l)$。

得

$$r = \frac{lb}{L-l} \qquad (4\text{-}2)$$

$$b = \frac{1}{2}(D-d) \qquad (4\text{-}3)$$

$$\alpha = \left(1 - \frac{L}{2\pi R}\right) \times 360° \qquad (4\text{-}4)$$

前面所述各种构件的展开都没有考虑板厚的影响。但在实际放样中，一般当构件的板厚 $t>1.5$ mm 时，作展开图时必须考虑板厚对展开图尺寸的影响，否则会使构件形状、尺寸不准确，以至于产生废品。展开放样中，根据构件制造工艺，按一定规律除去板厚，画出构件的单线图（又称理论线图），这一过程称为板厚处理。板厚处理的主要内容：确定构件的展开长度、高度及相贯构件的接口等。

一、板料弯形时的展开长度

1. 圆弧弯板的展开长度

如图 4-36 所示，当板料弯形成曲面时，外层材料受拉而伸长，内层材料受压而缩短，在板厚中间存在着一个长度保持不变的纤维层，称为中性层。既然圆弧弯板的中性层长度在弯曲变形前后保持不变，就应取其中性层长度作为圆弧弯板的展开长度。

板料弯形中性层的位置与其相对弯形半径 r/t 有关。当 $r/t>5.5$ 时，中性层位于板厚的 1/2 处，即与板料的中心层相重合；当 $r/t \leqslant 5.5$ 时，中性层的位置将向弯形中心一侧移动。

中性层的位置可由下式计算：

$$R=r+Kt \qquad (4-5)$$

式中　　R——中性层半径，mm；

　　　　r——弯板内弧半径，mm；

　　　　t——板料厚度，mm；

　　　　K——中性层位置系数，见表 4-1。

2. 折角弯板的展开长度

没有圆角或圆角很小（$r<0.3t$）的折角弯板可利用等体积法确定其展开长度（见图 4-37）。

毛坯体积的计算公式为：

$$V=LCt$$

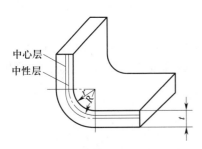

图 4-36　圆弧弯板的中性层

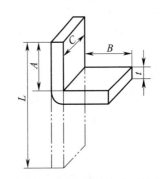

图 4-37　折角弯板的展开长度

表 4-1　　　　　　　　　　　　　　　　中性层位置系数

$\dfrac{r}{t}$	$\leqslant 0.1$	0.2	0.25	0.3	0.4	0.5	0.8	1.0	1.5	2.0	3.0	4.0	5.0	>5.5
K	0.23	0.28	0.30	0.31	0.32	0.33	0.34	0.35	0.37	0.40	0.43	0.45	0.48	0.50
K_1	0.30	0.33	0.35			0.36	0.38	0.40	0.42	0.44	0.47	0.475	0.48	0.50

注：K 适用于有压料情况下的 V 形或 U 形压弯。

　　K_1 适用于无压料情况下的 V 形压弯。

　　其他弯形情况下通常取 K 值。

弯形后的工件体积：

$$V_1 = (A + B)Ct + \frac{1}{4}\pi t^2 C$$

若不计加工损耗，则 $V=V_1$，得：

$$L = A + B + \frac{1}{4}\pi t = A + B + 0.785t \quad (4-6)$$

由于实际加工时板料在折角处及其附近均有变薄现象，因此材料会多余一部分，故式（4-6）需做如下修正：

$$L = A + B + 0.5t$$

若材料厚度较小，而工件尺寸精度要求又不高时，折角弯板的展开长度可按其内表面尺寸计算。

二、单件的板厚处理

单件进行板厚处理时，主要考虑如何确定构件单线图的高度和径向（长、宽）尺寸。下面举例说明不同单件的板厚处理。

1. 圆锥管的板厚处理

如图 4-38a 所示为正截头圆锥管，其基本尺寸为 D_0、d_3、h 和 t，可以看出：以板厚中性层位置的垂直高度 h_0 作为单线图的高度，才能保证构件成形后的高度 h；而为正确求出其展开长度，单线图大、小口直径均应取中性层直径，即 D_2、d_2。由此得到圆锥管展开单线图（见图 4-38b），完成板厚处理。

2. 圆方过渡接头的板厚处理

圆方过渡接头由平面和锥面组合而成（见图 4-39a），其弯形工艺具有圆弧弯板和折角弯板的综合特征。因此，板厚处理方法如下：圆口取中性层直径，方口取内表面尺寸（精度要求不高时），高度取上下口中性层间的垂直距离。如图 4-39b 所示为圆方过渡接头经上述板厚处理后得到的展开单线图。

三、相贯件的板厚处理

进行相贯件的板厚处理时，除求解各形体的展开长度外，还要重点处理形体相贯的接口线，以便确定各形体表面素线的长度。下面举两例说明相贯件的板厚处理方法。

1. 等径直角弯头的板厚处理

由厚板制成的两节等径直角弯头，展开时若不经过正确的板厚处理，会造成两管接口处不平，中间出现很大的缝隙，而且两管轴线的交角和结构装配尺寸也不能保证（见图 4-40a）。

正确的板厚处理方法如下：在保证弯头接口处为平面的前提下，确定两管的实际接口线。由图 4-40b 可知，弯头内侧两管外表面接触，弯头外侧两管内表面接触，中间自然过渡。所以，在展开单线图中，以轴线位置为界，弯头内侧画出外表面素线，弯头外侧则画出内表面素线，并以此确定展开图上各素线的高度（长度）。此外，圆管展开长

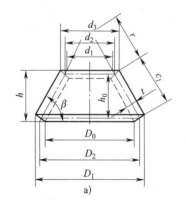 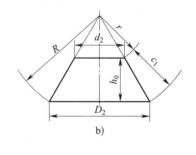

图 4-38　圆锥管的板厚处理

a）正截头圆锥管实样图　b）圆锥管展开单线图

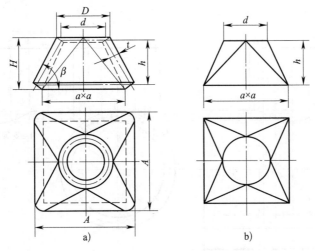

图 4-39　圆方过渡接头的板厚处理

a）实样图　b）单线图

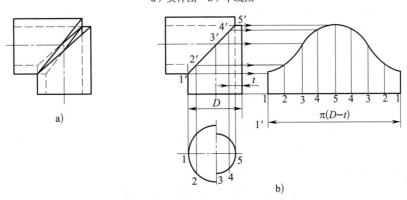

图 4-40　等径直角弯头的板厚处理

a）未经正确的板厚处理　b）经板厚处理的展开图

度还应取中性层周长，而各素线在展开长度方向的位置仍取其对应的中性层位置。具体作图方法如下。

（1）用已知尺寸画出弯头的主视图和实际接口线。

（2）以轴线为界画出内、外圆断面图，并将其四等分，得等分点1、2、3、4、5。由等分点引上垂线，得过各等分点的圆管素线及接口线的交点1′、2′、3′、4′、5′。

（3）作展开图。在主视图底口延长线上截取1—1=π（D-t），并八等分。由等分点引上垂线（素线），与由接口线上各点向右所引水平线相交，将对应交点连成光滑曲

线，即得弯头单管展开图。

以上两节等径直角弯头的板厚处理方法也适用于其他类似的构件，如多节圆管弯头等。

2. 异径直交三通管的板厚处理

如图4-41所示为一个异径直交三通管，由左视图可知，两管相贯是以支管的内表面和主管的外表面相接触的。因此，应以支管内柱面与主管外柱面相贯，求出实际接口线，并以此确定两管展开图上各素线的长度。此外，两管的展开长度及其素线的对应位置仍以中性层尺寸为准。板厚处理的具体方法及展开作图如图4-41所示，不再详细说明。

— 75 —

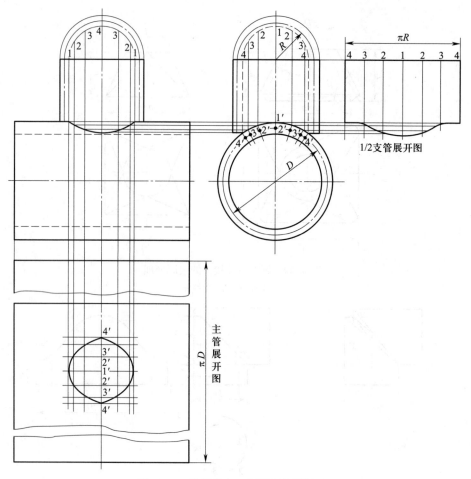

1/2支管展开图

主管展开图

图 4-41　异径直交三通管的板厚处理

钢材弯形料长计算

在加工各种板材、型材弯形件时，需要准确计算出弯形件用料长度并确定弯曲线位置。这里举例介绍常见各类弯形件的料长计算方法。

一、板材弯形料长计算

板材弯形时中性层的位置按式（4-5）确定。

例4-4　如图4-42所示为板材弯形件，已知 l_1=200 mm，l_2=300 mm，r=60 mm，α=150°，t=15 mm，求料长 L。

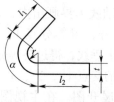

图 4-42　板材弯形件

解：由于相对弯形半径 $r/t=\dfrac{60}{15}$=4<5.5，从表4-1中查得 K=0.45。根据式（4-5）得

— 76 —

中性层弯形半径为：

$$R_{中} = r + Kt = 60\text{ mm} + 0.45 \times 15\text{ mm} = 66.75\text{ mm}$$

$$L = l_1 + l_2 + \frac{\pi \alpha R_{中}}{180°} = 200\text{ mm} + 300\text{ mm}$$

$$+ \frac{3.14 \times 150° \times 66.75}{180°}\text{ mm} \approx 674.66\text{ mm}$$

二、圆钢弯形料长计算

圆钢弯形时中性层的位置按式（4-5）确定。

例 4-5　如图 4-43 所示为圆钢双弯 90°件。已知 $l_1 = l_2 = 500$ mm，$R_1 = 100$ mm，$R_2 = 150$ mm，$d = 12$ mm，求展开料长 L。

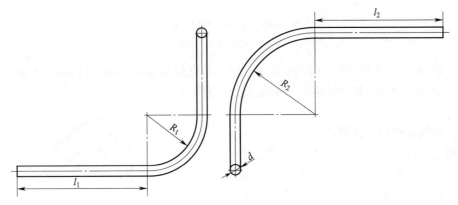

图 4-43　圆钢双弯 90°件

解：由于此件两个弯曲弧段的相对弯形半径均大于 5.5，因此中性层与弯形件中心线重合。

展开料长为：

$$L = l_1 + l_2 + \frac{\pi \alpha R_{1中}}{180°} + \frac{\pi \alpha R_{2中}}{180°} = 500\text{ mm}$$

$$+ 500\text{ mm} + \frac{3.14 \times 90° \times \left(100 + \dfrac{12}{2}\right)}{180°}\text{ mm}$$

$$+ \frac{3.14 \times 90° \times \left(150 + \dfrac{12}{2}\right)}{180°}\text{ mm}$$

$$= 1\,411.34\text{ mm}$$

三、扁钢弯形料长计算

扁钢弯形时中性层的位置按式（4-5）确定。

例 4-6　如图 4-44 所示为扁钢圈，已知 $D_1 = 700$ mm，$D_2 = 600$ mm，$b = 50$ mm，$t = 20$ mm，求料长 L。

解：计算相对弯形半径 r/t，判定中性层是否偏移。在计算 r/t 时，t 的取值应按弯形方向取值。在此，应取 $t = b = 50$ mm。由

$$\frac{r}{t} = \frac{300}{50} = 6 > 5.5$$，可知中性层不发生偏移。

$$L = \pi\,(D_1 - b) = 3.14 \times (700 - 50)\text{ mm}$$

$$= 2\,041\text{ mm}$$

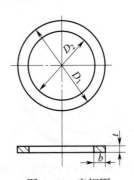

图 4-44　扁钢圈

考虑到扁钢圈有一定的宽度，为使弯形后接缝能对齐，实际下料时，可按计算料长留出 30 ~ 50 mm 的加工余量，待扁钢圈弯好后再切去；或在下料时，在两端预先切出斜口，具体作图方法如下（见图 4-45）。

（1）画互相垂直的中心线，交点为 O，以点 O 为圆心，D_1、D_2 为直径分别画扁钢圈的内圆和外圆，外圆与中心线的一个交点为 B。

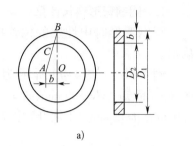
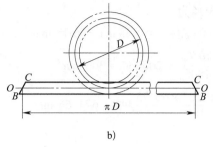

a）

b）

图 4-45　扁钢圈斜切口作法
a）结构图　b）展开图

（2）取 $OA=b$，连接 AB 交内圆于点 C。

（3）BC 即为所求扁钢圈两端切成的斜切口。

四、角钢弯形料长计算

角钢的断面是不对称的，所以角钢弯形的中性层不在角钢截断面的几何中心，而在其重心位置上。各种角钢的重心位置可以从有关资料和手册中查得。

1. 等边角钢内弯

例 4-7　如图 4-46 所示为等边角钢内弯工件，已知 $R=500$ mm，$\alpha=150°$，角钢规格为 50 mm × 50 mm × 6 mm，求展开料长 L。

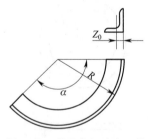

图 4-46　等边角钢内弯工件

解： 中性层弯形半径 $R_中=R-Z_0$，查得 $Z_0=14.6$ mm，则：

$$L=\frac{\pi\alpha R_中}{180°}=\frac{3.14\times150°\times(500-14.6)}{180°}\text{ mm}$$

$$=1\ 270.13\text{ mm}$$

2. 等边角钢外弯

例 4-8　如图 4-47 所示为等边角钢外弯件，已知等边角钢外弯 150°，两端直边长度 $l_1=l_2=150$ mm，内圆弧半径 $R=100$ mm，角钢规格为 45 mm × 45 mm × 5 mm，求展开料长 L。

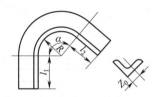

图 4-47　等边角钢外弯件

解： 中性层弯形半径 $R_中=R+Z_0$，查得 $Z_0=13$ mm，则：

$$L=l_1+l_2+\frac{\pi\alpha R_中}{180°}=150\text{ mm}$$

$$+150\text{ mm}+\frac{3.14\times150°\times(100+13)}{180°}\text{ mm}$$

$$\approx595.68\text{ mm}$$

3. 不等边角钢长边内弯

例 4-9　如图 4-48 所示为不等边角钢长边内弯件，已知两直边 $l_1=40$ mm，$l_2=200$ mm，外圆弧半径 $R=240$ mm，弯形角 $\alpha=120°$，角钢规格为 90 mm × 56 mm × 7 mm，求展料长 L。

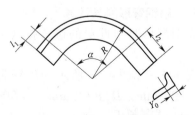

图 4-48　不等边角钢长边内弯件

解： 中性层弯形半径 $R_中=R-Y_0$，查得 $Y_0=30$ mm，则：

$$L = l_1 + l_2 + \frac{\pi \alpha R_{\text{中}}}{180°} = 40 \text{ mm}$$

$$+ 200 \text{ mm} + \frac{3.14 \times 120° \times (240 - 30)}{180°} \text{ mm}$$

$$= 679.6 \text{ mm}$$

4. 不等边角钢短边内弯

例 4-10　如图 4-49 所示为不等边角钢短边内弯件，已知内圆弧半径 $R=300$ mm，角钢规格为 70 mm × 45 mm × 5 mm，求展开料长 L。

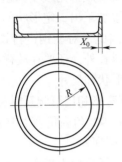

图 4-49　不等边角钢短边内弯件

解： 中性层弯形半径 $R_{\text{中}}=R+45-X_0$，查得 $X_0=10.6$ mm，则：

$$L=2\pi R_{\text{中}}=2 \times 3.14 \times (300+45-10.6) \text{ mm}$$

$$\approx 2\ 100.03 \text{ mm}$$

5. 不等边角钢长边外弯

例 4-11　如图 4-50 所示为不等边角钢长边外弯件，已知外圆弧半径 $R=250$ mm，弯形角 $\alpha = 60°$，角钢规格为 70 mm × 45 mm × 5 mm，求展开料长 L。

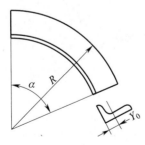

图 4-50　不等边角钢长边外弯件

解： 中性层弯形半径 $R_{\text{中}}=R-70+Y_0$，查得 $Y_0=22.8$ mm，则：

$$L = \frac{\pi \alpha R_{\text{中}}}{180°}$$

$$= \frac{3.14 \times 60° \times (250 - 70 + 22.8)}{180°} \text{ mm}$$

$$\approx 212.26 \text{ mm}$$

6. 不等边角钢短边外弯

例 4-12　如图 4-51 所示为不等边角钢短边外弯件，两直边 $l_1=l_2=400$ mm，内圆弧半径 $R=200$ mm，弯形角 $\alpha =100°$，角钢规格为 63 mm × 40 mm × 6 mm，求展开料长 L。

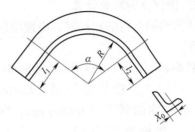

图 4-51　不等边角钢短边外弯件

解： 中性层弯形半径 $R_{\text{中}}=R+X_0$，查得 $X_0=9.9$ mm，则：

$$L = l_1 + l_2 + \frac{\pi \alpha R_{\text{中}}}{180°} = 400 \text{ mm}$$

$$+ 400 \text{ mm} + \frac{3.14 \times 100° \times (200 + 9.9)}{180°} \text{ mm}$$

$$\approx 1\ 166.16 \text{ mm}$$

五、槽钢弯形料长计算

槽钢弯形分为两种形式：一种是平弯，另一种是立弯（或称旁弯）。

1. 槽钢平弯料长计算

槽钢平弯时，其中性层位置按式（4-5）确定。

例 4-13　已知槽钢平弯 90°（见图 4-52），两直边长度 $l_1=300$ mm，$l_2=200$ mm，内圆弧半径 $R=400$ mm，槽钢规格为 14a，求展开料长 L。

解： 中性层弯形半径 $R_{\text{中}}=R+Kh$，查得 $h=140$ mm，$\dfrac{R}{h}=\dfrac{400}{140}\approx2.86$，查表 4-1 并经换算得 $K=0.42$，则：

$$L = l_1 + l_2 + \frac{\pi \alpha R_{\text{中}}}{180°} = 300 \text{ mm} + 200 \text{ mm}$$

$$+ \frac{3.14 \times 90° \times (400 + 0.42 \times 140)}{180°} \text{ mm}$$

$$\approx 1\ 220.32 \text{ mm}$$

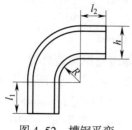

图 4-52　槽钢平弯

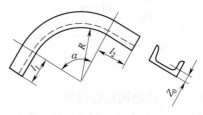

图 4-53　槽钢外弯工件

2. 槽钢立弯料长计算

计算槽钢立弯的料长时，中性层以重心距为准。

例 4-14　如图 4-53 所示为槽钢外弯工件，已知两直边长度分别为 $l_1=100$ mm，$l_2=200$ mm，内圆弧半径 $R=500$ mm，弯形角 $\alpha=90°$，槽钢规格为 14b，求该工件的展开料长 L。

解：中性层弯形半径 $R_{中}=R+Z_0$，查得 $Z_0=16.7$ mm，则：

$$L = l_1 + l_2 + \frac{\pi\alpha R_{中}}{180°} = 100 \text{ mm} + 200 \text{ mm}$$

$$+ \frac{3.14 \times 90° \times (500+16.7)}{180°} \text{ mm}$$

$$\approx 1\,111.22 \text{ mm}$$

六、型钢切口弯形时料长及切口的确定

型钢若要弯成折角或小圆角，必须在型钢的适当位置加工出一定形状的切口，才能完成弯形。因此，对型钢进行切口弯形时，除需计算其料长外，还要在放样中确定其切口的位置、形状和尺寸。

1. 角钢弯形切口形状及料长

（1）角钢 90° 角内折弯　其料长及切口形状如图 4-54 所示。

（2）角钢任意角内折弯　其料长及切口形状如图 4-55 所示（图中为锐角）。

（3）角钢 90° 小圆角折弯　其料长及切口形状如图 4-56 所示。其中，图 4-56a 所示切口位于分角线上，图 4-56b 所示为其切口形状及料长；图 4-56c 所示切口位于直角边

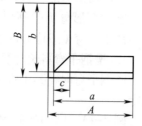

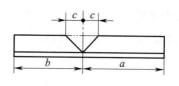

图 4-54　角钢内折弯 90° 料长及切口形状

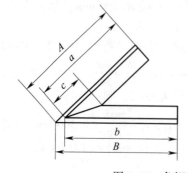

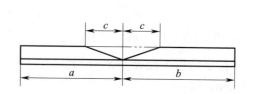

图 4-55　角钢任意角内折弯料长及切口形状

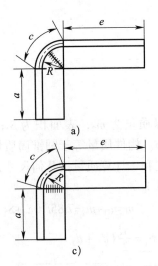

a)

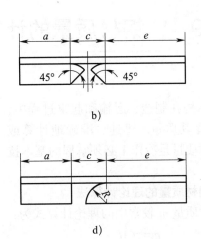

b)

c)

d)

图 4-56　角钢 90°小圆角折弯料长及切口形状

a)、b）切口位于分角线时切口形状、料长　c)、d）切口位于直角边线时切口形状、料长

线上，图 4-56d 所示为其切口形状及料长。

在图 4-56 中：

$$c = \frac{\pi}{2}\left(R + \frac{d}{2}\right)$$

式中　c——弯形面的中心弧长，mm；

　　　R——内圆弧半径，mm；

　　　d——角钢的厚度，mm。

2. 槽钢弯形切口形状及料长

（1）槽钢平弯任意角圆角　其料长及切口形状如图 4-57 所示。在图 4-57 中：

$$c = \frac{\pi\alpha\left(h - \dfrac{t}{2}\right)}{180°}$$

式中　c——弯形立面的中心弧长，mm；

　　　h——槽钢面宽，mm；

　　　t——翼板厚度，mm；

　　　α——弯形角，(°)。

（2）槽钢弯制矩形框　其一半料长及切口形状如图 4-58 所示。

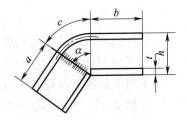

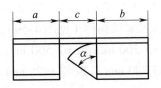

图 4-57　槽钢平弯任意角圆角料长及切口形状

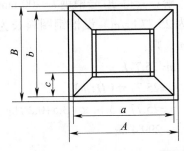

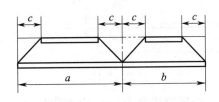

图 4-58　槽钢弯制矩形框料长及切口形状

金属结构在制造、运输和起重过程中，常常要计算其质量。迅速、准确地计算或估算出钢材质量是冷作工必须掌握的基本技能。

一、钢材质量的理论计算法

求钢材质量 m 较常用的理论计算式为：

$$m = \gamma AL$$

式中　γ——金属的密度，碳钢为 7.85 kg/dm³；

　　　A——钢材的截面积，dm²；

　　　L——钢材的长度或厚度，dm。

二、钢材质量的简易计算法

由计算可知，当钢板的厚度为 1 mm 时，其单位面积质量为 7.85 kg/m²，根据这个规律，可得钢板质量的简易计算式：

$$m = 7.85St \tag{4-7}$$

式中　S——钢板的面积，m²；

　　　t——钢板的厚度，mm。

例 4-15　有一块钢板长 1 200 mm，宽 800 mm，厚 10 mm，求其质量为多少？

解：

$m = 7.85St = 7.85 \times 1.2 \times 0.8 \times 10$ kg $= 75.36$ kg

例 4-16　已知圆锥筒构件（见图 4-59），$d_1 = 2\,200$ mm，$d = 3\,500$ mm，$h = 1\,500$ mm，法兰盘外径 $D = 3\,800$ mm，板厚 $t = 25$ mm，求该构件的质量。

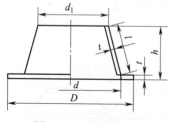

图 4-59　圆锥筒构件

解：设圆锥筒质量为 m_1，表面积为 S_1；法兰盘质量为 m_2，表面积为 S_2；构件的质量为 m。构件质量等于圆锥筒质量与法兰盘质量之和（计算质量按几何尺寸，不考虑焊缝质量）。

$$m = m_1 + m_2 = 7.85t\,(S_1 + S_2)$$

式中　$S_1 = \dfrac{\pi l}{2}(d_1 + d_2)$

$$l = \sqrt{\frac{1}{4}(d - d_1)^2 + h^2}$$

$$S_2 = \frac{\pi}{4}(D^2 - d^2)$$

得：

$$l = \sqrt{\frac{1}{4} \times (3.5 - 2.2)^2 + 1.5^2}\ \text{m} \approx 1.635\ \text{m}$$

$$S_1 = \frac{\pi}{2} \times 1.635 \times (3.5 + 2.2)\ \text{m}^2$$

$$\approx 14.632\ \text{m}^2$$

$$S_2 = \frac{\pi}{4}(3.8^2 - 3.5^2)\ \text{m}^2 \approx 1.72\ \text{m}^2$$

$$m = 7.85 \times 25 \times (14.632 + 1.72)\ \text{kg}$$

$$= 3\,209.08\ \text{kg}$$

计算角钢、槽钢、工字钢等型钢及其组合构件的质量时，应先从型钢规格表中查出不同规格型钢单位长度的质量，构件的质量等于组成该构件各型钢质量的总和。

例 4-17　已知用 20 号槽钢平弯槽钢圈，取内径 $D = 3\,500$ mm，求其质量。

解：查得 20 号槽钢 $h = 200$ mm，理论质量为 25.77 kg/m。设槽钢圈料长为 L，质量为 m，则：

$m = 25.77L$

$\quad = 25.77\pi\,(D + h)$

$\quad = 25.77 \times 3.14 \times (3.5 + 0.2)$ kg

$\quad \approx 299.4$ kg

第 五 章

矫　正

钢材因受到外力、加热等因素的影响，会使表面产生不平、弯曲、扭曲、波浪等变形缺陷，这些变形将直接影响零件和产品的制造质量，因此必须对变形的钢材进行矫正。矫正就是对钢材或金属结构制件在制造过程中因发生变形而不符合技术要求或超出制造公差要求的部位进行一定的加工，使其发生一定程度的反变形，从而达到技术要求所规定的正确几何形状的工艺过程。

矫正是冷作工的一项重要工作内容，是冷作工必须掌握的基本技能之一。

§5-1　矫正原理

一、产生变形的原因

钢材和工件的变形主要来自以下三个方面。

1. 在轧制过程中产生的变形

钢材在轧制过程中可能因产生残余应力而引起变形。例如，轧制钢板时，由于轧辊沿长度方向受热不均匀、轧辊弯曲、调整设备失常等原因，而造成轧辊的间隙不一致，使板材在宽度方向的压缩力不一致，进而导致板材沿长度方向的延伸不相等而产生变形。

热轧厚板时，由于金属具有的良好塑性和较大的横向刚度，使延伸较多的部分克服了相邻延伸较少部分的牵制作用，而产生钢板的不均匀伸长。

热轧薄板时，由于薄板的冷却速度较快，轧制结束时温度较低（为 $600 \sim 650 \, ℃$），此时金属塑性已下降。延伸程度不同的部分相互作用，使延伸较多的部分产生压缩应力，延伸较少的部分产生拉伸应力，延伸较多的部分在压缩应力的作用下容易失去稳定，使钢板产生波浪变形。

2. 在加工过程中产生的变形

当整张钢板被切割成零件时，由于轧制时造成的内应力得到部分释放而引起零件变形。平直的钢材在压力剪或龙门式剪床上被剪切成零件时，在剪刃挤压力的作用下会产生弯曲或扭曲变形。采用氧乙炔焰气割时，由于局部加热不均匀，也会造成零件各种形式的变形。

3. 在装配、焊接过程中产生的变形

在采用焊接方式连接时，随着产品结构形式、尺寸、板厚和焊接方法的不同，焊接的部件或成品由于焊缝纵向和横向收缩的影响，不同程度地产生凹凸不平、弯曲、扭曲和波浪变形。

此外，大型结构在装焊过程中需进行吊运或翻转，若结构的刚度不足或吊运方法不当，在自重和吊索张力的作用下也可能导致变形。

由此可见，矫正实际上包括以下内容。

钢材矫正，即在备料阶段对板材、型材和管材进行的矫正。

零件矫正，即在钢板剪切或气割成零件后，对加工变形进行的矫正。

部件及产品矫正，即构件在装配、焊接过程中及产品完工后，对焊接变形进行的矫正。

二、变形造成的影响

钢材变形会影响零件的号料、切割和其他加工工序的正常进行，并降低加工精度。在零件加工过程中所产生的变形如不矫正，会影响整个结构的正确装配。由焊接产生的变形会降低装配质量，并使结构内部产生附加应力，以至于影响结构的强度。此外，某些金属结构的变形还会影响产品的外观质量。

所以，无论何种原因造成的变形都必须进行矫正，以消除其变形或将其限制在规定的范围内。

各种厚度的钢板，在用矫平机或手工矫正后，应用 1 m 的钢直尺检查，其表面翘曲度不得超过表 5-1 的规定。

表 5-1　钢板表面的允许翘曲度

钢板厚度 /mm	3 ~ 5	6 ~ 8	9 ~ 11	>12
允许翘曲度 /（mm/m）	3.0	2.5	2.0	1.5

型钢的直线度、角钢两边的垂直度、槽钢和工字钢翼板的垂直度允许偏差如图 5-1 所示（f 为型钢挠度，Δ 为偏差值）。

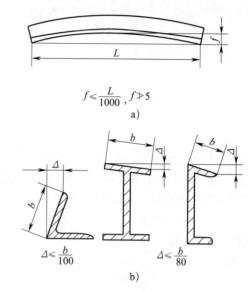

$$f \leqslant \frac{L}{1000}, f \geqslant 5$$

a)

$$\Delta \leqslant \frac{b}{100} \qquad \Delta \leqslant \frac{b}{80}$$

b)

图 5-1　型钢的允许偏差
a）挠度　b）垂直度

装配、焊接后的形状和尺寸允许偏差随结构的类型、用途和性能要求不同而不同，通常在产品图样或技术文件中规定。

三、变形的实质和矫正方法

钢材和构件由于各种原因，其内部存在不同的残余应力，使结构组织中一部分纤维较长而受到周围的压缩，另一部分纤维较短而受到周围的拉伸，造成了钢材的变形。矫正的目的就是通过施加外力、锤击或局部加热，使较长的纤维缩短，较短的纤维伸长，最后使各层纤维长度趋于一致，从而消除变形或使变形减小到规定的范围内。任何矫正方法都是形成新的、方向相反的变形，以抵消钢材或构件原有的变形，使其达到规定的形状和尺寸要求。

矫正的方法有多种，按矫正时工件的温度不同分为冷矫正和热矫正。冷矫正是工件在常温下进行的矫正，通过锤击延展等手段进行的冷矫正将引起材料的冷作硬化，并消耗材料的塑性储备，所以只适用于塑性较好的钢材。变形较大或脆性材料一般不能用冷矫正（普通钢材在严寒低温下也要避免使用）。矫正的过程就是钢材由弹性变形转变到塑性变形的过程。因此，材料在塑性变形中必然会存在着一定的弹性变形。由于这个缘故，当迫使材料产生塑性变形的外力去掉后，工件会有一定程度的回弹。在矫正工作中可运用"矫枉必须过正"的道理处理好工件的回弹问题。热矫正是将钢材加热至700～1 000 ℃高温进行矫正，在钢材变形大、塑性差或缺少足够动力设备时应用。工件大面积加热可利用地炉，小面积加热则使用氧乙炔焰烤炬。

按矫正时力的来源和性质不同，分为机械矫正、手工矫正、火焰矫正和高频热点矫正。机械矫正的机床有多辊钢板矫平机、型钢矫直机、板缝碾压机、圆管矫直机（普通液压机和三辊弯板机也可用于矫正）。手工矫正是使用大锤、锤子、扳手、台虎钳等简单工具，通过锤击、拍打、扳扭等手工操作，矫正小尺寸钢材或工件的变形。火焰矫正和高频热点矫正的矫正力来自金属局部加热时的热塑压缩变形。

各种矫正变形方法有时也可结合使用。例如，在火焰加热矫正的同时对工件施加外力，进行锤击；在机械矫正时对工件局部加热，或机械矫正后辅以手工矫正，都可以取得较好的矫正效果。

目前，大量钢材的矫正一般都在钢材预处理阶段由专用设备进行；成批制作的小型焊接结构和各种焊接梁常在大型液压机或型钢撑直机上进行矫正；大型焊接结构则主要采用火焰矫正。

钢材和工件的矫正要耗费大量工时。例如，船舶类大型复杂金属结构，从材料准备到总体装配、焊接结束，在各工艺阶段有时要进行多达五次以上的矫正作业。所以，在金属结构制造过程中，从钢材的吊运堆放、零件加工到结构装焊，都应采取各种措施，尽量避免或减小变形的发生。

§5-2　机械矫正

一、板材的矫正

采用机械矫正法矫正板材的变形一般在多辊矫平机上进行，有时也可利用液压机或其他设备进行矫正。

1. 多辊矫平机矫正（见图5-2）

多辊矫平机的工作部分由上、下两列轴辊组成，通常有5～11个工作轴辊。下列为主动辊，通过轴承装在机体上，由电动机带动旋转，但位置不能调节。上列为从动辊，可通过手动螺杆或电动升降装置进行垂直调节，从而改变上、下辊列间的距离，以适应不同厚度钢板的矫正。工作时钢板随着轴辊的转动而啮入，在上、下轴辊间方向相反的力的作用下，钢板产生小曲率半径的交变弯曲。当应力超过材料的屈服强度时产生塑性变形，使板材内原长度不相等的纤维在反复拉伸与压缩中趋于一致，从而达到矫正的目的。

根据轴辊的排列形式和调节轴位置的不同，常用的矫平机有以下两种。

（1）上、下辊列平行矫平机　当上、下辊列的间隙略小于被矫正钢板的厚度时，钢板通过后便产生反复弯曲。上列两端的两个轴辊为导向辊，不起弯曲作用，只是引导钢板进入矫正辊中，或把钢板导出矫正辊（见图5-2a）。由于导向辊受力不大，故直径较小。导向辊可单独上下调节，导向辊的高低位置应能保证钢板的最后弯曲得以调平。有些导向辊还做成能单独驱动的形式。通常钢板在矫平机上要反复来回滚动多次，才能获得较高的矫正质量。

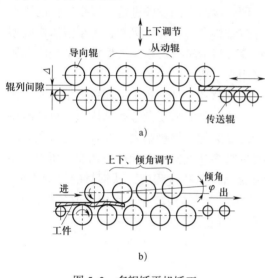

图5-2　多辊矫平机矫正

a）上、下辊列平行矫平机　b）上辊列倾斜矫平机

（2）上辊列倾斜矫平机　上、下两辊列的轴线形成很小的夹角φ，上辊除能进行升降调节外，还可借助转角机构改变倾角，使上、下辊列的间隙向出口端逐渐增大（见图5-2b）。当钢板在辊列间通过时，弯曲曲率逐渐减小，到最后一个轴辊前，钢板的变形已接近于弹性弯曲，因此不必装置可单独调节的导向辊。矫正时，头几对轴辊进行的是钢板的基本弯曲，继续进入时其余各对轴辊对钢板产生拉力，这附加的拉力能有效地提高钢板的矫正效果。此类矫平机多用于薄钢板的矫正。

一般来说，钢板越厚，矫正越容易；钢板越薄，矫正越困难。厚度在3mm以上的钢板，通常在五辊或七辊矫平机上矫平；厚度在3mm以下的薄板，必须在九辊、十一辊或更多辊矫平机上矫平。

凹凸变形严重的钢板，可以根据其变形情况，选择大小和厚度合适的低碳钢板条（厚度为0.5～1.0mm）垫在需加大拉伸的部位，以提高矫平效果。

对于钢板零件，由于剪切时挤压或位于气割边缘局部受热而产生变形，需进行二次矫正。这时只要把零件放在作为垫板的平整厚钢板上，通过多辊矫平机，然后将零件翻转180°再通过轴辊碾压一次即可矫平。此时上、下辊的间隙应等于垫板和零件厚度之和。

2. 液压机矫正（见图5-3）

在缺少专用钢板矫平机时，厚板的弯曲变形也可以在液压机上进行矫正。矫正时，应使钢板的凸起面向上，并用两条相同厚度的扁钢在凹面两侧支承工件。工件在外力作用下发生塑性变形，达到矫正的目的。施加外力时，钢板应超过平直状态（略呈反向变形），使外力去除后钢板回弹而矫平。当工件受力点下面空间间隙较大时，应放置限位垫铁，其厚度应略小于两侧垫板的厚度。若

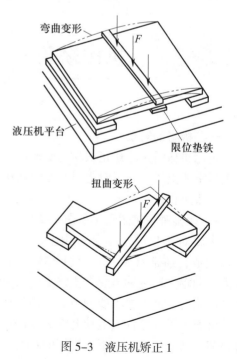

图5-3　液压机矫正1

钢板的变形比较复杂时，应先矫正扭曲变形，后矫正弯曲变形，这时要适当改变垫铁和施加压力的位置，直至矫平为止。

3. 碾压滚轮矫正（见图5-4）

在实际生产中，有时会遇到薄板拼接的工作。由于薄板的刚度较低，易失稳，因此薄板拼接后容易产生波浪变形。对于薄板的波浪变形可用专门的碾压滚轮矫正。由于这种变形是由焊缝的纵向收缩引起的，用滚轮施加一定的压力在焊缝上反复碾压，可以使焊缝及其附近的金属延展伸长，从而消除拼接薄板的波浪变形。

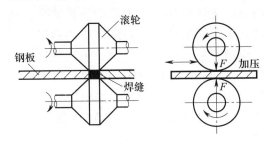

图5-4　碾压滚轮矫正

二、型钢的矫正

1. 多辊型钢矫正机矫正（见图5-5）

多辊型钢矫正机可矫正角钢、槽钢、扁钢和方钢等各种型钢。上辊列可上下调节，辊轮可以调换，以适应矫正不同断面形状的型钢。其原理和多辊钢板矫平机相同，依靠型钢通过上、下两列辊轮时的交变反复弯曲使变形得到矫正。

2. 型钢撑直机矫正

型钢撑直机采用反向弯曲的方法矫正型钢和各种焊接梁的弯曲变形。撑直机运动件呈水平布置，有单头和双头两种。双头矫直机两面对称，可两面同时工作，工作效率高。撑直机的工作部分如图5-6所示，型钢置于支撑和推撑之间，并可沿长度方向移动，支撑的间距可由操纵手轮调节，以适应型钢不同情况的弯曲。当推撑由电动机驱动做水平往复运动时，便周期性地对被矫正的型钢施加推力，使其产生反向弯曲而达到矫

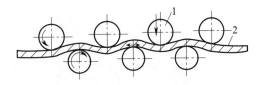

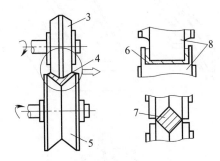

图5-5　多辊型钢矫正机矫正
1、3、5、8—辊轮　2—型钢
4—角钢　6—槽钢　7—方钢

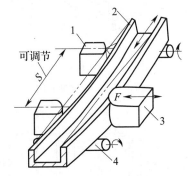

图5-6　撑直机的工作部分
1—支撑　2—工件　3—推撑　4—滚柱

正的目的。推撑的初始位置可以调节，以控制变形量。撑直机工作台面设有滚柱，用以支撑型钢，并减小型钢来回移动时的摩擦力。

型钢撑直机也可用于型钢的弯形加工，故为弯形、矫正两用机床。

3. 液压机矫正（见图5-7）

在没有型钢矫正专用设备的情况下，也可在普通液压机（如油压机、水压机等）上矫正型钢和焊接梁的弯曲与扭曲变形。操作时应根据工件的尺寸和变形，考虑工件放置的位置、垫板的厚度和垫起的部位。合理的操作可以提高矫正的质量和速度。

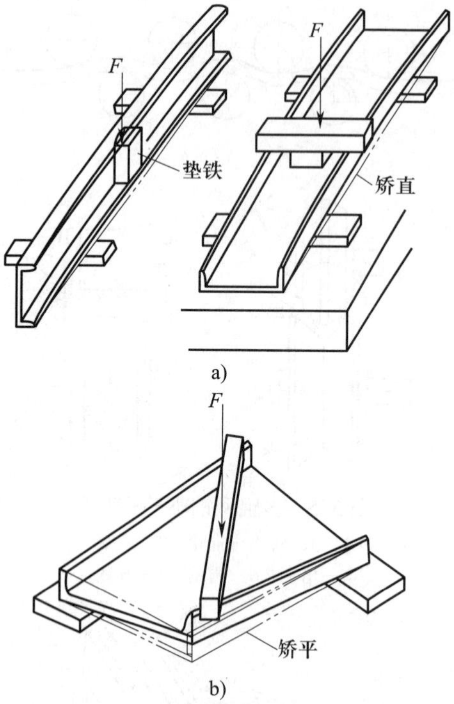

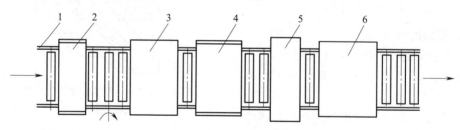

图 5-7　液压机矫正 2

a）矫正弯曲　b）矫正扭曲

三、钢材预处理流水线

目前，许多企业已经将钢板矫正、表面清理和防护作业合并在一起，组成了钢材预处理流水线，如图 5-8 所示。它包括钢板的吊运、矫正、表面除锈清理、喷涂防护底漆和烘干等工艺过程。

钢板呈平置状态由传送辊道送入多辊矫平机矫平；进入预热室使钢板温度达到 40 ~ 60 ℃，以利于除去钢板表面的水分、油污，并使氧化皮和锈斑疏松；然后进入抛丸室，由抛丸除锈机对钢板进行双面抛丸除锈；再由辊道送入喷漆室，通常用高压无气喷涂机双面喷涂防护底漆；随后进入烘干室烘干。处理完毕的钢板最后由辊道直接送到下道工序，进行号料、切割等作业。采用钢材预处理流水线不仅可以大幅度提高生产效率，降低成本，而且能够保证钢板的矫正、防锈和涂漆的质量。

图 5-8　钢材预处理流水线

1—传送辊道　2—钢板矫平机　3—预热装置　4—抛丸除锈机　5—喷漆装置　6—烘干装置

§5-3　手工矫正

无专用矫正设备时，对小尺寸的板材和型材、切割后的零件及焊接结构的局部变形，可采用手工矫正。

手工矫正常见的是使用大锤或锤子锤击工件的特定部位，以使该部位较紧的金属得到延伸扩展，最终使各层纤维长度趋于一致，从而达到矫正的目的。

一、板材变形的矫正

1. 薄板变形的手工矫正

（1）薄板凸起变形的矫正　薄板中部凸

起是由于板材四周紧、中间松造成的。矫正时，由凸起处的边缘开始向周边呈放射形锤击，越向外锤击密度越大，锤击力也越大，以使由里向外各部分金属纤维层得到不同程度的延伸，凸起变形在锤击过程中逐渐消失（见图5-9a）。若在薄钢板的中部有几处相邻的凸起，则应在凸起的交界处轻轻锤击，使数处凸起合并成一个凸起，然后再依照上述方法锤击四周使之展平。

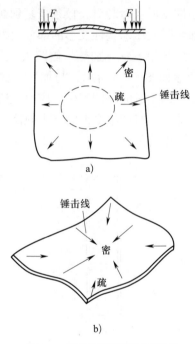

图 5-9　薄板变形的手工矫正
a）中部凸起变形　b）边缘呈波浪变形

（2）薄板波浪变形的矫正　如果薄板四周呈波浪变形，则表示板材四周松、中间紧。矫正时，由外向内锤击，锤击的密度和力度逐渐增大，在板材中部纤维层产生较大的延伸，使薄板四周的波浪变形得到矫正（见图5-9b）。

2. 厚板变形的手工矫正

厚板变形主要是弯曲变形。厚板弯曲变形的手工矫正通常采用以下两种方法。

（1）直接锤击凸起处　锤击力要大于材料的屈服强度，使凸起处受到强制压缩，产生塑性变形而矫平。

（2）锤击凸起区域的凹面　锤击凹面可用较小的力量，使材料仅在凹面扩展，迫使凸面受到相对压缩，从而使厚板得到矫平。

二、型材与管材变形的矫正

扁钢、角钢、圆钢、圆管的弯曲变形也可用锤击延展的方法加以矫正（见图5-10a），锤击点在工件凹入一侧（图5-10a中箭头表示锤击方向和材料伸展方向）。

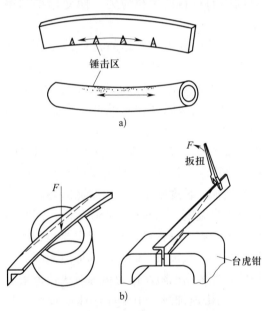

图 5-10　型钢的矫正
a）锤击延展　b）弯曲、扭转

此外，型钢的弯曲和扭曲变形也可在平台、圆墩和台虎钳上，用锤子、扳手等工具进行矫正（见图5-10b），靠外力所形成的弯矩达到矫正的目的。

板材和型材各种变形的手工矫正操作可参考冷作工技能训练教材，这里不再重复。

一、火焰矫正的原理与特点

1. 火焰矫正的原理

火焰矫正是利用金属局部加热后所产生的塑性变形抵消原有的变形，从而达到矫正的目的。火焰矫正时，应对变形钢材或构件纤维较长处的金属进行有规律的火焰集中加热，并达到一定的温度，使该部分金属获得不可逆的压缩塑性变形。冷却后，对周围的材料产生拉应力，使变形得到矫正。

金属具有热胀冷缩的特性，在外力作用下既能产生弹性变形，也能产生塑性变形。局部加热时，被加热部分的金属膨胀，由于周围金属温度相对较低，膨胀受到阻碍，使加热部分金属受到压缩。当加热温度达到 600 ~ 700 ℃时，应力超过屈服强度，即产生塑性变形，此时该处材料的厚度略有增加，长度则比可自由膨胀时短。一般低碳钢当温度达到 600 ~ 650 ℃时，屈服强度接近于零，金属材料的变形主要是塑性变形。现在以长板条一侧非对称加热为例加以说明。如果用电阻丝作为热源对狭长板条的 AB 一侧快速加热，由于加热速度较快，此时在板条中产生对横截面呈不对称分布的非均匀热场，如图 5-11 所示（图中 T 为其温度分布曲线）。在整张钢板上气割窄长板条，或沿板条的一侧进行焊接，情况即与此类似。

为了便于理解，假设板条由若干互不相连而又紧密相贴的小窄条组成，每一小窄条都可以按各自不同的温度自由膨胀，结果是各窄板条端面出现与温度曲线对应的阶梯状变形（见图 5-12a）。实际上，由于板条是一个整体，各部分材料互相牵制约束，板条沿长度方向将出现如图 5-12b 所示的弯曲变形，板条向加热侧凸出。根据应力平衡的条件，加热时板条的内应力分布如图 5-12c 所示（两侧金属受压，中部金属受拉）。由于加热侧温度高，应力超过屈服强度，而产生压缩塑性变形。冷却时，板条恢复到初始温度，加热时受压缩塑性变形的部分收缩，板条将产生残余变形（加热一侧凹入），其应力与变形如图 5-13 所示，与加热时的情形正相反，加热过的一侧产生拉应力。这就是火焰局部加热时产生变形的基本规律，是掌握火焰矫正的关键。

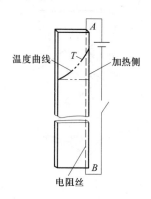

图 5-11　长板条一侧加热

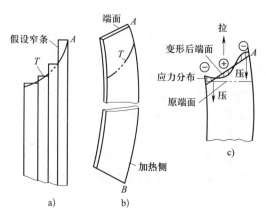

图 5-12　板条一侧加热时的应力与变形
a）板条的假想变形　b）端面实际变形　c）应力分布

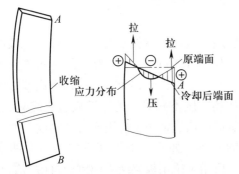

图 5-13　板条冷却后的应力与变形

在金属局部进行条形或圆形加热时，其应力和变形的规律也可按此进行相似的分析。

2. 火焰矫正的特点

（1）火焰矫正能获得相当大的矫正力，矫正效果明显。对于低碳钢，只要有 1 cm² 面积加热到塑性状态，冷却后就能产生约 24 kN 的矫正力。工件上若有 0.01 m² 的材料加热面积在矫正时达到塑性状态，冷却后就会产生 2 400 kN 的矫正力。所以，火焰矫正不仅应用于钢材，而且更多地用来矫正不同尺寸和不同形式钢结构的变形。

（2）火焰矫正设备简单，方法灵活，操作方便，所以，不仅在材料准备工序中用于钢板和型钢的矫正，而且广泛地应用于金属结构在制造过程中各种变形的矫正，如用于船舶、车辆、重型机架、大型容器和箱、梁的矫正等。

（3）火焰矫正与机械矫正一样，也要消耗金属材料部分塑性储备，对于特别重要的结构、脆性材料或塑性很差的材料要慎重使用。加热温度要适当控制。若温度超过 850 ℃，则金属晶粒长大，力学性能降低；但温度过低又会降低矫正效果。对于有淬火倾向的材料，采用火焰加热时，喷水冷却要特别慎重。

二、影响矫正效果的因素

经火焰局部加热而产生塑性变形的部分金属，冷却后都趋于收缩，引起结构新的变形，这是火焰矫正的基本规律，以此可以确定变形的方向，但变形的大小受以下几个因素的影响。

1. 工件的刚度

当加热方式、位置和火焰热量都相同时，所获得矫正变形的大小和工件本身的刚度有关：工件刚度越高，变形越小；刚度越低，变形越大。

2. 加热位置

火焰在工件上加热的位置对矫正效果有很大影响。由于加热金属冷却后都是收缩的，因此，一般总是把加热位置选在金属纤维较长、需要收缩的部位。错误的加热位置不仅收不到矫正效果，还会加剧原有的变形或使变形更加复杂。此外，加热位置相对于结构中性轴的距离也十分重要，距离越远，变形越大，效果越好。

3. 火焰热量

用不同的火焰热量加热，可获得不同的矫正变形能力。若火焰热量不足，势必延长加热时间，降低工件上的温度梯度，使加热处和周围金属温差减小，矫正效果变差。

4. 加热面积

火焰矫正所获得的矫正力和加热面积成正比。达到热塑状态的金属面积越大，得到的矫正力也越大。所以，工件刚度和变形越大，加热的总面积也应越大。必要时可以多次加热，但加热的位置应错开。

5. 冷却方式

火焰加热时，若浇水急冷能提高矫正效率，这种方法称为水火矫正，可以应用于低碳钢和部分低合金钢，但对于比较重要的结构和淬硬倾向较大的钢材不宜采用。水火之间的距离也应注意，矫正 4 ~ 6 mm 厚的钢板，一般应为 25 ~ 30 mm；有淬硬倾向的材料距离还应大一些。水冷的主要作用是建立较大的温度梯度，以造成较大的温差效应。同时，水冷还可以缩短重复加热的时间间隔。一般来说，金属冷却的速度对矫正效果并无明显影响。

三、火焰矫正的加热方式

按加热区的形状不同，分为点状加热、

线（条）状加热和三角形加热三种方式。

1. 点状加热

用火焰在工件上做圆环状移动，均匀地加热成圆点状（俗称火圈），根据需要可以加热一点或多点。多点加热时，在板材上多呈梅花状分布（见图5-14），型材或管材则多呈直线排列。加热点直径 d 随板厚变化（厚板略大一些，薄板略小一些），但一般应不小于 15 mm。点间距离 a 随变形增大而减小，一般为 50 ~ 100 mm。

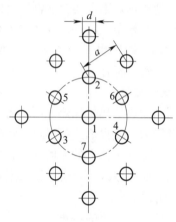

图 5-14　点状加热

2. 线（条）状加热

火焰沿一定方向直线移动并同时做横向摆动，以形成具有一定宽度的条状加热区，如图5-15所示。线状加热时，横向收缩大于纵向收缩，其收缩量随加热区宽度的增大而增大。加热区宽度 b 通常取板厚的 0.5 ~ 2.0 倍，一般为 15 ~ 20 mm。加热线的长度和间距视工件尺寸和变形情况而定。线状加热多用于矫正刚度和变形较大的结构。

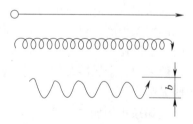

图 5-15　线（条）状加热

3. 三角形加热

将火焰摆动，使加热区呈三角形，三角形底边在被矫正钢板或型钢的边缘，角顶向内，如图5-16所示。因为三角形加热面积大，故收缩量也大，而且沿三角形高度方向的加热宽度不相等，越靠近板边收缩越大。三角形加热法常用于矫正厚度和刚度较大构件的变形，如矫正型钢和焊接梁的弯曲变形，或用于矫正板架结构中钢板自由边缘的波浪变形，此时三角形的顶角 α 约为30°。矫正型材或焊接梁时，三角形的高度应为腹板高度的 1/3 ~ 1/2。

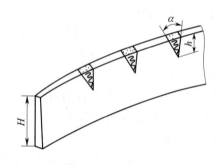

图 5-16　三角形加热

四、火焰矫正工艺要领

火焰加热矫正变形在金属结构制造中经常应用，为提高矫正效率和工件矫正质量，操作时应注意以下几点。

1. 预先了解结构的材料及其特点，以确定能否使用火焰矫正，并根据不同材质来控制矫正过程中的加热温度，避免因火焰矫正而导致材料力学性能严重降低。

2. 分析结构变形的特点，考虑加热方式、加热位置和加热顺序，选择最佳的加热方案。

3. 加热火焰采用中性焰。如果要求加热深度浅，避免造成较大的角变形，为提高加热速度也可采用氧化焰。

4. 矫正尺寸较大的复杂板材和型钢结构时，既可能出现局部变形，又可能出现整体变形；既有板材的变形，又有型钢的变形。在矫正过程中这些因素会互相影响，应掌握其变形规律，灵活运用，尽量减少矫正工作量，提高效率，保证矫正质量。

5. 进行火焰矫正时，也可同时对结构施加外力。例如，利用大型结构的自重及加压重物造成附加弯矩，或利用机具进行牵拉和顶压，都可增大结构的变形。

总之，火焰矫正操作灵活多变，并无固定的模式，操作者应通过实践来掌握其变形规律，积累经验，这样才能取得较好的矫正效果。

§5-5　高频热点矫正

高频热点矫正是感应加热法在生产中的应用，是变形矫正的新工艺。它不仅可以矫正钢材的各种变形，而且对大型复杂结构装配、焊接后变形的矫正也十分方便。

对于矫正工件来说，高频热点矫正的原理与火焰矫正的原理是相同的，都是利用对金属局部加热产生压缩塑性变形，抵消原有的变形，达到矫正的目的。区别在于两者的热源不同。火焰矫正使用的是氧乙炔焰提供的外热源，加热区的形状由操作者控制。而高频热点矫正则是采用交变磁场在金属内部产生的内热源。当交流电通入高频感应圈时产生了交变磁场，当感应圈靠近金属时，在交变磁场的作用下，钢材的内部形成感应电流。由于钢材的电阻很小，因此，感应电流可以达到很大的值，在钢材内部小区域内放出大量热量，而使钢材被加热部位的温度迅速升高，体积膨胀。由于加热时间很短，加热部位以外的金属受热传导的影响很小，温度升高也很小，限制了加热区的膨胀。当加热区的应力超过材料屈服强度时，金属就产生了压缩塑性变形，冷却后即可达到矫正的目的。用高频热点矫正时，加热位置的选择与火焰矫正相同。

高频加热区的大小取决于感应圈的形状和尺寸。感应圈的尺寸应尽可能做得小一些，否则将会因加热面积过大、加热速度过慢而影响矫正效果。感应圈通常采用 $\phi 6\,mm \times 1\,mm$ 纯铜管制成宽 15～20 mm、长 20～40 mm 的矩形，并在感应圈内通以冷水进行冷却。高频加热时间一般只需 4～5 s，即可使加热区的温度达到 800 ℃左右。

第 六 章

下 料

下料是将零件或毛坯从原材料上分离下来的工序。冷作工常用的下料方法有剪切、冲裁、气割、等离子弧切割等，对于薄板的下料有时也可采用手工克切的方法。

§6-1 剪切

剪切是冷作工应用的主要下料方法，它具有生产效率高、剪断面比较光洁、能切割板材及各种型材等优点。

一、剪切加工基础知识

剪切加工的方法很多，但其实质都是通过上、下剪刃对材料施加剪切力，使材料发生剪切变形，最后断裂分离。因此，为掌握剪切加工技术，就必须了解剪切加工中材料的变形和受力状况、剪切加工对剪刃几何形状的要求及剪切力的计算等基础知识。

冷作工在生产中使用较多的是斜口剪，其剪刃几何形状如图 6-1 所示。这里仅对斜口剪的剪切过程、剪切受力、剪刃几何参数等加以分析，并介绍剪切力的计算方法。

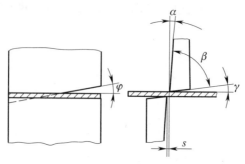

图 6-1　斜口剪剪刃几何形状
γ—前角　α—后角　β—楔角
s—剪刃间隙　φ—剪刃斜角

1. 剪切过程及剪断面状况分析

剪切时，材料置于上、下剪刀之间，在剪切力的作用下，材料的变形和剪断过程如图6-2所示。

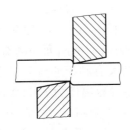

图6-2　材料的变形和剪断过程

在剪刀口开始与材料接触时，材料处于弹性变形阶段。当上剪刀继续下降时，剪刀对材料的压力增大，使材料发生局部的塑性弯曲和拉伸变形（特别是当剪刃间隙偏大时）。同时，剪刀的刃口也开始压入材料，形成塌角区和光亮的塑剪区，这时在剪刃口附近金属的应力状态和变形是极不均匀的。随着剪刀压入深度的增大，在刃口处形成很大的应力和变形集中。当此变形达到材料极限变形程度时，材料出现微裂纹。随着剪裂现象的扩展，上、下刃口产生的剪裂缝重合，使材料最终分离。

如图6-3所示为材料剪断面状况，它具有明显的区域性特征，可以明显地分为塌角、光亮带、剪裂带和毛刺四个部分。塌角1的形成原因是当剪刀压入材料时，刃口附近的材料被牵连拉伸变形的结果；光亮带2由剪刀挤压切入材料时形成，表面光滑平整；剪裂带3则是在材料剪裂分离时形成的，表面粗糙，略有斜度，不与板面垂直；而毛刺4是在出现微裂纹时产生的。

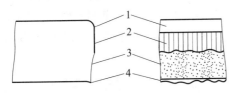

图6-3　材料剪断面状况

1—塌角　2—光亮带　3—剪裂带　4—毛刺

剪断面上的塌角、光亮带、剪裂带和毛刺四个部分在整个剪断面上的分布比例，随材料的性能、厚度、剪刃形状、剪刃间隙和剪切时的压料方式等剪切条件的不同而变化。

剪刃口锋利，剪刃容易挤压切入材料，有利于增大光亮带。而较大的剪刃前角 γ 可增加刃口的锋利程度。

剪刃间隙较大时，材料中的拉应力将增大，易于产生剪裂纹，塑性变形阶段较早结束，因此光亮带要小一些，而剪裂带、塌角和毛刺都比较大。剪刃间隙较小时，材料中拉应力减小，裂纹的产生受到抑制，所以光亮带变大，而塌角、剪裂带等均减小。然而，间隙过大或过小均将导致上、下两面的裂纹不能重合于一线。间隙过小时，剪断面出现浅裂纹和较大的毛刺；间隙过大时，剪裂带、塌角、毛刺和斜度均增大，表面极粗糙。

若将材料压紧在下剪刃上，则可减小拉应力，从而增大光亮带。此外，材料的塑性好、厚度小，也可以使光亮带变大。

综合以上分析可以得出，增大光亮带，减小塌角、毛刺，进而提高剪断面质量的主要措施如下：增加剪刃口锋利程度，剪刃间隙取合理间隙的最小值，并将材料压紧在下剪刃上等。

2. 斜口剪剪切受力分析

根据图6-1中斜口剪剪刃的几何形状和相对位置，斜口剪剪切受力分析如图6-4所示。

由于剪刃具有斜角 φ 和前角 γ，使得上、下剪刃传递的外力 F 不是竖直地作用于材料，而是与斜刃及前面成垂直方向作用。这样，在剪切中作用于材料上的剪切力 F 可分解为纯剪切力 F_1、水平推力 F_2 及离口力 F_3。如图6-4a所示为剪切力的正交分解情况，如图6-4b、c所示为剪切力正交分解后的两面投影。

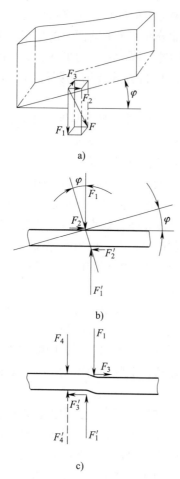

a)

b)

c)

图 6-4 斜口剪剪切受力分析

在剪切过程中，由于 φ 角的存在，材料是被逐渐分离的。若 φ 角增大，材料的瞬时剪切长度变短，可减小所需的剪切力。但从受力图（见图 6-4b）上又可看出，φ 角增大，纯剪切力 F_1 则减小，而水平推力 F_2 增大，当 φ 角增大到一定数值时，将因水平推力 F_2 过大而使材料从刃口中推出，从而无法进行剪切。因此，φ 角的大小应以剪切时材料不被推出为限。其受力条件为：

$$F_2 \leqslant 2fF_1 \tag{6-1}$$

式中 f——材料的静摩擦因数，一般钢与钢的静摩擦因数取 f=0.15。

由式（6-1）可以求出 φ 角的极限值。由

$$F_2=F_1\tan\varphi$$

得

$$F_1\tan\varphi \leqslant 2fF_1$$

$$\tan\varphi \leqslant 2f=0.30$$

所以

$$\varphi \leqslant 16°42'$$

同时，由于离口力 F_3 的存在，剪切材料待剪部分将有向剪断面一侧滑动的趋势。尽管 γ 角增大有利于使剪刃口锋利，但过大的 γ 角将导致离口力 F_3 过大而影响定位剪切，这是必须限制 γ 角的一个重要原因。

此外，由于水平推力 F_2 和离口力 F_3 的双向力的作用，在剪切过程中，被剪下的材料将发生弯扭复合变形，在宽板上剪窄条时尤其明显。故从限制变形的角度看，φ 角和 γ 角也不宜过大。

从图 6-4c 还可以看出，由于存在剪刃间隙，且剪切中随着剪刃与被剪材料接触面的增大，而引起 F_1、F_1' 力作用线的外移，将对材料产生一个转矩。为不使材料在剪切过程中翻转，提高剪切质量，就需要给材料施以附加压料力 F_4（见图 6-4c）。

3. 斜口剪剪刃的几何参数

根据以上对剪切过程、剪断面状态和剪切受力情况的分析，并考虑实际情况与理想状态的差距，确定斜口剪剪刃几何参数如下。

（1）剪刃斜角 φ　剪刃斜角 φ 一般在 2°～14° 之间。对于横入式斜口剪床，φ 角一般为 7°～12°；对于龙门式斜口剪床，φ 角一般为 2°～6°。

（2）前角 γ　前角 γ 是剪刃的一个重要几何参数，其大小不仅影响剪切力和剪切质量，而且直接影响剪刃强度。前角 γ 一般为 0°～20°，依据被剪材料性质不同而选取。冷作工剪切钢材时，斜口剪剪刃前角 γ 通常为 5°～7°。

（3）后角 α　后角 α 的作用主要是减小材料与剪刃的摩擦，通常取 α=1.5°～3°。γ 角与 α 角确定后，楔角 β 也就随之而定。

（4）剪刃间隙 s 剪刃间隙 s 是为避免上、下剪刃碰撞，减小剪切力和改善剪断面质量的一个几何参数。合理的间隙值是一个尺寸范围，其上限值称为最大间隙，下限值称为最小间隙。剪刃合理间隙的确定主要取决于被剪材料的性质和厚度，见表6-1。各种剪切设备均附有很具体的间隙调整数据铭牌，可作为调整剪刃间隙的依据。

表 6-1 剪刃合理间隙的范围

材料	间隙（以板厚的百分数表示）	材料	间隙（以板厚的百分数表示）
纯铁	6%～9%	不锈钢	7%～11%
软钢（低碳钢）	6%～9%	铜（硬态、软态）	6%～10%
硬钢（中碳钢）	8%～12%	铝（硬态）	6%～10%
硅钢	7%～11%	铝（软态）	5%～8%

4. 剪切力计算

在一般情况下不需要计算剪切力，因为在剪床的性能铭牌上已标示出允许的最大剪切厚度。但剪床上铭牌所标示的最大剪切厚度通常是以 20～30 钢的抗拉强度为依据计算的，如果待剪切材料的强度高于（在一定范围内）或低于 20～30 钢时，则需要重新计算剪切力，以便于确定可剪切板厚的极限值，避免损坏机床。

（1）平口剪床剪切力的计算 平口剪床的剪切力可按下式计算：

$$F=KS\tau=Kbt\tau \qquad (6-2)$$

式中 F——剪切力，N；

K——折算系数；

S——剪断面面积，mm^2；

b——板料的宽度，mm；

t——板厚，mm；

τ——板料抗剪强度，MPa。

折算系数 K 主要是考虑实际剪切中剪刃的磨损和间隙、材料的厚度及力学性能的波动等因素对剪切力的影响。通常 K 取 1.2～1.3。

（2）斜口剪床剪切力的计算 斜口剪床的剪切力可按下式计算：

$$F=\frac{Kt^2\tau}{2\tan\varphi} \qquad (6-3)$$

式中 K——折算系数，取值范围同上；

t——板厚，mm；

τ——板料抗剪强度，MPa；

φ——剪刃斜角，（°）。

例 6-1 某斜口剪床，其剪刃斜角 φ 为 5°，最大剪板（Q235A 钢）厚度为 20 mm。试问该剪床能否剪切抗剪强度 $\tau=240$ MPa、厚度为 22 mm 的铜板。

解：该剪床剪切力 F_0 是按 Q235A 钢计算得出的，因此查手册取 Q235A 钢的抗剪强度 $\tau=340$ MPa，取 $K=1.2$。由式（6-3）可知该剪床最大剪切力为：

$$F_0=\frac{Kt^2\tau}{2\tan\varphi}=\frac{1.2\times20^2\times340}{2\tan5°}N\approx932\ 692\ N$$

又设剪切铜板所需剪切力为 F，则：

$$F=\frac{Kt^2\tau}{2\tan\varphi}=\frac{1.2\times22^2\times240}{2\tan5°}N\approx796\ 629\ N$$

可知：$F<F_0$。

结论：因为剪切该铜板所需的剪切力小于该剪床的最大剪切力，故能够剪切。

二、剪切设备

1. 常用的剪切机械

剪切机械的种类很多，按结构形式不同，分为龙门式斜口剪床、横入式斜口剪床、圆盘剪床、振动剪床和联合剪冲机床等；按传动形式不同，分为机械传动剪板机和液压传动剪板机。其中，龙门式斜口剪床是钢板下料最常用的专用机械。

（1）龙门式斜口剪床　龙门式斜口剪床如图6-5所示，主要用于剪切直线切口。它操作简单，进料方便，剪切速度快，材料变形小，剪断面精度高，所以在板料剪切中应用最为广泛。

图6-5　龙门式斜口剪床

（2）横入式斜口剪床　横入式斜口剪床如图6-6所示，主要用于剪切直线。剪切时，被剪材料可以由剪口横入，并能沿剪切方向移动，剪切可分段进行，剪切长度不受限制。与龙门式斜口剪床相比，它的剪刃斜角 φ 较大，故剪切变形大，而且操作较麻烦。一般情况下，用它剪切薄而宽的板料较好。

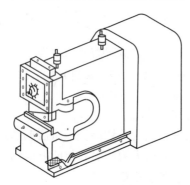

图6-6　横入式斜口剪床

（3）圆盘剪床　圆盘剪床如图6-7所示，其剪切部分由上、下两个滚刀组成。剪切时，上、下滚刀做同速反向转动，材料在两滚刀间边剪切、边输送，如图6-7a所示。冷作工常用的是滚刀斜置式圆盘剪床（见图6-7b）。

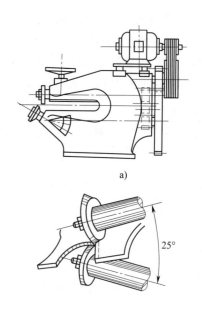

a)

b)

图6-7　圆盘剪床

圆盘剪床由于上、下剪刃重叠较少，瞬时剪切长度极短，且板料转动基本不受限制，适用于剪切曲线，并能连续剪切。但被剪材料弯曲较大，边缘有毛刺。一般圆盘剪床只能剪切较薄的板料。

（4）振动剪床　振动剪床如图6-8所示，它的上、下刃板都是倾斜的，交角较大，剪切部分极短。工作时上刃板每分钟的往复运动可达数千次，呈振动状。

图6-8　振动剪床

振动剪床可在板料上剪切各种曲线和内孔，但其刃口容易磨损，剪断面有毛刺，生产效率低，而且只能剪切较薄的板料。

（5）联合剪冲机床　如图 6-9 所示，联合剪冲机床通常由斜口剪、型钢剪和小冲头组成，可以剪切钢板和各种型钢，并能进行小零件冲压和冲孔。

图 6-9　联合剪冲机床

（6）液压传动剪板机　液压传动剪板机利用小型电动机带动油泵，通过液压阀等液压元件控制液压油驱动液压缸中的活塞完成往复直线运动，进而带动上刀片运动，从而将板料切断。

液压传动剪板机分为摆式和闸式两种，如图 6-10 所示为液压闸式剪板机。

图 6-10　液压闸式剪板机

（7）数控剪板机　如图 6-11 所示，数控剪板机一般采用通用或专用计算机实现数字程序控制，它所控制的通常是位置、角度、速度等机械量及与机械量流向有关的开关量。

图 6-11　数控剪板机

数控剪板机刀口间隙调整有指示牌指示，调整方便、迅速。设有灯光对线装置，并能无级调节上刀架的行程量，后挡料尺寸及剪切次数由数字显示装置来显示。

2. 剪切机械的简单分析

作为剪切机械的操作者，应该具有对所用剪切机械进行简单分析的能力，这有助于掌握、改进剪切工艺方法，正确维护、保养和使用剪切机械。

（1）剪切机械的类型和技术性能　可根据其结构形式初步判断剪切机械的类型，了解其型号所表示的含义。

剪床的型号表示剪床的类型、特性及基本工作参数等。例如，Q11-13×2500 型龙门式剪板机型号所表示的含义为：

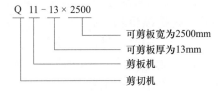

Q　11 - 13 × 2500

可剪板宽为2500mm
可剪板厚为13mm
剪板机
剪切机

机床编号的国家标准已做了数次改动，因此对于不同剪床型号所表示的含义，应根据剪床的出厂年代，查阅有关的国家标准。

各种类型的剪切设备，其技术性能参数通常制成铭牌钉在机身上，作为剪切加工的依据。在设备使用说明书上，也详细记载设备的技术性能。因此，只要参阅剪床铭牌或使用说明书，即可了解其技术性能。

（2）剪切机械的传动关系 分析剪切机械的传动关系，通常要利用其传动系统图。首先要在图中找出原动件和工作件的位置，然后按照原动件、传动件、工作件的顺序，顺次找出各部件间的联系，从而弄清整个系统的传动关系。

如图6-12所示为龙门式斜口剪床的传动系统图。在这个系统中，电动机是原动件，曲轴连带滑块是工作件，其他均为传动件。

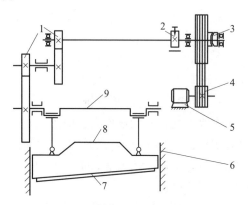

图 6-12　龙门式斜口剪床的传动系统图
1—齿轮　2—制动器
3—离合器　4—带轮　5—电动机　6—导轨
7—上剪刃　8—滑块　9—曲轴

工作时，首先是电动机带动带轮空转，这时由于离合器处于松开位置，制动器处于闭锁位置，故其余部分均不运动。踩下脚踏开关后，在操纵机构（图中未画出）的作用下，离合器闭合，同时制动器松开，带轮通过传动轴上的齿轮带动曲轴旋转，曲轴又带动装有上剪刃的滑块沿导轨上下运动，与装在工作台上的下剪刃配合进行剪切。完成一次剪切后，操纵机构又使离合器松开，同时使制动器闭锁，从而使曲轴停转。

在传动系统中，离合器和制动器要经常检查及调整，否则易造成剪切故障。例如，引起上剪刃自发地连续动作或曲轴停转后上剪刃不能回原位等，甚至会造成人身和设备事故。

（3）剪切机械的操纵原理 剪切机械的操纵机构主要控制离合器和制动器的动作。分析剪床的操纵原理，就是要分析踩下脚踏开关后操纵机构如何使离合器及制动器动作，从而完成一个工作循环。这种分析通常利用操纵机构图进行，若能在分析过程中与剪床上操纵机构的实际工作状况相对照，更有助于理解。

如图6-13所示为龙门式斜口剪床的操纵机构。已知离合器与离合杠杆相连，当杠杆逆时针转动时离合器闭合，反之则打开；制动器与连杆相连，连杆向下运动时制动器松开，反之则闭锁。

剪切时，踩下脚踏开关后，电磁铁将起落架和启动轴分离，重力锤6通过连杆7使主控制轴3逆时针方向旋转。主控制轴的旋转带动连杆4向下运动，离合杠杆5绕支点逆时针转动，从而迫使制动器松开，离合器闭合，剪床主轴开始旋转。这时抬起脚踏开关，则电磁铁因断电而不再起作用。随着剪床主轴的旋转，剪床主轴上的凸轮使回复杠杆运动，并带动起落架下落，重新与启动轴咬合。各部件上述动作方向如图6-13中箭头所示。

当剪床主轴旋转过180°后，回复杠杆开始带动起落架及启动轴上升回复原位。而启动轴的上升又带动主控制轴顺时针方向旋转，并使连杆4向上运动，离合杠杆5顺时针旋动，从而迫使离合器松开，制动器闭锁，剪床主轴停止转动，完成一个剪切工作循环。上述回复过程中，图6-13中各部件运动方向与箭头所指方向相反。

（4）剪切机械的工艺装备 为满足剪切工艺的需要，剪切机械通常设置一些简单的工艺装备。如图6-14所示为龙门式斜口剪床的工艺装备。

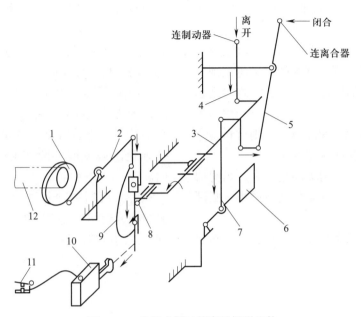

图 6-13 龙门式斜口剪床的操纵机构

1—凸轮 2—回复杠杆 3—主控制轴 4、7—连杆 5—离合杠杆
6—重力锤 8—启动轴 9—起落架 10—电磁铁 11—脚踏开关 12—剪床主轴

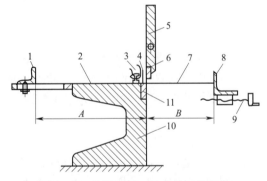

图 6-14 龙门式斜口剪床的工艺装备

1—前挡板 2—床面 3—压料板 4—栅板
5—剪床滑块 6—上刀片 7—板料 8—后挡板
9—螺杆 10—床身 11—下刀片

压料板可防止剪切时板料的翻转和移动，以保证剪切质量。压料板由工作曲轴带动，在上剪刃与板料接触前压住板料，完成自动压料，也可利用手动偏心轮等达到压紧的目的，而成为手动压料式。栅板是安全装置，用来防止手或其他物品进入剪口而发生事故。前挡板和后挡板在剪切时起定位作用。在剪切数量较多、尺寸相同的零件时，利用挡板定位剪切，可提高生产效率并能保

证产品质量。在床面上也可以安装定位挡板。

有些企业结合具体情况，对自用剪床进行了设备改造，以提高自动化程度，如自动上料、下料，自动送进、定位（对剪切线）、压紧等。

三、剪切加工对钢材质量的影响

剪切是一种高效率切割金属的方法，切口也较光洁、平整，但也有一定的缺点。钢材经过剪切加工，将引起力学性能和外部形状的某些变化，对钢材的使用性能造成一定的影响。主要表现在以下两个方面。

1. 窄而长的条形材料，经剪切后将产生明显的弯曲和扭曲复合变形，剪后必须进行矫正。此外，如果剪刃间隙不合适，会使剪断面粗糙并带有毛刺。

2. 在剪切过程中，由于切口附近金属受剪力的作用而发生挤压、弯曲复合变形，由此而引起金属的硬度、屈服强度提高，塑性下降，使材料变脆，这种现象称为冷作硬化。硬化区域的宽度与下列因素有关。

（1）钢材的力学性能　钢材的塑性越好，则变形区域越大，硬化区域的宽度也越大；材料的硬度越高，则硬化区域宽度越小。

（2）钢板的厚度　钢板的厚度越大则变形越大，硬化区域宽度也越大；反之，则越小。

（3）剪刃间隙　间隙越大，则材料受弯情况越严重，硬化区域宽度越大。

（4）剪刃斜角　剪刃斜角越大，当剪切同样厚度的钢板时，如果剪切力越小，则硬化区域宽度也越小。

（5）剪刃的锋利程度　剪刃越钝，则剪切力越大，硬化区域宽度也增大。

（6）压紧装置的位置与压紧力　当压紧装置越靠近剪刃，且压紧力越大时，材料就越不易变形，硬化区域宽度也就减小。

综上所述，由于剪切加工而引起钢材冷作硬化的宽度与多种因素有关，是一个综合的结果。当被剪钢板厚度小于 25 mm 时，其硬化区域宽度一般在 1.5 ～ 2.5 mm 范围内。

对于板边的冷作硬化现象，在制造重要结构或剪切后还需冷冲压加工时，须经铣削、刨削或热处理，以消除硬化现象。

§6-2　冲裁

利用冲模在压力机上把板料的一部分与另一部分分离的加工方法称为冲裁。冲裁也是钢材切割的一种方法，对成批生产的零件或定型产品，应用冲裁下料，可提高生产效率和产品质量。

冲裁时，材料置于凸模、凹模之间，在外力作用下，凸模、凹模产生一对剪切力（剪切线通常是封闭的），材料在剪切力作用下被分离（见图6-15）。冲裁的基本原理与剪切相同，只不过是将剪切时的直线刀刃改变成封闭的圆形或其他形式的刀刃而已。冲裁过程中材料的变形情况及断面状态与剪切时大致相同。

从凸模接触板料到板料相互分离的过程是在瞬间完成的。当凸模、凹模间隙正常时，冲裁变形过程大致可分为以下三个阶段。

第一阶段为弹性变形阶段。如图6-16a所示，当凸模开始接触板料并下压时，在凸模、凹模压力作用下，板料开始产生弹性压缩、弯曲、拉伸（$AB' > AB$）等复杂变形。这时，凸模略微挤入板料，板料下部也略微挤入凹模洞口，并在与凸模、凹模刃口接触处形成很小的圆角。同时，板料稍有弯曲，材料越硬，凸模、凹模间隙越大，弯曲越严重。随着凸模的下压，刃口附近板料所受的应力逐渐增大，直至达到弹性极限，弹性变形阶段结束。

第二阶段为塑性变形阶段。当凸模继续下压，使板料变形区的应力超过其屈服强度、达到塑性条件时，便进入塑性变形阶段，如图6-16b所示。这时，凸模挤入板料

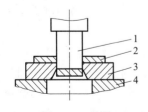

图6-15　冲裁
1—凸模　2—板料　3—凹模　4—冲床工作台

和板料挤入凹模的深度逐渐加大，产生塑性剪切变形，形成光亮的剪断面。随着凸模的下降，塑性变形程度增加，变形区材料硬化加剧，变形抗力不断上升，冲裁力也相应增大，直到刃口附近的应力达到抗拉强度时，塑性变形阶段终止。由于凸模、凹模之间间隙的存在，此阶段中冲裁变形区还伴随着弯曲和拉伸变形，且间隙越大，弯曲和拉伸变形也越大。

第三阶段为断裂分离阶段。当板料内的应力达到抗拉强度后，凸模再向下压入时，则在板料上与凸模、凹模刃口接触的部位先后产生微裂纹，如图6-16c所示。裂纹的起点一般在距刃口很近的侧面，且一般首先在凹模刃口附近的侧面产生，继而才在凸模刃口附近的侧面产生。随着凸模的继续下压，已产生的上、下微裂纹将沿最大剪应力方向不断地向板料内部扩展，当上、下裂纹重合时，板料便被剪断分离，如图6-16d所示。随后，凸模将分离的材料推入凹模洞口，冲裁变形过程结束。

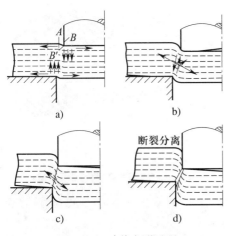

图6-16　冲裁变形过程
a）弹性变形阶段　b）塑性变形阶段
c）、d）断裂分离阶段

在冲裁变形过程的三个阶段中，各阶段所需的外力和时间不尽相同。一般来讲，冲裁时间往往取决于材料性质，材料较脆时，持续时间较短。

一、冲床

1. 冲床的分类

冲床的分类如下。

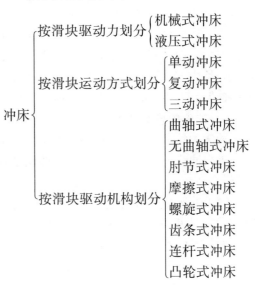

2. 冲床的结构

冲裁一般在冲床上进行。曲轴冲床的外形如图6-17a所示，工作原理如图6-17b所示。冲床的床身与工作台是一体的，床身上有与工作台面垂直的导轨，滑块可沿导轨做上下运动，上、下冲裁模分别安装在滑块和工作台面上。

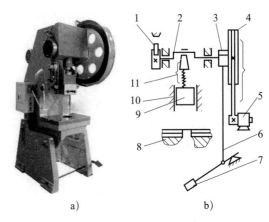

图6-17　曲轴冲床
a）外形　b）工作原理
1—制动器　2—曲轴　3—离合器
4—大带轮　5—电动机　6—拉杆
7—脚踏板　8—工作台　9—滑块
10—导轨　11—连杆

冲床工作时，先是电动机 5 通过传动带带动大带轮 4 空转。踩下脚踏板 7 后，离合器 3 闭合，并带动曲轴 2 旋转，再经过连杆 11 带动滑块 9 沿导轨 10 上下往复运动，进行冲裁。如果将脚踏板踩下后立即抬起，滑块冲裁一次后，便在制动器 1 的作用下停止在最高位置上；如果一直踩住踏板，滑块就不停地做上下往复运动，以进行连续冲裁。

3. 冲床的技术性能参数

冲床的技术性能参数对冲裁工作影响较大。进行冲裁加工时，要根据技术性能参数选择冲床。

（1）冲床吨位与额定功率 冲床吨位与额定功率是两项标志冲床工作能力的指标，实际冲裁零件所需的冲裁力与冲裁功必须小于冲床的这两项指标。薄板冲裁时，所需冲裁功较小，一般可不考虑。

（2）冲床的闭合高度 即滑块在最低位置时，下表面至工作台面的距离。当调节装置将滑块调整到上极限位置时，闭合高度达到最大值，此值称为最大闭合高度。冲床的闭合高度应与模具的闭合高度相适应。

（3）滑块的行程 即滑块从最高位置至最低位置所滑行的距离，也称为冲程。滑块行程的大小决定了所用冲床的闭合高度和开启高度，它应能保证冲床冲裁时顺利地进料、退料。

（4）冲床工作台面尺寸 冲裁时模具尺寸应与冲床工作台面尺寸相适应，保证模具能牢固地安装在台面上。

其他技术性能参数对冲裁工艺影响较小，可根据具体情况适当选定。

4. 新型冲床

（1）数控冲床 随着对大尺寸钣金件（如控制柜、开关柜的外壳和面板等）冲压生产需求的增加，以及冲压件的结构灵活多变（如小孔数量多、位置多变等）、质量好和快速生产等方面的要求，传统冲压生产已不能适应灵活多变、高效生产的需要，因而

出现了数控冲床，它能很好地满足上述生产要求。

该类机床有许多种形式，按机身结构可分为开式（C 型）和闭式（O 型）；按主传动驱动方式可分为机械式、液压式和电伺服式；按移动工作台布置方式不同有内置式、外置式和侧置式。如图 6-18a 所示为开式机身工作台外置液压式数控冲床，其空行程速度达 1 500 r/min，具有六个联动数控轴（X、Y、Z、T_1、T_2、C 轴）。如图 6-18b 所示为闭式机身工作台内置的电伺服式数控冲床。如图 6-18c 所示为机械传动式数控冲床。

a)

b)

c)

图 6-18　数控冲床
a）液压式数控冲床　b）电伺服式数控冲床
c）机械传动式数控冲床

（2）精密冲裁冲床　精密冲裁可以直接获得剪切面表面粗糙度值 Ra 达到 $3.2 \sim 0.8 \mu m$、尺寸精度达到 IT8 级的零件，大大提高了生产效率。如图 6-19 所示，精密冲裁依靠 V 形齿圈压板 2、顶杆 4 和冲裁凸模 1、凹模 5 对板料施加作用力，使被冲板料 3 的剪切区材料处于三向压力状态下进行

冲裁。精密冲裁模具的冲裁间隙比普通冲裁模具的冲裁间隙小，剪切速度低且稳定。因此，提高了金属材料的塑性，保证冲裁过程中沿剪断面无撕裂现象，从而提高了剪切表面的质量和尺寸精度。由此可见，精密冲裁的实现需要通过设备和模具的作用，使被冲材料剪切区达到塑性剪切变形的条件。

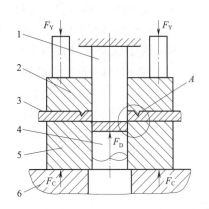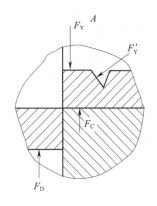

图 6-19　齿圈压板精密冲裁原理

1—凸模　2—V 形齿圈压板　3—被冲板料　4—顶杆　5—凹模　6—下模座

F_C—冲裁力　F_Y—压料力　F_D—反顶压力（顶件力）　F_Y'—齿圈产生的压料分力

精密冲裁冲床按主传动的形式分为机械式和液压式两类。如图 6-20 所示为瑞士 BRUDERER BSTA200 型自动高速冲床。

图 6-20　瑞士 BRUDERER BSTA200 型
自动高速冲床

二、冲裁力

1. 冲裁力的计算

冲裁力是选择冲压设备能力和确定冲裁

模强度的一个重要依据。

冲裁力是冲裁时凸模冲穿板料所需的压力。在冲裁过程中，冲裁力是随凸模进入板料的深度（凸模行程）而变化的。如图 6-21 所示为冲裁 Q235 钢时的冲裁力变化曲线，图中 OA 段是冲裁的弹性变形阶段；AB 段是塑性变形阶段；点 B 为冲裁力的最大值，在此点材料开始被剪裂；BC 段为断裂分离阶段；CD 段是凸模克服与材料间的摩擦和将材料从凹模内推出所需的压力。通常冲裁力是指冲裁过程中的最大值（图中点 B 压力 F_{max}）。

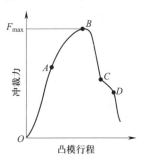

图 6-21　冲裁力变化曲线

影响冲裁力的主要因素是材料的力学性能、厚度、冲裁件周边长度及冲裁间隙、刃口锋利程度与表面粗糙度等。综合考虑上述影响因素，平刃冲裁模的冲裁力可按下式计算。

$$F=KLt\tau \qquad (6\text{-}4)$$

式中　F——冲裁力，N；

　　　K——系数；

　　　L——冲裁周边长度，mm；

　　　t——材料厚度，mm；

　　　τ——材料抗剪强度，MPa。

系数 K 是考虑实际生产中的各种因素而给出的一个修正系数。例如，由于冲模刃口的磨损，模具间隙的不均匀，材料力学性能和厚度的波动等，可能使实际所需的冲裁力比理论上计算的结果大。一般取 $K=1.3$。

为了简便，有时也可按下式估算冲裁力。

$$F=LtR_{\mathrm{m}} \qquad (6\text{-}5)$$

式中　L——冲裁周边长度，mm；

　　　t——材料厚度，mm；

　　　R_{m}——材料的抗拉强度，MPa。

例 6-2　在抗剪强度为 450 MPa、厚度为 2 mm 的钢板上冲一 $\phi 40$ mm 的孔，试计算需多大冲裁力。

解：冲裁件周边长度 $L=\pi D=3.14 \times 40=125.6$ mm。

由式（6-4）得：

$$F=KLt\tau=1.3 \times 125.6 \times 2 \times 450 \text{ N}$$
$$=146\,952 \text{ N} \approx 147 \text{ kN}$$

计算结果：冲裁力约为 147 kN。

2. 降低冲裁力的方法

在冲裁高强度材料或厚料、大尺寸冲裁件时，需要的冲裁力很大。当生产现场没有足够吨位的冲床时，为了不影响生产，可采取一些有效措施来降低冲裁力，以充分利用现有设备。同时，降低冲裁力还可以减小冲击、振动和噪声，对改善冲压环境也有积极意义。

目前，降低冲裁力的方法主要有以下几种。

（1）采用斜刃口冲模　一般在使用平刃口模具进行冲裁时，因整个刃口面都同时切入材料，切断是沿冲裁件周边同时发生的，故所需的冲裁力较大。采用斜刃口冲模冲裁，就是将冲模的凸模或凹模制成与轴线倾斜一定角度的斜刃口，这样冲裁时整个刃口不是全部同时切入，而是逐步将材料切断，因而能显著降低冲裁力。

斜刃口的配置形式如图 6-22 所示。因采用斜刃口冲裁时会使板料产生弯曲，所以斜刃口配置的原则是必须保证冲裁件平整，只允许废料产生弯曲变形。为此，落料（周边为废料）时凸模应为平刃口，将凹模做成斜刃口（见图 6-22a、b）；冲孔（孔中间为废料）时则凹模应为平刃口，而将凸模做成斜刃口（见图 6-22c、d、e）。斜刃口还应对称布置，以免冲裁时模具承受单向侧压力而发生偏移，啃伤刃口。向一边倾斜的单边斜刃口冲模只能用于切口（见图 6-22f）或切断。

斜刃口的主要参数是斜刃角 φ 和斜刃高度 H。斜刃角 φ 越大越省力，但过大的斜刃角会降低刃口强度，并使刃口易于磨损，从而使其使用寿命缩短。斜刃角 φ 也不能过小，过小的斜刃角起不到减力的作用。斜刃高度 H 也不宜过大或过小，过大的斜刃高度会使凸模进入凹模太深，加快刃口的磨损，而过小的斜刃高度也起不到减力的作用。一般情况下，斜刃角 φ 和斜刃高度 H 可参考下列数值选取。

料厚 $t<3$ mm 时　　$H=2t$，$\varphi<5°$

料厚 $t=3 \sim 10$ mm 时　$H=t$，$\varphi<8°$

斜刃口冲模的主要缺点是刃口制造与刃磨比较复杂，刃口容易磨损，冲裁件也不够平整，且省力不省功，因此一般情况下尽量不用，只用于大型、厚板冲裁件（如汽车覆盖件等）的冲裁。

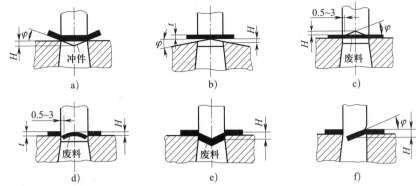

图 6-22　斜刃口的配置形式

a）、b）落料　c）、d）、e）冲孔　f）切口

（2）采用阶梯冲模　在多凸模的冲模中，将凸模设计成不同长度，使工作端面呈阶梯形布置（见图 6-23），这样各凸模冲裁力的最大值不同时出现，从而达到降低冲裁力的目的。

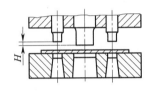

图 6-23　阶梯冲模

阶梯冲模不仅能降低冲裁力，在直径相差悬殊、彼此距离又较小的多孔冲裁中，还可以避免小直径凸模因受材料流动挤压的作用而产生倾斜或折断现象。这时，一般将小直径凸模做得短一些。此外，各层凸模的布置要尽量对称，使模具受力平衡。

阶梯冲模凸模间的高度差 H 与板料厚度有关，可按如下关系确定。

料厚 $t<3$ mm 时　　　　　$H=t$

料厚 $t>3$ mm 时　　　　　$H=0.5t$

阶梯冲模的冲裁力一般只按产生最大冲裁力的那一层阶梯进行计算。

（3）采用加热冲裁　金属材料在加热状态下的抗剪强度会显著降低，因此采用加热冲裁能降低冲裁力。例如，一般碳素结构钢加热至 900 ℃时，其抗剪强度只有常温下的 10% 左右，对冲裁最为有利。所以在厚板冲裁、冲床能力不足时，常采用加热冲裁。加热温度一般取 700 ~ 900 ℃。

采用加热冲裁时，条料不能过长，搭边应适当放大，同时模具间隙应适当减小，凸模、凹模应选用耐热材料，计算刃口尺寸时要考虑冲裁件的冷却收缩，模具受热部分不能设置橡皮等。由于加热冲裁工艺复杂，冲裁件精度也不高，因此，只用于厚板或表面质量与精度要求都不高的冲裁件。

上述三种降低冲裁力的措施均有缺点，如斜刃口冲模和阶梯冲模制造困难，加热冲裁使零件质量降低且工作条件变差等。

三、冲裁模具

冲裁加工的零件多种多样，冲裁模具的类型也有很多，冷作工常用的是在冲床每一冲程中只完成一道冲裁工序的简单冲裁模。下面以简单冲裁模为主，介绍有关冲裁模具的知识。

1. 冲裁模具的结构

冲裁模具的结构形式有很多，但无论何种形式，其结构组成都要考虑以下五个方面。

（1）凸模和凹模　这是直接对材料产生剪切作用的零件，是冲裁模具的核心部分。

（2）定位装置　其作用是保证冲裁件在模具中的准确位置。

（3）卸料装置（包括出料零件）　其作用是使板料或冲裁下的零件与模具脱离。

（4）导向装置　其作用是保证模具的

上、下两部分具有正确的相对位置。

（5）装夹、固定装置　其作用是保证模具与机床、模具各零件间的连接稳固、可靠。

如图6-24所示为简单冲裁模，其结构即由上述五部分组成。

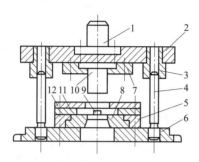

图6-24　简单冲裁模

1—模柄　2—上模板　3—导套　4—导柱
5、7—压板　6—下模板　8—凹模
9—定位销　10—凸模
11—导料板　12—卸料板

凸模、凹模：凸模固定在上模板上，凹模固定在下模板上。

定位装置：由导料板和定位销组成，固定在下模板上，控制条料的送进方向和送进量。

导向装置：由导套和导柱组成。工作时，装在上模板上的导套在导柱上滑动，使凸模与凹模得以正确配合。

卸料装置：当冲裁结束凸模向上运动时，连带在凸模上的条料被卸料板挡住落下。此外，凹模上向下扩张的锥孔有助于冲裁下的材料从模具中脱出。

装夹、固定装置：上模板、下模板、模柄、压板及图中未画出的螺栓、螺钉等都属于装夹、固定零件。靠这些零件将模具各部分组合装配在一起，并固定在冲床上。

当然，并不是所有的冲模都必须具备上述各类装置，但凸模、凹模和必要的装夹、固定装置是不可缺少的。冲裁模具还可根据不同冲裁件的加工要求增设其他装置。例如，为防止冲裁件起皱和提高冲裁件断面质量而设置的压边圈等。

2. 冲裁模间隙

冲裁模的凸模尺寸总要比凹模小，其间存在一定的间隙。冲裁模间隙是指冲裁模中凸模、凹模之间的空隙。凸模与凹模间每侧的间隙称为单面间隙，用$Z/2$表示；两侧间隙之和称为双面间隙，用Z表示。如无特殊说明，冲裁模间隙都是指双面间隙。

冲裁模间隙的数值等于凸模、凹模刃口尺寸的差值。设凸模刃口部分尺寸为d，凹模刃口部分尺寸为D（见图6-25），则冲裁模间隙Z可用下式表示。

$$Z=D-d \tag{6-6}$$

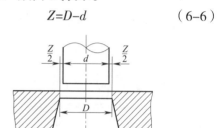

图6-25　冲裁模间隙

冲裁模间隙是一个重要的工艺参数。合理的间隙除能保证工件良好的断面质量和较高的尺寸精度外，还能降低冲裁力，延长模具的使用寿命。

合理的间隙值是一个尺寸范围，其上限称为最大合理间隙Z_{max}，下限称为最小合理间隙Z_{min}。

凸模与凹模在工作过程中必然会有磨损，使凸模、凹模的间隙逐渐增大。因此，在制造新模具时，应采用合理间隙的最小值。但对于尺寸精度要求不太高的冲裁零件，为了减小模具的磨损，可采用大一些的间隙。

合理间隙的大小与很多因素有关，其中最主要的是材料的力学性能和板厚。

钢板冲裁时的合理间隙值可从表6-2查得。

表 6-2　　　　　　　　　　　　冲裁模的初始间隙值（双边）　　　　　　　　　　　　mm

材料厚度	08、10、35、Q235		Q355		40、50		65Mn	
	Z_{min}	Z_{max}	Z_{min}	Z_{max}	Z_{min}	Z_{max}	Z_{min}	Z_{max}
小于 0.5	极限间隙							
0.5	0.040	0.060	0.040	0.060	0.040	0.060	0.040	0.060
0.6	0.048	0.072	0.048	0.072	0.048	0.072	0.048	0.072
0.7	0.064	0.092	0.064	0.092	0.064	0.092	0.064	0.092
0.8	0.072	0.104	0.072	0.104	0.072	0.104	0.064	0.092
0.9	0.090	0.126	0.090	0.126	0.090	0.126	0.090	0.126
1.0	0.100	0.140	0.100	0.140	0.100	0.140	0.090	0.126
1.2	0.126	0.180	0.132	0.180	0.132	0.180		
1.5	0.132	0.240	0.170	0.240	0.170	0.230		
1.75	0.220	0.320	0.220	0.320	0.220	0.320		
2.0	0.246	0.360	0.260	0.380	0.260	0.380		
2.1	0.260	0.380	0.280	0.400	0.280	0.400		
2.5	0.360	0.500	0.380	0.540	0.380	0.540		
2.75	0.400	0.560	0.420	0.600	0.420	0.600		
3.0	0.460	0.640	0.480	0.660	0.480	0.660		
3.5	0.540	0.740	0.580	0.780	0.580	0.780		
4.0	0.640	0.880	0.680	0.920	0.680	0.920		
4.5	0.720	1.000	0.680	0.960	0.780	1.040		
5.5	0.940	1.280	0.780	1.100	0.980	1.320		
6.0	1.080	1.440	0.840	1.200	1.140	1.500		
6.5			0.940	1.300				
8.0			1.200	1.680				

3. 凸模与凹模刃口尺寸的确定

冲裁件的尺寸、尺寸精度和冲裁模间隙都取决于凸模与凹模刃口的尺寸和公差。因此，正确地确定凸模、凹模刃口尺寸及其公差是冲裁模设计中的一项重要工作。

冲裁分为落料和冲裁孔。从板料上沿封闭轮廓冲下所需形状的冲件或工序件的冲裁称为落料；从工序件上冲出所需形状的孔（冲去部分为废料）的冲裁称为冲孔。在冲裁件尺寸的测量和使用中，都以光面的尺寸为基准。由前述冲裁过程可知，落料件的光面是因凹模刃口挤切材料产生的，而孔的光面是因凸模刃口挤切材料产生的（见图 6-26）。所以，在计算凸模、凹模刃口尺寸时，应按落料和冲孔两种情况分别考虑，其原则如下。

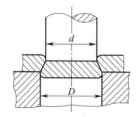

图 6-26　冲裁件尺寸与凸模、凹模尺寸的关系

（1）落料时，因落料件的光面尺寸与凹模刃口尺寸相等或基本一致，所以应先确定凹模刃口尺寸，即以凹模刃口尺寸为基准。又因落料件尺寸会随凹模刃口的磨损而增大，为保证凹模磨损到一定程度仍能冲出合格的零件，故凹模刃口基本尺寸应取落料件尺寸公差范围内的最小极限尺寸。落料时，凸模刃口的基本尺寸则是在凹模刃口基本尺寸上减去一个最小合理间隙。

（2）冲孔时，因孔的光面尺寸与凸模刃口尺寸相等或基本一致，所以应先确定凸模刃口尺寸，即以凸模刃口尺寸为基准。又因冲孔件的尺寸会随凸模刃口的磨损而减小，故凸模刃口基本尺寸应取冲孔件尺寸公差范围内的最大极限尺寸。冲孔时，凹模刃口的基本尺寸则是在凸模刃口基本尺寸上加上一个最小合理间隙。

根据上述原则，得到冲模刃口各尺寸关系式：

落料：

$$D_{凹} = (D_{max} - X\Delta)^{+\delta_{凹}}_{0} \tag{6-7}$$

$$D_{凸} = (D_{凹} - Z_{min})^{0}_{-\delta_{凸}}$$

$$= (D_{max} - X\Delta - Z_{min})^{0}_{-\delta_{凸}} \tag{6-8}$$

冲孔：

$$d_{凸} = (d_{min} + X\Delta)^{0}_{-\delta_{凸}} \tag{6-9}$$

$$d_{凹} = (d_{凸} + Z_{min})^{+\delta_{凹}}_{0}$$

$$= (d_{min} + X\Delta + Z_{min})^{+\delta_{凹}}_{0} \tag{6-10}$$

式中　$D_{凹}$、$D_{凸}$——落料凹模、凸模的公称尺寸，mm；

$d_{凸}$、$d_{凹}$——冲孔凸模、凹模的公称尺寸，mm；

D_{max}——落料件的最大极限尺寸，mm；

d_{min}——冲孔件的最小极限尺寸，mm；

Δ——落料件、冲孔件的制造公差，mm；

Z_{min}——最小合理间隙，mm；

$\delta_{凸}$、$\delta_{凹}$——凸模、凹模的制造公差（可由表6-3查得），mm；

X——磨损系数，取 0.5 ~ 1.0。

X 值与冲裁件精度有关，可查表 6-4 或按下面的关系选取：

冲裁件精度为 IT10 级以上时，$X=1$。

冲裁件精度为 IT13 ~ IT11 时，$X=0.75$。

冲裁件精度为 IT14 级以下时，$X=0.5$。

表 6-3　　　　　规则形状（圆形、方形）冲裁凸摸、凹模的制造公差　　　　　mm

公称尺寸	$\delta_凸$	$\delta_凹$
≤ 18		0.020
>18 ~ 30	0.020	0.025
>30 ~ 80		0.030
>80 ~ 120	0.025	0.035
>120 ~ 180	0.030	0.040
>180 ~ 260		0.045
>260 ~ 360	0.035	0.050
>360 ~ 500	0.040	0.060
>500	0.050	0.070

表 6-4　　　　　　　　　　　　　　　　磨损系数 X　　　　　　　　　　　　　　　　　mm

材料厚度	非圆形			圆形	
	1	0.75	0.5	0.75	0.5
	制件公差 Δ				
≤1	<0.16	0.17 ~ 0.35	≥0.36	<0.16	≥0.16
>1 ~ 2	<0.20	0.21 ~ 0.41	≥0.42	<0.20	≥0.20
>2 ~ 4	<0.24	0.25 ~ 0.49	≥0.50	<0.24	≥0.24
>4	<0.30	0.31 ~ 0.59	≥0.60	<0.30	≥0.30

根据上述计算公式，可以将冲裁件与凸模、凹模刃口尺寸及公差的分布状态用图 6-27 表示。从图中还可以看出，无论是冲孔还是落料，当凸模、凹模按图样分别加工时，为了保证间隙值，凸模、凹模的制造公差必须满足下列条件：

$$\delta_{凸} + \delta_{凹} \leq Z_{max} - Z_{min} \qquad (6-11)$$

式中　Z_{max}——最大合理间隙，mm。

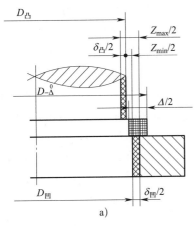
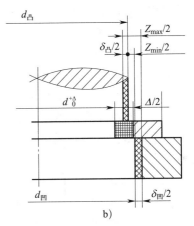

图 6-27　落料、冲孔时各部分尺寸及公差的分布状态

a）落料　b）冲孔

实际上，目前企业广泛采用配作法来加工冲裁模，尤其是对于 Z_{max} 和 Z_{min} 差值很小的冲裁模或刃口形状较复杂的冲裁模更是如此。应用配作法，落料时应先按计算尺寸制造出凹模，然后根据凹模的实际尺寸，按最小合理间隙配制凸模；冲孔时则应先按计算尺寸制造出凸模，然后根据凸模的实际尺寸，按最小合理间隙配制凹模。配作法的特点是模具的间隙由配制保证，工艺比较简单，不必校核 $\delta_{凸} + \delta_{凹} \leq Z_{max} - Z_{min}$ 的条件，并且在加工基准件时可适当放宽公差（通常取 $\delta = \Delta/4$），使加工容易进行。

四、冲裁加工的一般工艺要求

1. 冲裁件的工艺性

冲裁件的工艺性是指冲裁件对冲裁工艺的适应性，即冲裁加工的难易程度。良好的冲裁工艺性是指在满足冲裁件使用要求的前提下，能以最简单、最经济的冲裁方式加工出来。工艺性良好的冲裁件，所需要的工序数目少，容易加工，产品质量稳定，出现的废品少，同时节省材料；所需的模具结构简单，使用寿命也长。

冲裁件的工艺性主要包括冲裁件的结构与尺寸、精度与断面粗糙度、材料三个方面。

2. 合理排样

排样是指冲裁件在条料、带料或板料上的布置方法。排样是否合理，将直接影响材料利用率、冲裁件质量、生产效率、冲模结构与使用寿命等。因此，排样是冲压工艺中一项重要的、技术性很强的工作。

冲裁加工时的合理排样是降低生产成本的有效途径。合理排样是在保证必要搭边值的前提下，尽量减少废料，最大限度地提高原材料的利用率，如图 6-28 所示。

图 6-28　排样

各种冲裁件的具体排样方法应根据冲裁件形状、尺寸和材料规格灵活考虑。

3. 搭边值的确定

搭边是指排样时冲裁件之间以及冲裁件与条料边缘之间留下的工艺废料。搭边虽然是废料，但在冲裁工艺中却有很大的作用，主要体现在：可以补偿定位误差和送料误差，保证冲裁出合格的零件；提高条料刚度，方便条料送进，提高生产效率；避免冲裁时条料边缘的毛刺被拉入模具间隙，延长模具使用寿命。

搭边值的大小要合理。搭边值过大时，材料利用率低；搭边值过小时，达不到在冲裁工艺中的作用。在实际确定搭边值时，主要考虑以下因素。

（1）材料的力学性能　软材料、脆材料的搭边值取大一些，硬材料的搭边值可取小一些。

（2）冲裁件的形状与尺寸　冲裁件的形状复杂或尺寸较大时，搭边值取大一些。

（3）材料的厚度　厚材料的搭边值要取大一些。

（4）送料及挡料方式　用手工送料，且有侧压装置的搭边值可以小一些，用侧刃定距可比用挡料销定距的搭边值小一些。

（5）卸料方式　弹性卸料比刚性卸料的搭边值要小一些。

搭边值 a 一般可根据冲裁件的板厚 t 按以下关系选取。

圆形零件　$a \geqslant 0.7t$

方形零件　$a \geqslant 0.8t$

4. 可能冲裁的最小尺寸

零件冲裁加工部分的尺寸越小，则所需冲裁力也越小。但尺寸过小时，将造成凸模单位面积上的压力过大，使其强度不足。零件冲裁加工部分的最小尺寸与零件的形状、板厚及材料的力学性能有关。采用一般冲模，在软钢料上所能冲出的最小尺寸如下。

圆形零件最小直径等于 t。

矩形零件最小短边等于 $0.8t$。

方形零件最小边长等于 $0.9t$。

长圆形零件两直边最小距离等于 $0.7t$。

5. 使用冲床应注意的事项

（1）使用前，要对冲床各部分进行检查，并在各润滑部位注满润滑油。

（2）检查轴瓦间隙和制动器松紧程度是否合适。

（3）检查运转部位是否有杂物夹入。

（4）经常检查冲床滑块与导轨的磨损情况及间隙。间隙过大会影响导向精度，因此，必须定期调节导轨之间的间隙。如磨损太大必须重新维修。

（5）安装模具时，要使模具压力中心与

冲床压力中心相吻合，且要保证凸模、凹模间隙均匀。

（6）启动开关后，空车试运转 3 ~ 5 次，以检查操纵装置及运转状态是否正常。

（7）冲裁时，要精力集中，不能随意踩踏板，严禁手伸向模具间或头部接触滑块，以免发生事故。

（8）不能冲裁过硬或经淬火的材料。冲床绝不允许超载工作。

（9）长时间冲裁时，要注意检查模具有无松动，间隙是否均匀。

（10）停止冲裁后，须切断电源或锁上保险开关。冲裁出的零件及边角余料应及时运走，保持冲床周围无障碍物。

§6-3　气割

氧乙炔焰气割是冷作工常用的一种下料方法。气割与机械切割相比具有设备简单、成本低、操作灵活方便、机动性好、生产效率高等优点。气割可切割较大厚度范围的钢材，并可实现空间任意位置的切割，所以，在金属结构制造及维修中气割得到了广泛应用。尤其对于本身不便移动的大型金属结构，应用气割就更能显示其优越性。

气割的主要缺点是劳动强度大，薄板气割时易引起工件变形，切口冷却后硬度极高且不利于切削加工等，而且对切割材料有选择性。

一、气割的过程及条件

1. 气割的过程

气割是利用气体火焰的热能将工件待切割处加热到一定温度后，喷出高速切割氧气流，使待切割处金属燃烧实现切割的方法。氧乙炔焰气割就是根据某些金属加热到燃点时，在氧气流中能够剧烈氧化（燃烧）的原理实现的。金属在氧气中剧烈燃烧的过程就是金属切割的过程。

氧乙炔焰气割的过程由以下三个阶段组成。

（1）金属预热　开始气割时，必须用预热火焰将欲切割处的金属预热至燃烧温度（燃点）。一般碳钢在纯氧中的燃点为 1 100 ~ 1 150 ℃。

（2）金属燃烧　把切割氧喷射到达到燃点的金属上时，金属便开始剧烈燃烧，并产生大量的氧化物（熔渣）。由于金属燃烧时会放出大量的热，使氧化物呈液态。

（3）氧化物被吹除　液态氧化物受切割氧气流的压力而被吹除，上层的金属氧化时，产生的热量能传至下层金属，使下层金属预热到燃点，切割过程由表面深入整个厚度，直至将金属割穿。同时，金属燃烧时产生的热量和预热火焰一起，又将邻近的金属预热至燃点，沿切割线以一定的速度移动割炬，即可形成割缝，使金属分离。

2. 气割的条件

金属材料只有满足下列条件才能进行气割：

（1）金属材料的燃点必须低于其熔点。这是保证切割在燃烧过程中进行的基本条件；否则，切割时金属将在燃烧前先行熔化，使之变为熔割过程，不仅割口宽、极不整齐，而且易于粘连，达不到切割质量要求。

（2）燃烧生成的金属氧化物的熔点应低于金属本身的熔点，同时流动性要好；否则，就会在割口表面形成固态氧化物，阻碍氧气流与下层金属的接触，使切割过程不能正常进行。

（3）金属燃烧时能放出大量的热，而且金属本身的导热性要差。这是为了保证下层金属有足够的预热温度，使切割过程能连续进行。

满足上述条件的金属材料有纯铁、低碳钢、中碳钢和普通低合金钢，而铸铁、高碳钢、高合金钢、铜及铜合金、铝及铝合金等均难以进行氧乙炔焰气割。

例如，铸铁不能用普通方法气割是因为其燃点高于熔点，并产生高熔点的二氧化硅，且氧化物的黏度高，流动性差，高速氧气流不易把它吹除。此外，由于铸铁的含碳量高，碳燃烧时产生一氧化碳及二氧化碳气体，降低了切割氧的纯度，也造成气割困难。

二、手工气割工艺规范

影响气割质量和效率的主要气割工艺规范如下。

1. 预热火焰能率

预热火焰能率用可燃气体每小时消耗量（L/h）表示，它由割炬型号及割嘴号码的大小来决定。割嘴孔径越大，火焰能率也就越大。

火焰能率的大小应根据工件厚度恰当地选择。火焰能率过大，使切口边缘产生连续的珠状钢粒，甚至边缘熔化成圆角，同时背面有黏附的熔渣，影响气割质量；火焰能率过小，割件得不到足够的热量，气割过程易中断，而且切口表面不整齐。

2. 氧气压力

氧气压力应根据工件厚度、割嘴孔径和氧气纯度选定。氧气压力过低时，金属燃烧不完全，切割速度降低，同时氧化物吹除不干净，甚至割不透；氧气压力过高时，过剩的氧气会对切割金属起冷却作用，使气割速度和表面质量降低。一般情况下，割嘴和氧气纯度都已选定，则割件越厚，切割时所使用的氧气压力越高。

3. 气割速度

气割速度必须与切口整个厚度上金属的氧化速度相一致。气割速度过慢，会使切口边缘熔化，切口过宽，割薄板时易产生过大的变形；气割速度过快，则会造成切口下部金属不能充分燃烧，出现割纹深度增大的现象，甚至割不透。

手工气割时，合理的气割速度可通过试割来确定，一般以不产生或只有少量后拖量为宜。

4. 预热火焰

根据氧气和乙炔的混合比不同，氧乙炔焰气割时的预热火焰分为碳化焰、氧化焰、中性焰三种。气割采用的是氧气和乙炔比例适中、火焰中两种气体均无过剩的中性焰或轻微氧化焰，在切割过程中要随时观察和调整火焰，以防止产生碳化焰。中性焰的温度分布如图 6-29 所示，其最高温度可达 3 000 ℃左右，且对高温金属氧化或碳化作用极小。

手工气割工艺规范的确定可参考表 6-5。

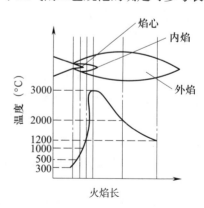

图 6-29　中性焰的温度分布

表 6-5　　　　　手工气割工艺规范

板材厚度 / mm	割炬		气体压力 /kPa	
	型号	割嘴代号	氧气	乙炔
3.0 以下	G01-30	1 ~ 2	300 ~ 400	
3.0 ~ 12	G01-30	1 ~ 2	400 ~ 500	
12 ~ 30	G01-30	2 ~ 4	500 ~ 700	
30 ~ 50	G01-100 G01-300	3 ~ 5	500 ~ 700	1 ~ 120
50 ~ 100		5 ~ 6	600 ~ 800	
100 ~ 150		7	800 ~ 1 200	
150 ~ 200		8	1 000 ~ 1 400	
200 ~ 250		9	1 000 ~ 1 400	

三、气割的机械化和自动化

　　随着工业生产的发展，对于一些批量生产的零件及工作量大而又集中的气割工作，采用手工气割已不能适应生产上的需要。因此，在手工气割的基础上逐步改革设备和操作方法，出现了半自动气割机、仿形气割机、光电跟踪气割机及数字程序控制气割机等机械化气割设备。机械化气割的质量好、生产效率高、生产成本低，能满足批量生产的需要，因而在机械制造、锅炉、造船等行业得到广泛应用。

1. 半自动气割机

　　半自动气割机是一种最简单的机械化气割设备，一般由一台小车带动割嘴在专用轨道上自动地移动，但轨道的轨迹需要人工调整。当轨道呈直线时，割嘴可以进行直线切割；当轨道呈一定的曲率时，割嘴可以进行一定的曲线气割；如果轨道是一根带有磁铁的导轨，小车利用爬行齿轮在导轨上爬行，割嘴可以在倾斜面或垂直面上气割。半自动气割机除能以一定速度自动沿切割线移动外，其他切割操作均由手工完成。

　　半自动气割机最大的特点是轻便、灵活、移动方便。目前应用最普遍的是 CG1-30 型半自动气割机，如图 6-30 所示，其主要技术参数见表 6-6。

图 6-30　CG1-30 型半自动气割机

表 6-6　　　CG1-30 型半自动气割机主要技术参数

机身外形尺寸（长 × 宽 × 高）/ mm × mm × mm	470 × 230 × 240
切割钢板厚度 /mm	8 ~ 100
气割速度 /（mm/min）	50 ~ 750
切割圆周直径 /mm	200 ~ 2 000

2. 仿形气割机

　　仿形气割机是一种高效率的半自动气割机，可以方便而又精确地气割出各种形状的零件。仿形气割机的结构形式有两种：一种是门架式，另一种是摇臂式。其工作原理主要是靠轮沿样板仿形带动割嘴运动，而靠轮分为磁性和非磁性两种。

　　仿形气割机由运动机构、仿形机构和切割器三大部分组成。运动机构常见的有活动肘臂和小车带伸缩杆两种形式。气割时，将制好的样板置于仿形台上，仿形头按样板轮廓移动，切割器则在钢板上切割出所需的轮廓形状。

　　如图 6-31 所示，CG2-150 型摇臂仿形气割机是目前应用比较普遍的一种小型仿形气割机。它采用磁轮跟踪靠模板的方法进行各种形状零件及不同厚度钢板的切割，行走机构采用四轮自动调平，可在钢板和轨道上行走，移动方便，固定可靠，适合批量切割钢板件。这种气割机主要技术参数见表6-7。

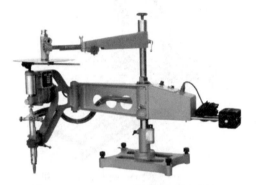

图6-31　CG2-150型摇臂仿形气割机

表6-7　CG2-150型摇臂仿形气割机主要技术参数

切割钢板厚度 /mm	5 ~ 100
气割速度 / (mm/min)	50 ~ 750
切割圆周最大直径 /mm	600
切割直线最大长度 /mm	1 200
切割最大正方形尺寸 / mm × mm	500 × 500
切割长方形尺寸 / mm × mm	400 × 900、450 × 750
机身外形尺寸（长 × 宽 × 高） mm × mm × mm	1 190 × 350 × 800

使用CG2-150型摇臂仿形气割机切割零件时，应根据被割零件的形状设计样板。样板可用2 ~ 5 mm厚的低碳钢钢板制成，其形状与被割零件相同，但尺寸不能完全一样，必须根据割件的形状和尺寸进行设计和计算。

3. 光电跟踪仿形气割机

光电跟踪仿形气割机是一种高效率自动化气割机床，它可省掉在钢板上划线的工序，而直接进行自动气割。它是将被切割零件的图样以一定比例画成缩小的仿形图，制成光电跟踪模板，光电跟踪仿形气割机通过光电跟踪头的光电系统自动跟踪模板上的图样线条，控制割炬的动作轨迹与光电跟踪头的轨迹一致，以完成自动气割。由于跟踪的稳定性好，传动可靠，因此大大提高了气割质量和生产效率，减轻了工人的劳动强度，故光电跟踪仿形气割机的应用日趋扩大。

光电跟踪仿形气割机是由光学部分、电气部分和机械部分组成的自动控制系统，在构造上可分为指令机构（跟踪台和执行机构）、气割机两部分。气割机放置在车间内进行气割。为避免外界振动和噪声等干扰，跟踪台应放置在离气割机100 m范围内的专门工作室内。气割机由跟踪台通过电气线路进行控制。

光电跟踪仿形气割机如装上数控系统，数控和光电结合，其性能更加优越。当光电跟踪仿形切割时，所切割图形即存入计算机，下次就可直接切割，再不用仿形和编程，操作十分方便。光电跟踪仿形气割机主要技术参数见表6-8。

表6-8　光电跟踪仿形气割机主要技术参数

切割厚度 /mm	5 ~ 100
气割速度 / (mm/min)	50 ~ 1 200
切割范围 /mm × mm	2 500 × 7 400
轨道长度 /mm	9 000（根据需要可加长）
跟踪精度 /mm	0.3
割缝补偿范围 /mm	± 2

目前，仿形图样画成与零件同样大小（比例为1 : 1）的光电跟踪仿形切割机用于切割形状复杂的零件，效果很好。

光电跟踪仿形气割机的切割精度、表面粗糙度与数控切割相比相差无几，所不同的是光电跟踪仿形气割机切割要受到光电跟踪台尺寸、面积的限制，还要受到图形绘制精度的影响。因此，光电跟踪仿形气割机适用于切割尺寸小于 1 m 的零件。

等离子弧切割

一、等离子和等离子弧的产生及特点

1. 等离子和等离子弧的产生

原子运动速度加快，使带负电荷的电子脱离带正电荷的原子核，成为自由电子，而原子本身就成了带正电的离子，这种现象就是电离。若使气体完全电离，得到全是由带正电的正离子和带负电的电子所组成的电离气体，称为等离子体或等离子。

等离子体是物质固态、液态和气态以外的第四态。由于等离子体全部由离子和电子组成，因此等离子体具有极好的导电能力，可以承受很大的电流密度，并能受电场和磁场的作用。等离子体还具有极高的温度和极好的导热性，能量又高度集中，这有利于熔化一些难熔的金属或非金属。

普通的焊接电弧，由于能量不够集中，气体电离得不够充分，因此它实际上只能称为不完全的等离子体。

通过对电弧进行强迫压缩，使弧柱截面收缩，弧柱中的气体几乎达到全部等离子体状态的电弧称为等离子弧。

等离子弧实际上就是一种高度压缩了的电弧。由于电弧经过压缩，能量密度大，温度高（10 000 ~ 30 000 ℃或更高），弧柱中心部分附近的气体都电离成离子及电子。而普通的电弧没有经过压缩，这就是两者的本质区别。

等离子弧既可用来进行焊接，又可用来进行切割。

2. 等离子弧的特点

（1）由于等离子弧有很高的导电性，能承受很大的电流密度，因而可以通过极大的电流，故具有极高的温度。又因其截面很小，所以能量高度集中。用于切割的等离子弧在喷嘴附近温度最高可达 30 000 ℃。

（2）等离子弧的截面很小，从温度最高的弧柱中心到温度最低的弧柱边缘温差非常大。

（3）由于各种强迫压缩作用，以及电离程度极高和放电过程稳定，因此圆柱形的等离子弧挺度好。

（4）喷嘴中通入的压缩气体在高温作用下膨胀，又在喷嘴的阻碍作用下压缩，从喷嘴中喷出时速度很高（可超过声速）。所以等离子弧有很强的机械冲刷力。这一点特别有利于切割，可使切口窄而且平齐。

（5）由于等离子弧中正离子和电子所带的正、负电荷数量相等，故等离子弧呈中性。

二、等离子弧切割的原理和特点

1. 等离子弧切割的原理

等离子弧切割是利用高温、高冲刷力的等离子弧为热源，将被切割的材料局部迅速熔化，同时利用压缩产生的高速气流的机械冲刷力，将已熔化的材料吹走，从而形成狭窄切口的切割方法。它属于热切割性质，这与氧乙炔焰切割在本质上是不同的。等离子弧切割随着割炬向前移动而完成工件的切割，其切割过程不是依靠氧化反应，而是依靠熔化来切割材料。

2. 等离子弧切割与氧乙炔焰切割的区别

氧乙炔焰切割属于氧化切割，它不能切割燃点高于熔点、导热性好、氧化物熔点高和黏滞性大的材料；等离子弧切割则属于熔化切割，等离子弧的温度高，目前所有金属材料和非金属材料都能被等离子弧熔化切割。

根据电源的连接方式，等离子弧可分为转移型、非转移型和联合型三种。转移型适用于金属材料的切割；非转移型既可用于非金属材料的切割，又可用于金属材料的切割，但由于工件不接电源，电弧挺度差，故只能切割厚度较小的金属材料。

3. 等离子弧切割的特点

（1）应用面很广 由于等离子弧的温度高，能量集中，因此能切割各种高熔点金属及其他切割方法不能切割的金属，如不锈钢、耐热钢、钛、钨、铸铁、铜及铜合金、铝及铝合金等。在使用非转移型等离子弧时，由于割件不接电源，因此在这种情况下还能切割各种非导电材料，如耐火砖、混凝土、花岗石、碳化硅等。

（2）切割速度快，生产效率高 它是目前采用的切割方法中切割速度最快的。

（3）切口质量好 等离子弧切割时，能得到比较狭窄、光洁、整齐、无熔渣、接近于垂直的切口。由于温度高，加热、切割的过程快，因此此法产生的热影响区和变形都比较小。特别是切割不锈钢时能很快通过敏化温度区间，故不会降低切口处金属的耐腐蚀性；切割淬火倾向较大的钢材时，虽然切口处金属的硬度也会升高，甚至会出现裂纹，但由于淬硬层的深度非常小，通过焊接过程可以消除，因此切割边可直接用于装配、焊接。

（4）成本较低 特别是采用氮气等廉价气体时，成本更为低廉。

三、等离子弧的发生装置

如图6-32所示为产生等离子弧的装置。

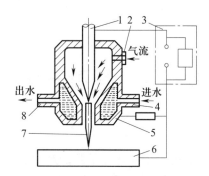

图6-32 产生等离子弧的装置
1—钨极 2—进气管
3—高频振荡器、电源 4—进水管
5—喷嘴 6—工件 7—等离子弧 8—出水管

电极接直流电源的负极，工件接正极，在电极和工件间加上一较高的电压，经过高频振荡器的激发，使气体电离形成电弧，然后将氩气或氮气在很高的压力与速度下，围绕电弧吹过电弧放电区域，由于电弧受热压缩、机械压缩和磁压缩的作用，弧柱直径缩小，能量集中，弧柱温度很高，故气体电离度很高。这种高度电离的离子流以极高的速度喷出，形成明亮的等离子焰流。

热压缩作用是指气体流量及不同性质气体对电弧的压缩作用。气体通过弧柱时，要吸收很多热能而后电离成离子弧，当离子弧在通过用水冷却的枪体喷嘴时，贴近喷嘴壁面的气体电离度急速下降，导电能力很差，形成一个圆柱形绝缘绝热层，保护喷嘴内壁。气体流量加大时，已离子化的等离子流被压缩到弧柱的中心部位，弧柱直径显著缩小，电流密度明显增高。

通入不同的气体对电弧的压缩性有不同的影响，氢气的压缩作用最大，其次是氮气，再次是氩气。由于氮气价格低廉，且切割速度及质量比较稳定，故获得广泛应用。

机械压缩作用是指喷嘴的尺寸和形状对弧柱的压缩影响。如喷嘴直径缩小时，弧柱直径也相应被压缩而减小。

当离子流在加速电场中运动时，可以看成是无数根导体。而两根通入同向电流的平行导体，在电磁力作用下会互相靠近。在电流量不变的情况下，导体直径越小，电流密度越大，电磁力越大。而在热压缩和机械压缩作用下，弧柱直径缩小，同时又相应产生很大的磁压缩，使电弧变得更细，这种压缩作用通常称为磁压缩作用。

四、等离子弧切割设备

等离子弧切割设备主要由电源、控制系统、割炬、供气和供水系统等组成，如图 6-33 所示。等离子弧切割设备的工作示意图如图 6-34 所示。

1. 电源

等离子弧切割采用具有陡降或恒流外特性的直流电源。电源空载电压一般为切割时电弧电压的两倍，常用切割电源空载电压为 150 ~ 400 V。空气等离子弧切割一般要配用大于 1.5 kW 的空气压缩机。

图 6-33　等离子弧切割设备

2. 割炬

割炬的结构如图 6-35 所示。一般 60 A 以下割炬多采用风冷结构，60 A 以上割炬多采用水冷结构。割炬中的电极可采用纯钨棒、钍钨棒、铈钨棒，也可采用镶嵌式电极。空气等离子弧切割时采用镶嵌式锆或铪电极。

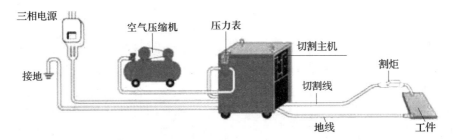

图 6-34　等离子弧切割设备的工作示意图

图 6-35　割炬

五、等离子弧切割工艺

等离子弧切割的气体一般用氮气或氮氢混合气体，也可用氩气或氩氢、氩氮混合气体。氩气由于价格昂贵，使切割成本增加，故基本不用。而氢气作为单独的切割气体易燃烧和爆炸，所以也未获得应用。但氢气的导热性较好，对电弧有强烈的压缩作用，所以采用加氢的混合气体时，等离子弧的功率增大，电弧高温区加长。如果采用氮氢混合气体，便具有比使用氮气更高的切割速度和厚度。

切割电极采用含钍量（质量分数）为1.5%~2.5%的钍钨棒，这种电极比采用纯钨棒作为电极的烧损小，并且电弧稳定。因钍钨棒有一定的放射性，而铈钨极几乎没有放射性，等离子弧的切割性能比钍钨棒好，因此也有采用的。

为了利于热发射，使等离子弧稳定燃烧，以及减少电极烧损，等离子弧切割时一般都把钨极接电源负极，工件接正极，即采用正接法。

等离子弧切割内孔或内部轮廓时，应在板材上预先钻出直径为12~16 mm的孔，切割时由孔开始。

喷嘴孔径的大小应根据切割工件厚度和气体种类确定。使用氩氮混合气体时，喷嘴孔径可适当小一些；使用氮气时应大一些。

切割速度应根据等离子弧功率、工件厚度和材料来确定。铝的熔点低，切割速度应快一些；钢的熔点较高，切割速度应慢一些；铜的导热性好，散热快，故切割速度应更慢一些。

一般在手工切割时喷嘴高度取8~10 mm，自动切割时取6~8 mm。

六、等离子弧切割的安全问题

等离子弧切割过程中会产生噪声、烟尘、弧光及金属蒸气等，对环境造成严重的污染，在大电流切割或切割有色金属时情况尤为严重。

等离子弧切割时，为了保证安全，应注意下列几个方面。

1. 等离子弧切割时的弧光及紫外线对人的皮肤及眼睛均有伤害作用，所以必须采取保护措施（如穿工作服、戴面罩等）。

2. 等离子弧切割时产生大量的金属蒸气和气体，人体吸入后常产生不良反应，所以工作场地必须安装强制抽风设备。

3. 等离子弧切割用电源的空载电压较高，有电击的危险。电源在使用时必须可靠接地，割炬与手触摸部分必须可靠绝缘。

4. 钍钨极是钨与氧化钍经粉末冶金制成的。钍具有一定的放射性，但一根钍钨棒的放射剂量很小，对人体影响不大。大量钍钨棒存放或运输时，因剂量增大，应放在铅盒内。在磨削钍钨棒时，产生的尘末若进入人体则是不利的，所以，在砂轮机上磨削钍钨棒时必须装有抽风装置。

5. 等离子弧切割采用高频振荡器引弧，应注意高频电磁场对人体造成的生理伤害。

七、其他等离子弧切割形式简介

1. 双气流等离子弧切割

电弧得到进一步压缩，有利于吹出割渣，具有双弧倾向小、切割速度快、切口上沿圆度误差小等优点。

2. 水射流等离子弧切割

以高速水流射向电弧，使电弧再次受到强烈压缩，温度随之可升至30 000 ℃。离子气通常用氮气。具有切口质量好、喷嘴损耗少、可提高切割速度、双弧倾向小等优点。

3. 氧流等离子弧切割

氧的燃烧作用可以加快切割速度。

4. 水幕等离子弧切割

将等离子弧置于水幕中或直接将工件置于50~75 mm的水下，可使烟雾减少，喷嘴使用寿命延长，噪声降低。水幕等离子弧切割的压缩程度、切口质量和切割速度提高不显著。

5. 高精度等离子弧切割

以径向旋转的氧气流加强电弧的收缩，有的还以另一路气流从喷嘴下部向电弧喷射，甚至用外加的磁场使电弧进一步收缩，使电弧更稳定。其优点是变形小，切口窄，切割精度介于普通等离子弧切割与激光切割之间；其缺点是最大切割厚度限于 6 mm 以下，切割速度低于普通等离子弧切割，仅达到激光切割的 60% ~ 80%。

§6-5 数控切割

随着计算机技术的迅速发展，工业自动化技术不断地提高和完善，金属结构件的设计已开始突破"焊接件是毛坯"的概念。在国内外最新设计的产品中，根据对切割面尺寸和表面质量的要求，许多切割面已直接作为不需加工的成品表面，这应归功于较先进的数控切割技术的应用。数控切割下料是计算机技术在冷作各工序中开发应用较早、技术成熟、获得广泛应用的一种工艺方法。

数控切割机是自动化的高效火焰切割设备。由于采用计算机控制，使切割机具备割炬自动点火、自动升降、自动穿孔、自动切割、自动喷粉划线、切口自动补偿、割炬任意程序段自动返回、动态图形跟踪显示等功能。计算机具有钢板自动套料、切割零件的自动编程功能，整张钢板所有切割零件的切割全部自动完成。数控切割机的主要技术参数见表6-9。

一、数控切割工作原理

数控（NC）的全称是数字程序控制。数控切割就是根据被切割零件的图样和工艺要求，编制成以代码表示的程序，输入设备的数控装置或控制计算机中，以控制气割器具按照给定的程序自动地进行气割，使之切割出合格零件的工艺方法。数控切割的工作流程如图 6-36 所示。

1. 编制数控切割程序

要使数控切割机按预定的要求自动完成切割加工，首先要把被加工零件的切割顺序、切割方向及有关参数等信息，按一定格式记录在切割机所需要的输入介质上，然后再输入切割机数控装置，经数控装置运算变换后控制切割机的运动，从而实现零件的自动加工。从被加工的零件图样到获得切割机所需控制介质的全过程称为切割程序编制。

表6-9 数控切割机的主要技术参数

驱动形式	轨距/m	轨长/m	切割厚度/mm	切割速度/（mm/min）	划线速度/（mm/min）
单边	3 4 5	12，可视需要加长	5 ~ 200	50 ~ 6 000	6
双边	5 6 7.5				

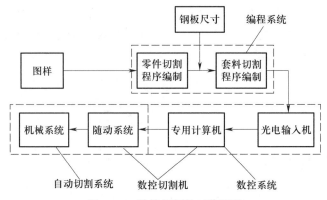

图 6-36 数控切割的工作流程

如上所述，为了得到所需尺寸、形状的零件，数控切割机在切割前需完成一定的准备工作，把图样上的几何形状和数据编制成计算机所能接受的工作指令，即编制零件的切割程序，然后再用专门的套料程序，按钢板的尺寸将多个零件的切割程序连接起来，按合理的切割位置和顺序形成钢板的切割程序。

数控切割程序的编制方法有手工编程和计算机自动编程两种。程序的格式有 3B、4B 和 ISO 代码三种。就目前应用情况看，应用较多的是采用 AutoCAD 或 CAXA 自动编程软件进行编程。

以 CAXA 自动编程软件进行编程的全过程如下：根据切割零件图样利用计算机作图→生成加工轨迹→生成代码→传输代码。

2. 数控切割

气割时，编制好的数控切割程序通过光电输入机被读入专用计算机中，专用计算机根据输入的切割程序计算出气割头的走向和应走的距离，并以一个个脉冲向自动切割机发出工作指令，控制自动切割机进行点火、钢板预热、钢板穿孔、切割和空行程等动作，从而完成整张钢板上所有零件的切割工作。

二、数控切割系统

数控切割系统如图 6-37 所示，其组成可以概括为控制装置和执行机构两大部分。

1. 控制装置

控制装置包括输入装置和计算机。

（1）输入装置　输入装置的作用是将编制好的指令读入计算机中，将人的命令语言翻译成计算机能识别的语言。

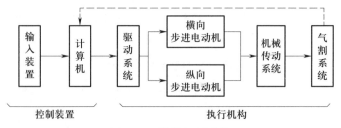

图 6-37 数控切割系统

（2）计算机　计算机的作用是对读入的指令和切割过程中反馈回来的切割器具所处的位置信号进行计算，将计算结果不断地提供给执行机构，以控制执行机构按照预定的速度和方向进行切割。

2. 执行机构

执行机构包括驱动系统、机械传动系统和气割系统。

（1）驱动系统　由于计算机输出的是一些微弱的脉冲信号，不能直接驱动数控切割机使用的步进电动机，因此还需将这些微弱的脉冲信号真实地加以放大，以驱动步进电动机转动。驱动系统正是这样一套特殊的供电系统，它能保持计算机输出的脉冲信号不变，同时依据脉冲信号提供给步进电动机转动所需要的电能。

（2）机械传动系统　机械传动系统的作用是通过丝杠、齿轮或齿条传动，将步进电动机的转动转变为直线运动。纵向步进电动机驱动机体做纵向运动，横向步进电动机驱动横梁上的气割系统做横向运动，控制和改变纵向、横向步进电动机的运动速度和方向，便可在二维平面上作出各种各样的直线或曲线来。

（3）气割系统　气割系统包括割炬、驱动割炬升降的电动机和传动系统，以及点火装置、燃气和氧气管道的开关控制系统等。在大型数控切割机上往往装有多套割炬，可实现同时切割，从而有效提高工作效率。

三、数控切割运动轨迹的插补原理

数控机床若按运动方式分类，可分为点位控制系统、直线控制系统和轮廓控制系统三类。数控切割机床的运动规律为运动轨迹（轮廓）控制，属于轮廓控制系统。

要形成几何轨迹或轮廓控制（通常是任意直线和圆弧），必须对两坐标或两坐标以上行程信息的指令进给脉冲用适当方法进行分配，从而合成所需的运动轨迹，这种方法就是插补算法。在众多的插补算法中，较为成熟并得到广泛应用的是逐点比较法。

逐点比较法最初称区域判别法。它的原理如下：计算机在控制加工轨迹过程中，逐点计算和判别加工偏差，以控制坐标进给方向，从而按规定的图形加工出合格零件。这种插补方法的特点在于每控制机床坐标（割炬）走一步时都要完成四个工作节拍。

第一，偏差判断。判断加工点对规定几何轨迹的偏离位置，然后决定割炬的走向。

第二，割炬进给。控制某坐标工作台进给一步，向规定的轨迹靠拢，缩小偏差。

第三，偏差计算。计算新的加工点对规定轨迹的偏差，作为下一步判断走向的依据。

第四，终点判断。判断是否到达程序规定的加工终点，若到达终点，则停止插补；否则再回到第一节拍。如此不断地重复上述循环过程，就能加工出所要求的轮廓形状。

从上述控制方法可看出，割炬的进给取决于实际加工点与规定几何轨迹偏差的判断，而偏差判断的依据是偏差计算。此外，数控切割机的执行机构主要是带动割炬沿纵向或横向移动的步进电动机，每一个脉冲当量都能使步进电动机移动一步（一般取 $0.02 \sim 0.1\ mm$）。所以割炬实际的运动轨迹是一条接近零件图形的折线，但由于步距很小，因此可以得到光滑的曲线或直线（见图 6-38）。

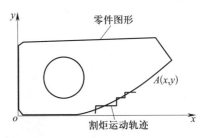

图 6-38　数控切割机割炬的运动轨迹

四、数控切割工艺流程与实例

1. 数控切割工艺流程

（1）切割前的准备工作　操作数控切割机前的准备工作主要包括绘图、排版、编程、铺设钢板、辅助工作等。

1）要认真审核下料图样的各种技术要求，根据图样特点，应用 AutoCAD 绘图软件按 1:1 的比例绘制电子图形。

2）利用数控切割软件载入电子图形，按照毛坯尺寸进行零部件的合理排版，并设置开始切割点（起割点）、切割路径、结束切割点（结束点）。

3）清除下料钢板表面污物和锈蚀，利用吊装工具，将下料钢板铺设到数控切割机的切割架上，且保证钢板边缘处于割炬切割路径的范围内。要求钢板边缘与数控切割机轨道保持平行，误差不大于 4 mm，这样有利于切割时找正，提高切割速度、材料利用率和切割质量。

4）辅助工作主要是接通电源，导入切割程序，切割地线连接钢板，开启切割辅助系统（气路、水路等），将割嘴调整到与板面垂直，使设备处于等待切割状态。

（2）空车试运行　气割前应进行空车试运行，以检验切割机的运行轨迹是否符合图样要求。

1）所有准备工作结束后，割炬调至起割点，设定割炬工作状态为空走状态，启动设备。此时割炬将以设定的空走速度完成实际切割路径的行走。

2）设备运行中，操作者应注意观察割炬起割点、切割路径、结束点是否满足图样要求，如果有偏差则停止空运行，返回初始状态进行割炬初始位置调整，然后再进行空运行，直至完全满足图样要求为止。

（3）切割操作

1）空车运行结束后，将设备调至切割状态，设定好切割速度、切割电流，按切割启动键（气割需要先点火）后割炬将按照预定轨迹进行切割。

2）切割过程中易出现断割现象，出现断割现象主要是钢板锈蚀严重或受外力干扰所致，因此操作者要注意观察割炬工作状态，如果出现割缝、割纹异常或突然断弧等情况，应立即停止切割，待调整完毕将割炬重新返回断点处，再继续进行切割。

2. 数控切割工艺流程实例

如图 6-39 所示为龙门式数控等离子切割机，它由切割电源、供气系统、割炬、行走机构、切割架、控制系统等组成。横向跨距为 3.5 m，有效切割宽度为 2.5 m，纵向轨道长 8 m，双边驱动，配有等离子、火焰两种割炬，具有共边、桥接功能。火焰切割配有自动点火功能，边缘切割钢板最大厚度为 260 mm，非边缘穿孔切割钢板最大厚度为 5 ~ 100 mm，切割速度为 0.5 m/min；等离子切割厚度视等离子电源而定，本设备等离子弧可切割工件最大厚度为 12 mm，等离子切割速度是火焰切割的 2 ~ 4 倍，切割效率高。

图 6-39　龙门式数控等离子切割机

如图 6-40 所示为碳钢盲板的零件图样，该零件的切割工艺流程如下。

（1）切割工艺流程

1）利用绘图软件，将碳钢盲板图样绘制

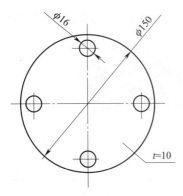

图 6-40 碳钢盲板零件图样

成电子图样（见图 6-41），检查无误后保存。

2）打开已绘图样，只保留切割线条，

其余线条（如中心线、尺寸线等）全部删除（见图 6-42），然后另存文件为"DXF"格式，再利用设备配套软件导入该文件。

3）在切割软件中设置起割点、板材数据（长度、宽度）（见图 6-43a、b）、生产计划（零件数量）（见图 6-43c），设置完成后单击排版图标（见图 6-43d），系统将按照板材的尺寸自动进行排版（排版后也可手动进行调整）。

4）如图 6-44 所示，排版结束后，单击"仿真加工"图标，通过计算机屏幕仿真程序运行来查验起割点、路径、结束点是否正确。

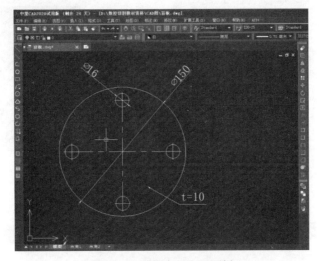

图 6-41　碳钢盲板电子图样

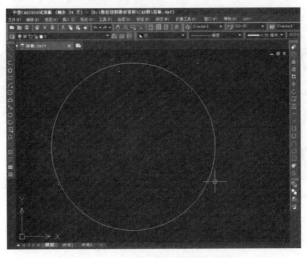

图 6-42　盲板切割线电子图样

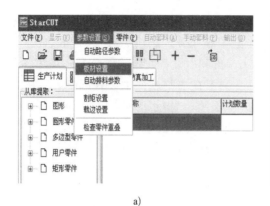

a)

b)

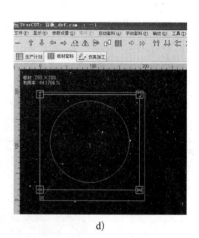

c)

d)

图 6-43 参数设置及排版

a）板材设置 b）参数输入 c）计划数量 d）排版

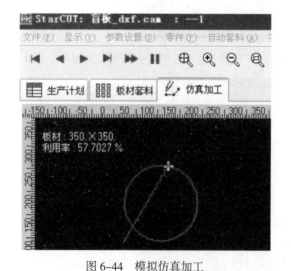

图 6-44 模拟仿真加工

5）如图 6-45 所示，仿真操作结束后，将程序导出，存入 U 盘，再将程序导入龙门式数控等离子切割机操作箱内。

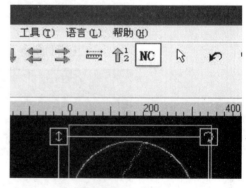

图 6-45 程序导出

6）擦拭、润滑龙门式切割机轨道，铺设钢板，并保持钢板边线与切割机轨道平行，清理钢板表面的污物、锈蚀。

7）将割炬调至起割点，为设备空走做好准备。

（2）空车试运行 通过控制箱调入切

割程序，将设备调至空车运行状态，然后启动设备。割炬将按照程序预定的轨迹进行空走，空走过程中，操作者要观察割炬起割点、运行轨迹、结束点是否满足图样切割要求，如果有偏差，则按停止键，然后将割炬返回起割点进行调整，直至满足图样切割要求为止。

（3）切割机切割

1）空车运行完成后，将设备调至切割状态，检查地线是否连接牢固，气路系统是否满足切割要求，调整割炬到钢板表面的距离。

2）根据板厚设置切割速度、切割电流，启动设备开始切割。

3）切割过程中要观察割炬的运动状态和钢板的表面状态，如有翻浆、障碍物、突然断弧等现象发生时，则应立即停止切割，移开割炬，清理结束后，割炬返回断点处重新起弧切割。

五、数控切割的优点

数控切割与手工切割相比有以下优点。

1. 实现了切割下料的自动化

铆焊生产的下料过程多年来一直按放样、号料、切割或剪切等工序进行，并以手工操作为主，工序多，生产效率低。数控切割完全代替了手工下料的几个工序，实现了切割下料的自动化，提高了下料的生产效率，减轻了工人的劳动强度。

2. 切割精度高

数控切割件的切割表面粗糙度值 Ra 可达 25 ～ 12.5 μm，尺寸误差可以小于 1 mm。精确的切割下料保证了同类零件尺寸、形状的一致，在装配时无须对零件进行修理切割。良好的切割质量，使以前手工切割后为保证零件尺寸和切割面质量而进行的机械加工工序被免去，减少了机械加工工作量，提高了生产效率，降低了生产成本。

3. 提高了铆焊生产效率

数控切割除了使下料过程自动化，提高了下料工作效率外，还给装配、焊接工序带来了好处。精确的切割使装配后得到的坡口间隙均匀、准确，又减小了焊接变形，使焊后矫正变形的工作量减少。数控切割为整个铆焊生产过程效率的提高打下了良好的基础。

4. 提供了新的工艺手段

数控切割机除了具有自动切割零件的功能外，还可以配置多种辅助功能。

（1）喷粉划线器 在一次定位条件下，可以在零件上用喷粉划线器画出零件的压弯线和装配线等线条。由于喷粉划线是由程序控制的，其划线的精度高，可以代替人工划线。

（2）标记冲窝器 在一次定位条件下，可在零件的孔中心点打出钻孔标记冲窝或压弯线、中心线等冲窝标记，可代替手工划线。

（3）全（半）自动旋转三割炬 可以在切割零件的同时开 K 形或 V 形坡口，代替机械加工坡口或刨边机刨边。

六、数控切割的应用

数控切割是从 20 世纪 70 年代开始推广应用的，现在已成为铆焊结构件生产过程中切割下料的主要工艺手段，切割钢板厚度为 1.5 ～ 300 mm。从发展趋势看，数控切割必将代替传统的手工切割下料。

目前，数控切割在重型机器制造、造船等行业普遍应用，已充分显示出其优越性。我国一些重型机器制造厂具备数控切割手段后，生产的铆焊结构件的质量已达到国际先进水平。

采用数控切割需要具备一些条件：需要购置数控切割机及编程机等设备，费用较高；需要有一批掌握先进技术的编程人员和数控切割机操作工人，对他们应进行专门的培训；需要有稳定的氧气、乙炔供应，气体的纯度要求较高。此外，从生产管理上要根据数控切割的特点改进生产组织形式和工艺流程。

数控切割与手工切割相比尽管有许多优点，但因部分数控切割编程系统还存在一定缺陷，使数控切割的钢材利用率要比手工切割低 10% ~ 15%。此外，由于数控切割过程也是一个对钢板不均匀的加热过程，特别是在切割窄、长的零件时，由于热胀冷缩的影响，零件的变形和钢板的移动是不可避免的，有时也会影响切割零件的几何尺寸。这就需要在实践中不断总结经验，合理排样，合理安排切割顺序，扬长避短，充分发挥数控切割的优势。

第七章

零件预加工

　　铆焊零件的预加工主要是指为铆接、焊接及装配做准备，而在零件上进行的钻孔、攻螺纹、套螺纹、开坡口、磨削等工作。根据工艺的需要，这些工作在生产流程中会重复出现，是冷作工应该掌握的。下面分别介绍有关零件预加工的基本知识。

§7-1　钻孔

　　在材料上用钻头钻削出各种直径的孔称为钻孔。钻孔时，工件固定，钻头装在钻床或其他钻夹具上，依靠钻头与工件之间的相对运动来完成切削加工。

　　钻削加工时，钻头绕轴做旋转运动称为主运动，它使钻头沿着圆周进行切削；钻头相对工件做直线前进运动称为进给运动，进给运动使钻头切入工件，连续地进行切削。由于这两种运动是同时进行的，因此钻头切削刃上各点做螺旋运动，对材料进行切削而完成钻孔作业，如图 7-1 所示。

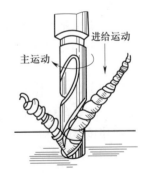

图 7-1　钻孔

　　钻孔时，由于刀具的刚度和精度都较低，加工的精度只能达到 IT14 ~ IT10 级，表面粗糙度值 Ra 为 80 ~ 20 μm，适用于加工要求不高的孔。

一、钻头

　　钻头多用高速钢制成，并经淬火与回火处理。钻头的种类有很多，如麻花钻、扁钻、中心钻等，虽然外形有所不同，但切削原理基本一样。钻头上都有两条对称排列的切削刃，在钻削时可使产生的力矩平衡。这里仅介绍使用最为普遍的麻花钻。

1. 麻花钻的组成

　　麻花钻由柄部、颈部和工作部分组成（见图 7-2a）。

　　（1）柄部　柄部是钻头的夹持部分，用来传递钻孔时所需的转矩和轴向力，并使钻头轴线保持正确的位置。钻柄分为以下两种。

1）直柄钻头的柄部呈圆柱形（见图7-2b），用钻夹头夹持，传递的转矩较小，只适用于直径在13 mm以内的钻头。

2）锥柄钻头的柄部呈圆锥形（见图7-2c），装在钻床主轴的莫氏锥孔内，靠圆锥面之间的摩擦力传递转矩，转矩随轴向力的增大而增大。锥柄钻头传递的转矩较大，适用于直径大于13 mm的钻头。

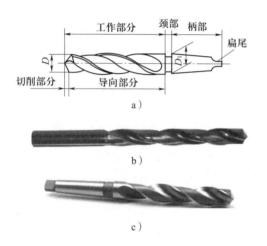

图7-2　标准麻花钻
a）麻花钻组成　b）直柄钻头　c）锥柄钻头

锥部扁尾除了可增大传递的转矩，避免钻头在主轴孔或钻套中打滑外，还便于用楔铁把钻头从主轴孔或钻套中退出。

（2）颈部　供制造钻头时砂轮磨削退刀用，一般也在这个部位表面刻印商标、钻头直径和材料牌号。

（3）工作部分　由切削部分和导向部分组成。

1）切削部分包括横刃及两条主切削刃，起主要的切削作用。两条相对的螺旋槽用来形成切削刃，并起排屑和输送切削液的作用。

2）导向部分在切削过程中能保持钻头正直的钻削方向，并具有修光孔壁的作用，同时还是切削部分的后备部分。导向部分有两条窄的螺旋形棱边，形状略呈倒锥形（直径向柄部方向渐缩），倒锥大小为每100 mm长度内直径减小0.05～0.1 mm。这样既能保证钻头切削时的导向作用，又减小了钻头与孔壁的摩擦，减轻了钻孔的阻力。

2. 切削部分的几何参数（见图7-3）

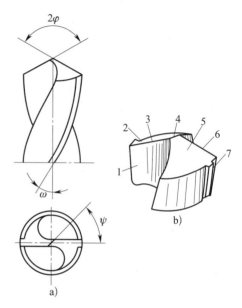

图7-3　切削部分的几何参数
1—前面　2、5—后面
3、6—主切削刃　4—横刃　7—副切削刃

钻头切削部分的螺旋槽表面称为前面，切屑沿此开始排出。切削部分顶端两个曲面称为后面，它与工件的过渡表面相对。钻头的棱边（刃带），即与工件已加工表面相对的表面称为副后面。前面与后面的交线称为主切削刃。两个后面相交形成的切削刃称为横刃。前面与副后面的交线称为副切削刃。

（1）顶角2φ　钻头两主切削刃间的夹角称为顶角，又称锋角。顶角的大小与所钻材料的性质有关，顶角大，切削时轴向力大；顶角小，切削时轴向力小。一般钻削硬材料时，顶角选大一些；钻削软材料时，顶角选小一些。各种材料加工时顶角的选择见表7-1。

表 7-1 各种材料加工时顶角的选择

加工材料	顶角（2φ）	加工材料	顶角（2φ）
普通钢和铸铁	116° ~ 118°	纯铜	125° ~ 135°
合金钢和铸钢	120° ~ 125°	硬铝合金和铝硅合金	90° ~ 100°
不锈钢	110° ~ 120°	胶木、电木及其他脆性材料	80° ~ 90°
黄铜和青铜	130° ~ 140°		

（2）后角 α　钻头主切削刃上任意点处的切削平面与后面之间的夹角称为后角。后角的大小在主切削刃上各点都不相同，越靠近中心处后角越大，为 20° ~ 26°；越靠近边缘处后角越小，为 10° ~ 15°。后角增大时，钻孔过程中钻头后面与工件切削表面之间的摩擦减小，但切削刃强度也随之降低。刃磨后角时，越靠近中心应磨得越大。

（3）前角 γ　主切削刃上任意一点的前角是该点前面的切线与基面在主正交平面上投影的夹角。前角的大小决定了材料切削难易程度和切屑在前面上的摩擦阻力，前角越大，切削越省力。

（4）横刃斜角 ψ　钻头横刃与主切削刃之间的夹角称为横刃斜角，其大小与后角的大小有关。当刃磨后角大时，横刃斜角就会减小，横刃长度也随之变长，钻孔时，钻削的轴向阻力增大，且不易定心。一般 ψ 取 50° ~ 55°。

钻头的形状比较复杂，但大致了解钻头的主要几何参数，对正确选用钻头和进行刃磨都是十分重要的。

二、钻孔设备

冷作工常用的钻孔设备和钻孔工具有台式钻床、立式钻床、摇臂钻床及电钻等。

1. 台式钻床（简称台钻）

如图 7-4 所示，台钻是一种小型钻床，一般安装在工作台或铸铁方箱上。台钻的规格按其所能夹持钻头的最大直径分为 6 mm 和 12 mm 两种，12 mm 台钻表示最大的钻孔直径为 12 mm。

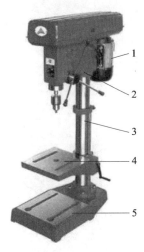

图 7-4　台式钻床
1—电动机　2—横梁　3—立柱
4—工作台　5—底座

电动机 1 通过五级 V 带传动，可使主轴获得五种转速。横梁 2 可在立柱 3 上上下移动，并可绕立柱轴线转动到适当位置，然后用手柄锁紧。保险环用螺钉锁紧在立柱上，并紧靠横梁 2 的下端面，以防横梁突然下滑。工作台 4 可在立柱上移动和转动，并可用手柄锁紧在适当位置。当松开螺钉时，工作台在垂直平面内可左右旋转 45°。

钻削小工件时，工件可放在工作台上；当工件较大或较高时，可把工作台转到旁边，直接把工件放在底座 5 上进行钻孔。

2. 立式钻床（简称立钻）

如图 7-5 所示，立钻一般用来钻中型工件上的孔，其最大钻孔直径有 25 mm、35 mm、40 mm 及 50 mm 几种。这种钻床可以自动进给，功率和结构强度都允许采用较大的切削用量，并可获得较高的效率和加工精度。另外，主轴转速和进给量有较大的调整范围，可对不同材料进行钻孔、扩孔、锪孔、铰孔和攻螺纹等工作。

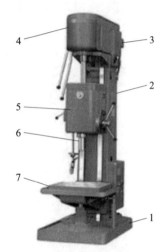

图 7-5　立式钻床
1—底座　2—床身　3—电动机　4—变速箱
5—进给箱　6—主轴　7—工作台

床身 2 固定在底座 1 上，变速箱 4 固定在床身上。进给箱 5 固定在床身的导轨上，可沿导轨上下移动。床身内挂有平衡用的链条及重块，绕过滑轮与主轴套筒相接，以平衡主轴的质量，使操作轻便、灵活。工作台 7 装在床身下方，可沿导轨上下移动，以适应钻削不同高度的工件。

立钻一般都有冷却装置，由冷却泵供应加工时所需要的切削液。切削液储存于底座空腔内，冷却泵直接装在底座上。

3. 摇臂钻床

如图 7-6 所示，摇臂钻床适用于加工大型工件和多孔的工件。钻孔时，工件固定不动，移动钻床主轴对准工件上孔的中心，加工时比立钻方便。主轴变速箱 2 可在摇臂 3 上做大范围的移动，而摇臂又可回转 360°，所以摇臂钻床可在很大范围内进行工作。工件不太大时，可压紧在工作台 4 上加工；若工作台放不下，可把工作台吊走，将工件直接放在底座 5 上加工。摇臂可沿立柱 1 上下移动。钻床主轴移到所需位置后，摇臂可用电动胀闸锁紧在立柱上，主轴变速箱也可用电动锁紧装置固定在摇臂上，这样加工时主轴位置不会变动，刀具也不易振动。

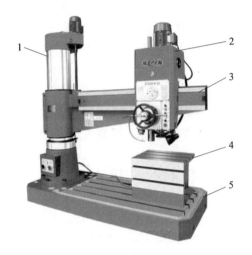

图 7-6　摇臂钻床
1—立柱　2—主轴变速箱　3—摇臂
4—工作台　5—底座

摇臂钻床的主轴转速和进给量可调整的范围很大。主轴可自动进给，也可手动进给。最大钻孔直径可达 100 mm。

4. 电钻

电钻是用手直接握持使用的一种钻孔工具，使用灵活，携带方便。对受场地限制不能移动或加工部位特殊不能使用钻床加工的工件，可选用电钻钻孔。

电钻的电源电压一般有 220 V 和 380 V 两种。其尺寸规格按所钻最大孔径不同，有 6 mm、10 mm、13 mm 等几种。电钻由电动机、减速装置、钻夹头、手柄和开关等部分组成，常用的有手枪式和磁力式两种。

（1）手枪式电钻（见图7-7） 手枪式电钻的规格为6 mm，即其最大钻孔直径为6 mm。这种电钻的工作电压为220 V，采用双重绝缘结构，安全性能好。

图7-7 手枪式电钻

（2）磁力式电钻（见图7-8） 磁力式电钻又称磁座电钻、磁铁电钻，它是在通电后首先保证电钻底部吸附在钢结构平面上，然后磁力式电钻的电动机高速运转并带动钻头旋转，进行钻孔作业。

图7-8 磁力式电钻

磁力式电钻分为两部分：第一部分是钻削部分，主要通过高速运转的钻头对钢结构进行钻孔；第二部分是吸附钢结构部分，磁力式电钻底座部分在通电后，通过变化的电流产生磁场，牢牢地吸附在钢结构上，保证其在作业中不移动。

磁力式电钻在钢结构制造与安装、船舶制造、桥梁工程和铁路运输等领域都有较广泛的应用。

国家标准规定，手持电动工具必须安装漏电保护器。漏电保护器的主要功能是在电动工具发生漏电时自动断电，起防触电的保护作用。

漏电保护器有单相和三相之分，其规格为5～10 A。

三、钻孔工艺

1. 工件的夹持

钻孔前必须将工件夹紧固定，以防钻孔时因工件移动、旋转而折断钻头，或使钻孔位置偏移。夹持工件的方法主要根据工件的大小和形状而定。

小而薄的工件，可用钳子夹持；小而厚的工件，可用小型机床用平口虎钳夹持。

若在较长的型钢件上钻孔，可用手直接握持。为安全起见，应在钻床工作台面上工件可能旋转的方向用螺栓限位工件（见图7-9a）。

钻大直径的孔或在不适合用平口虎钳夹紧的工件上钻孔，可直接用压板、螺栓和垫铁把工件固定在钻床工作台上（见图7-9b）。螺栓应尽量靠近工件，以增大压紧力。垫铁的高度应略大于或等于工件压紧面的高度。

在圆柱形工件上钻孔时，应把工件放在V形架上，然后用压板压紧，以免转动（见图7-9c）。

2. 钻孔方法

钻孔前，先用样冲将中心孔冲大一些，这样可使横刃预先落入样冲眼的锥坑中，钻孔时钻头不易偏离中心。

钻孔时，钻头必须对准钻孔中心（要在垂直的两个方向观察）。先试钻一浅坑，如钻出的锥坑与所划的钻孔圆周线不同轴，可及时予以找正。找正靠移动工件或移动钻床主轴（摇臂钻床）来解决。如果偏离较大，也可用样冲或錾子在金属坑偏移的反方向凿几条槽，以减小此处的切削阻力，而让钻头偏移过来，达到找正的目的，如图7-10所示。

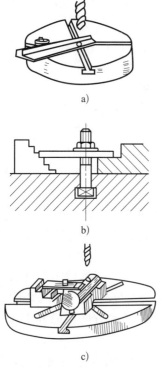

图 7-9　工件的夹持

a）用螺栓限位　b）、c）用压板压紧工件

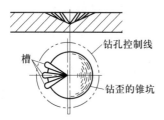

图 7-10　用槽来纠正钻偏的孔

工件上的通孔将要钻穿时，必须减小进给量，如果采用自动进给，这时最好改换为手动进给。因为当钻头尖刚钻穿工件时，轴向阻力突然减小，由于钻床进给系统的间隙和弹性变形的突然回复，将使钻头瞬间以很大的进给量自动切入，致使钻头折断或钻孔质量降低。用手动进给操作时，由于已注意减小了进给量，即已减小了轴向压力，就可避免上述现象的发生。

钻不通孔时，可根据钻孔深度预先调整挡块，并通过测量来检查实际钻孔深度。

钻深孔时，一般当钻进深度达到直径的三倍时，钻头需退出排屑。以后每钻进一定深度，钻头必须退出排屑一次，直到钻完为止。要防止连续钻进发生排屑不畅的情况，以避免钻头因切屑阻塞而扭断。

直径超过 30 mm 的大孔可分两次钻削，先用 0.5 ~ 0.7 倍孔径的钻头钻孔，再用所需孔径的钻头扩孔。这样可以减小钻削时的轴向力，保护机床，同时还可以提高钻孔质量。

3. 钻孔时的冷却和润滑

在钻削过程中，由于切屑的变形、钻头与工件摩擦所产生的切削热，将降低钻头的切削能力，严重时则引起钻头切削部分退火，对钻孔质量也有一定影响。为了延长钻头的使用寿命和保证钻孔质量，除了采用其他方法外，在钻孔时需要注入充足的切削液。注入切削液有利于切削热的散发，防止切削刃产生积屑瘤和加工表面冷硬；同时，由于切削液能流入钻头的前面与切屑之间，使钻头的后面与切削表面和孔壁之间形成吸附性的润滑油膜，起到减小摩擦的作用，从而降低了钻削阻力和切屑温度，提高了钻头的切削能力和孔壁的表面质量。

各种材料钻孔时所用的切削液见表 7-2。

4. 切削用量

切削用量是切削速度、进给量和背吃刀量的总称。

钻孔的切削速度 v_c 是钻削时钻头直径圆周上一点的线速度，可由下式计算。

$$v_c = \frac{\pi D n}{1\,000}$$

式中　v_c——切削速度，m/min；

　　　D——钻头直径，mm；

　　　n——钻头的转速，r/min。

表 7-2 各种材料钻孔时所用的切削液

工件材料	切削液	工件材料	切削液
各类结构钢	3% ~ 5% 乳化液, 7% 硫化乳化液	铸铁	不用, 或用 5% ~ 8% 乳化液, 煤油
不锈钢、耐热钢	3% 肥皂加 2% 亚麻油水溶液, 硫化切削油	铝合金	不用, 或用 5% ~ 8% 乳化液, 煤油与柴油的混合油
纯铜、黄铜、青铜	不用, 或用 5% ~ 8% 乳化液	有机玻璃	5% ~ 8% 乳化液, 煤油

例 7-1 钻头直径 $D=12$ mm, 求以 $n=640$ r/min 的转速钻孔时的切削速度。

解:

$$v_c = \frac{3.14 \times 12 \times 640}{1\,000} \text{m/min} \approx 24.1 \text{ m/min}$$

钻孔时的进给量 f 是钻头每转一周沿轴向移动的距离, 单位为 mm/r。

在实心材料上钻孔时, 背吃刀量等于钻头的半径。

合理地选择切削用量, 可避免钻头过早磨损, 防止钻头损坏或机床过载, 提高工件的钻削精度, 减小孔的表面粗糙度值。

当材料的强度、硬度较高或钻头直径较大时, 宜选用较低的切削速度, 即转速要低些, 进给量也相应减小, 且要选用热导率大、润滑性能好的切削液。当材料的强度、硬度较低或钻头直径较小时, 则可选用较高的转速, 进给量也可以适当增大。当钻头直径小于 5 mm 时, 应选用高转速, 但进给量不能太大, 一般用手动进给, 否则钻头容易折断。

§7-2 开坡口

为了保证焊接质量和连接强度要求, 在对接或角接时, 在厚板的焊缝接头处应开坡口。是否需开坡口以及开坡口的形式, 与材料的种类、厚度、焊接方法和工艺过程、产品的力学性能等因素有关。选择坡口的形式应考虑以下四个方面。

第一, 必须保证焊接接头的质量。

焊接容易产生裂纹的低合金中、厚钢板或合金钢时, 应选择 U 形坡口; 焊接奥氏体不锈钢与珠光体钢对接接头时, 为了减小熔合比, 应选择 V 形坡口, 其坡口角度应比低碳钢坡口角度大一些。

第二, 应注意经济效益。

如不考虑板厚因素, 在对接接头中, 尽量选择 V 形和 X 形坡口, 而不要只考虑质量, 一律选择 U 形和双 U 形坡口。其原因如下: 采用 U 形和双 U 形坡口, 一是加工困难, 二是需要刨边设备, 三是增加施工成本。

在选择 V 形和 X 形坡口都可以的条件下, 采用 X 形坡口比 V 形坡口可节省较多的焊接材料、电能和工时，且构件越厚节省越多，所以宜尽量选择 X 形坡口。

第三，要根据结构的形状、大小和施焊条件来选择。

要根据构件能否翻转、翻转难易程度或内外两侧的焊接条件来选择坡口形式。对于不能翻转和内径较小的容器、转子及轴类的对接接头，为了避免大量仰焊或不便于从内侧施焊，宜采用 V 形或 U 形坡口形式，不能采用 X 形和双 U 形坡口形式，以使焊接作业大部分集中于结构的一侧。

第四，要减小焊接变形和应力。

若选择坡口形式不当，容易使构件产生较大的变形或内应力。如平板对接开 V 形坡口的焊缝，其角变形大于开 X 形坡口的焊缝；开 U 形和双 U 形坡口的焊件，焊后的焊接变形和应力最小。

一、坡口的形式

一般焊条电弧焊常用的坡口形式与尺寸见表 7-3。

表 7-3　一般焊条电弧焊常用的坡口形式与尺寸

序号	坡口名称	坡口形状	各部位尺寸				
			mm			(°)	
			t	p	b	α	β
1	I 形坡口		3 ~ 4		1 ± 0.5		
2	V 形坡口		6 ~ 20	2	2 ~ 3	60	
3	X 形坡口		20 ~ 30	2	4	60	60
4	K 形坡口		20 ~ 40	2	4	45	45
5	偏 X 形坡口		20 ~ 40	2	4	60	60

序号	坡口名称	坡口形状	各部位尺寸				
			mm			(°)	
			t	p	b	α	β
6	半 K 形坡口		8 ~ 16	2	4	45	
7	U 形坡口		20 ~ 60	2	4	10	

从表 7-3 可以看出，不同厚度的焊件应开不同形式的坡口。

（1）6 mm 以下的钢板对接双面焊时，可以不开坡口；但对重要的结构，钢板厚度超过 3 mm 时就要求开坡口，以确保根部焊透。

（2）当钢板厚度为 6 ~ 20 mm 时，应采用 V 形坡口。这种坡口加工方便，但变形较大。

（3）当钢板厚度为 12 ~ 60 mm 时，可采用 X 形坡口。X 形坡口的金属填充量要比 V 形坡口少一半，工件焊后变形和应力比较小。

（4）当钢板厚度超过 20 mm 时，就应考虑采用 U 形坡口；板厚超过 40 mm 时，应考虑采用双 U 形坡口。这两种坡口形式加工比较困难，而且需要刨边设备，但能节省焊接材料和电力，焊后工件的变形和应力也最小。U 形和双 U 形坡口只用于重要的结构上。

不同厚度的钢板对接时，如果两板的厚度差不超过表 7-4 的规定，则坡口形式与尺寸按厚板选取。

表 7-4	两板的厚度差			mm
较薄板厚度	2 ~ 5	6 ~ 8	9 ~ 11	≥ 12
允许厚度差	1	2	3	4

如果对接板料厚度差超过表 7-4 规定的厚度差范围，或在双面超过该表允许厚度差的两倍，应该在较厚的钢板上加工出单面或双面的斜边（见图 7-11）。

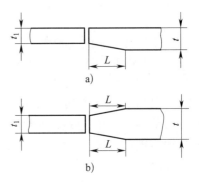

图 7-11　不同厚度钢板的对接形式
a）$L=5$（$t-t_1$）　b）$L=2.5$（$t-t_1$）

二、开坡口的方法

1. 机械加工

机械加工坡口在刨边机或铣边机上进行，可以刨削、铣削各种形式的坡口。机械刨边加工方法与手工铲边相比，不但效率高、噪声低，而且质量好，所以在成批生产中已广泛采用。

2. 碳弧气刨加工

碳弧气刨是目前广泛应用的一种加工工艺方法，它是利用碳极电弧的高温把金属局部加热到熔化状态，同时用压缩空气的气流把熔化金属吹掉，达到刨削或切割金属的目的。如图 7-12 所示为碳弧气刨原理，气刨枪夹头 2 夹住碳棒 1，气刨枪接正极，工件 4 接负极，通电时，在碳棒与工件接近处产生电弧，并熔化金属；压缩空气气流 3 随即把熔化的液态金属吹走，完成刨削。图中已明确给出碳棒送进方向及气刨方向。碳棒与工件的倾角开始时取 15°～30°，然后逐渐增大到 25°～40°，即可进行正常刨削。刨削时，应控制好碳棒的进给量和刨削速度。

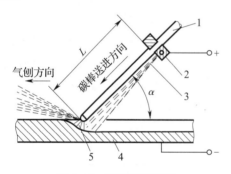

图 7-12　碳弧气刨原理
1—碳棒　2—气刨枪夹头　3—压缩空气　4—工件
5—电弧　L—碳棒伸出长度　α—碳棒与工件夹角

如图 7-13 所示为碳弧气刨枪。使用时，应尽可能顺风操作，以防止熔液、熔渣烧损工作服或烫伤皮肤。刨削结束时，应先断弧，过几秒钟后再关闭气阀。

碳弧气刨比风铲切削效率高，特别适用于仰位、立位的刨削，无震耳的噪声，并能减轻劳动强度。碳弧气刨主要用于刨挑焊根，刨除焊接缺陷，开坡口，清除铸件上的毛边、浇冒口及铸件中的缺陷，还可以切割不锈钢等材料的薄板。但碳弧气刨在刨削过程中会产生一些烟雾，如施工现场通风条件差，对操作者的健康有影响，所以必须采取良好的通风措施。

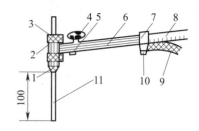

图 7-13　碳弧气刨枪
1—枪嘴　2—刨钳　3—紧固螺母　4—空气阀
5—空气导管　6—绝缘手把　7—导柄套
8—空气软管　9—导线
10—螺栓　11—碳棒

3. 气割加工

用氧乙炔焰气割坡口，包括手工气割和半自动气割机切割、自动气割机切割。操作时，只需将单个或多个割嘴在割缝处偏斜成所需要的角度，就可割出多种形式的坡口。

气割坡口的方法简单易行，效率高，能满足开 V 形或 X 形坡口的质量要求，已被广泛采用。但是切割后必须清理干净氧化铁残渣。

三、坡口的检查

不论采用何种方法加工坡口，都必须对其形状、尺寸精度进行认真检查，这将有利于零件的正式焊接。例如，坡口由于铲削、刨削和切割中的偏差，容易产生高低不平的现象，或者产生与规定坡口形状、尺寸不符的现象，若不处理就进行焊接，将很难保证焊接质量。所以，当坡口加工完成后，必须按标准坡口的形状和尺寸要求进行认真检查，合格后方可进入下道工序（定位焊）。

检查的主要项目包括：坡口形状是否符合标准；坡口是否光滑、平整，有无毛刺和氧化铁熔渣等；坡口角度、钝边尺寸、圆弧半径等是否在允许偏差内。

用砂轮对工件表面进行的加工称为磨削。冷作工经常要进行各种磨削操作，如消除钢板表面的焊疤、边缘的毛刺，修磨坡口、焊缝，焊缝在探伤检查前进行打磨处理等。砂轮机不仅能进行磨削，如换装钢丝轮，还可用于清除金属表面的铁锈或漆层。

一、磨削工具

1. 电动砂轮机

手提式电动砂轮机由罩壳、砂轮、长端盖、电动机、开关和手把组成，如图7-14所示。

图 7-14 手提式电动砂轮机

电动砂轮机的砂轮由三相笼型异步电动机带动旋转。电动机的转速一般在 2 800 r/min 左右。手柄型腔内装置开关，以接通、断开电源。

按砂轮直径不同，电动砂轮机的规格分为 100 mm、125 mm 和 150 mm 三种。

2. 其他磨削工具

（1）电动角磨机 如图7-15所示，电动角磨机利用高速旋转的薄片砂轮以及橡胶砂轮、钢丝轮等对金属构件进行磨削、切削、除锈、磨光加工。针对配备了电子控制装置的机型，如果在此类机器上安装合适的附件，也可以进行研磨及抛光作业。

国产角磨机常见型号按照所使用的附件规格划分为 100 mm、125 mm、150 mm、180 mm 及 230 mm，欧美国家使用的小规格角磨机多为 115 mm，如博世角磨机 GWS20-230、牧田角磨机 GA7010C 等。

图 7-15 电动角磨机

（2）直磨机 直磨机可以配各种带柄尼龙轮、叶片轮、砂轮、抛光轮等，通过高速旋转，加工模具、夹具及不易在磨床或专用设备上加工的复杂零件和各种雕刻艺术品。直磨机也可用于各种金属机械的表面磨削和抛光。直磨机的驱动方式有电动（见图7-16）、气动和风动三种。

图 7-16 电动直磨机

二、磨削方法

1. 磨削前要戴好护目镜，并应检查砂轮有无裂纹或破碎处，砂轮机防护罩是否完好。

2. 磨削时，用力不得过猛，要平稳地上下、左右移动进行磨削。不准用砂轮边角及侧面磨削工件。严禁磨削有色金属（如铜、铝等）。不准用砂轮冲击工件，以防砂轮爆裂或转子弯曲。

3. 磨削完毕，切断风源或电源，并将工作场地四周清理干净。

第 八 章

弯形与压延

把平板毛坯、型材、管材等弯成一定的曲率、角度，从而形成一定形状的零件，这样的加工方法称为弯形。弯形在金属结构制造中应用很多，它可以在常温下进行，也可以在材料加热后进行，但大多数弯形都是在常温下进行的。

§8-1 弯形加工基础知识

一、钢材的弯曲变形过程及特点

弯形加工所用的材料通常为钢材等塑性材料，这些材料的变形过程及特点如下。

当材料上作用有弯矩 M 时，就会发生弯曲变形。材料变形区内靠近曲率中心的一侧（以下称内层）金属，在弯矩引起的压应力作用下被压缩缩短；远离曲率中心的一侧（以下称外层）金属，在弯矩引起的拉应力作用下被拉伸伸长。在内层和外层中间，存在金属既不伸长又不缩短的一个层面，称为中性层，如图 8-1 所示。

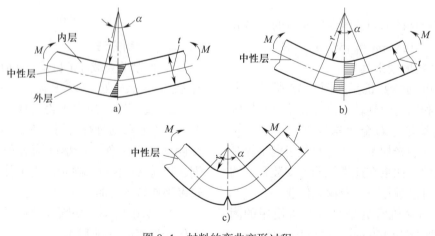

图 8-1 材料的弯曲变形过程

在材料弯曲的初始阶段，弯矩的数值不大，材料内应力的数值还小于材料的屈服强度，仅使材料发生弹性变形（见图8-1a）。

当弯矩的数值继续增大时，材料的曲率半径随之缩小，材料内应力的数值开始超过其屈服强度，材料变形区的内表面、外表面由弹性变形过渡到塑性变形状态，以后塑性变形由内表面、外表面逐步向中心扩展（见图8-1b）。

材料发生塑性变形后，若继续增大弯矩，当材料的弯曲半径小到一定程度时，将因变形超过材料自身变形能力的限度，在材料受拉伸的外层表面首先出现裂纹（见图8-1c），并向内伸展，致使材料发生断裂破坏。这在成形加工中是不应该发生的。

弯曲过程中，材料的横截面形状也要发生变化。例如，板料弯曲时横截面的变化如图8-2所示。

在弯曲窄板材料（$B \leqslant 2t$）时，内层金属受到切向压缩后，便向宽度方向流动，使内层宽度增加；而外层金属受到切向拉伸后，其长度方向的不足便由宽度、厚度方向来补充，致使宽度变窄，因而整个横截面便产生扇形畸变（见图8-2a）。

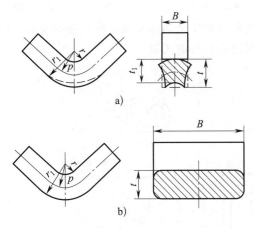

图8-2　板料弯曲时横截面的变化
a）窄板　b）宽板

宽板（$B>2t$）弯曲时，由于宽度方向尺寸大、刚度高，金属在宽度方向流动困难，因而宽度方向无显著变形，横截面仍接近为一矩形（见图8-2b）。

此外，无论宽板、窄板，在变形区内材料的厚度均有变薄现象。这种材料变薄的现象在材料的弯形加工中应该予以考虑。

二、钢材的变形特点对弯形加工的影响

弯形加工是指被弯曲材料按规定的加工要求发生塑性变形，而被弯曲材料自身又有一定的变形特点。因此，为获得良好的弯形件，就必须了解被弯曲材料的变形特点对弯形加工的影响，从而正确、合理地确定弯形加工方法和工艺参数。

钢材弯曲变形特点对弯形加工的影响主要有以下几个方面。

1. 弯形力

弯形是使被弯曲材料发生塑性变形，而塑性变形只有在材料内应力超过其屈服强度时才能发生。因此，无论采用何种弯形方法，其弯形力都必须能使被弯曲材料的内应力超过其屈服强度。

实际弯形力的大小要根据材料的力学性能、弯形方式和性质、弯形件形状等多方面因素来确定。

2. 弹复现象

弯形时，材料的变形由弹性变形过渡到塑性变形，通常材料在发生塑性变形时总还有部分弹性变形存在。弹性变形部分在卸载（除去外弯矩）时要恢复原态，使弯曲材料内层被压缩的金属又有所伸长，外层被拉伸的金属又有所缩短，结果使弯形件的曲率和角度发生了变化，这种现象叫作弹复。弹复现象的存在直接影响弯形件的几何精度，在弯形加工中必须加以控制。

影响弹复的因素有以下几种。

（1）材料的力学性能　材料的屈服强度越高，弹性模量越小，加工硬化越剧烈，弹复越大。

（2）材料的相对弯形半径r/t　r/t越大，材料的弹复越大；反之，则弹复越小。

（3）弯形角 α　在弯形半径一定时，弯形角 α 越大，表示变形区的长度越大，弹复也越大。

（4）其他因素　零件的形状、模具的构造、弯形的方式及弯形力的大小等对弯形件的弹复也有一定的影响。

影响弯形弹复的因素很多，到目前为止，还无法用公式准确地计算出各种弯形条件下的弹复值，生产中多靠对各种弯形加工条件的综合分析及实际经验来确定弹复值。批量弯形加工时则需要经试验确定。

3. 最小弯形半径

材料在不发生破坏的情况下，所能弯曲的最小曲率半径称为最小弯形半径。材料的最小弯形半径是材料性能对弯形加工的限制条件。采用适当的工艺措施，可以在一定程度上改变材料的最小弯形半径。

影响最小弯形半径的因素有以下几种。

（1）材料的力学性能　材料的塑性越好，其允许变形程度越大，则最小弯形半径越小。

（2）弯形角 α　在相对弯形半径 r/t 相同的条件下，弯形角 α 越小，材料外层受拉伸的程度越小，而不易开裂，最小弯形半径可以小一些；反之，弯形角 α 越大，最小弯形半径也应增大。

（3）材料的方向性　轧制的钢材形成各向异性的纤维组织，钢材平行于纤维方向的塑性指标大于垂直于纤维方向的塑性指标。因此，当弯曲线与纤维方向垂直时，材料不易断裂，弯形半径可以小一些。零件弯曲线与钢材纤维方向的关系如图 8-3a、b 所示。当弯形件有两个相互垂直的弯曲线，弯形半径又较小时，应按图 8-3c 所示的方式排料。

（4）材料的表面质量与剪断面质量　当材料的剪断面质量与表面质量较差时，弯形时易造成应力集中，使材料过早破坏，这种情况下应采用较大的弯形半径。

（5）其他因素　材料的厚度和宽度等因素也对其最小弯形半径有影响，例如，薄板料和窄板料可以取较小的弯形半径。

4. 横截面变形

如前所述，弯形过程中材料的横截面也要发生变化，其变化过程主要与相对弯形半径、横截面几何特征及弯形方式等因素有关。当弯形过程中材料横截面形状变化较大时，也会影响弯形件的质量。例如，窄板弯形时出现如图 8-2a 所示的畸变，弯制扁钢圈时出现内侧变厚、外侧变薄的现象（见图 8-4a），弯管时则出现椭圆截面（见图 8-4b）等。在这些情况下，就需采取一些特殊的工艺措施来限制横截面的变形，以保证弯形件的质量。

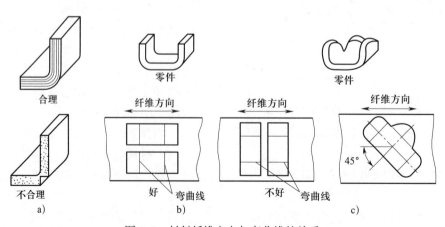

图 8-3　材料纤维方向与弯曲线的关系

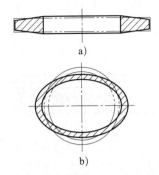

图 8-4 扁钢与钢管弯形时横截面的变形

三、钢材加热对弯形加工的影响

钢材加热后，力学性能将发生变化。一般钢材在加热至 500 ℃以上时，屈服强度降低，塑性显著提高，弹性变形明显减小，所以加热弯形时弯形力下降，弹复现象消失，最小弯形半径减小，有利于按加工要求控制成形。但热弯形工艺比较复杂，高温下材料表面容易氧化、脱碳，因而影响弯形件的表面质量、尺寸精度和力学性能。若加热操作不慎，还会造成材料的过热、过烧，甚至熔化，并且高温下作业劳动条件差。因此，加热弯形多用于常温下成形困难的弯形件的加工。另外，采用热弯形可以降低成本，减少工时。

热弯形要在材料的再结晶温度之上进行，钢材的化学成分对确定加热温度影响很大。不同化学成分的钢材，其再结晶温度也不同，特别是当钢材中含有微量的合金元素时，会使其再结晶温度显著提高。不同化学成分的钢材对加热温度范围还往往有其特殊的要求。例如，普通碳钢在 250 ~ 350 ℃和 500 ~ 600 ℃两个温度范围内韧性明显下降，不利于弯形；奥氏体不锈钢在 450 ~ 800 ℃温度范围内加热会产生晶间腐蚀敏感性。因此，在确定钢材的热弯形温度时，必须充分考虑钢材化学成分的影响。

钢材的加热温度规范一般在技术文件中规定。表 8-1 为常用材料的热弯形温度。

表 8-1　常用材料的热弯形温度　　　℃

材料牌号	加热	终止（不低于）
Q235A、15、20	900 ~ 1 050	700
Q355	950 ~ 1 050	750
15MnTi、14MnMoV	950 ~ 1 050	750
18MoMnNb、15MnVN	950 ~ 1 050	750
15MnVNRe	950 ~ 1 050	750
Cr5Mo、12CrMo、15CrMo	900 ~ 1 000	750
14MnMoVBRe	1 050 ~ 1 100	850
12MnCrNiMoVCu	1 050 ~ 1 100	850
14MnMoNbB	1 000 ~ 1 100	750
06Cr13、12Cr13	1 000 ~ 1 100	850
12Cr1MoV	950 ~ 1 100	850
H62、H68	600 ~ 700	400
2A01、2A02	350 ~ 450	250
钛	420 ~ 560	350
钛合金	600 ~ 840	500

§8-2　压弯

一、压弯力的特点及压弯力的计算

1. 压弯的特点

在压力机床上使用压弯模进行弯形的加工方法称为压弯。

压弯成形时，材料的弯曲变形可以有自由弯形、接触弯形和矫正弯形三种方式。如

图 8-5 所示为在 V 形模上进行三种方式弯形的情况。若材料弯形时，仅与凸模、凹模在三条线接触，弯形圆角半径 r_1 是自然形成的（见图 8-5a），这种弯形方式叫作自由弯形；若材料弯形到直边与凹模表面平行，而且在长度 ab 上相互靠紧时，停止弯形，弯形件的角度等于模具的角度，而弯形圆角半径 r_2 仍是自然形成的（见图 8-5b），这种弯形方式叫作接触弯形；若将材料弯形到与凸模、凹模完全靠紧，弯形圆角半径 r_3 等于模具圆角半径 $r_凸$（见图 8-5c）时，这种弯形方式叫作矫正弯形。这里应指出，自由弯形、接触弯形和矫正弯形三种方式是在材料弯形时的塑性变形阶段依次发生的。

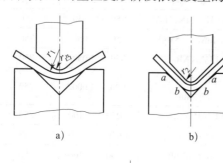

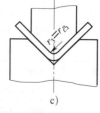

图 8-5　在 V 形模上进行三种方式弯形的情况
a）自由弯形　b）接触弯形　c）矫正弯形

采用自由弯形所需压弯力小，工作时靠调整凹模槽口的宽度和凸模的下止点位置保证零件的形状，批量生产时弯形件质量不稳定，多用于小批量生产大中型零件的压弯。

采用接触弯形和矫正弯形时，由模具保证弯形件的精度，质量较高而且稳定。但所需压弯力较大，并且模具制造周期长、费用高。多用于大批量生产中的中小型零件的压弯。

2. 压弯力的计算

为使材料能够在足够的压力下成形，必须计算其压弯力，作为选择压力机床工作压力的重要依据。在生产中，计算压弯力的经验公式见表 8-2。

表 8-2　　计算压弯力的经验公式

弯形方式	经验公式	弯形方式	经验公式
V 形自由弯形	$F = \dfrac{cbt^2 R_m}{2L}$	U 形自由弯形	$F = KbtR_m$
V 形接触弯形	$F = \dfrac{0.6cbt^2 R_m}{r_凸 + t}$	U 形接触弯形	$F = \dfrac{0.7cbt^2 R_m}{r_凸 + t}$
V 形矫正弯形	$F = Aq$	U 形矫正弯形	$F = Aq$

式中　F——压弯力，N；

　　　c——系数，c 取 1 ~ 1.3；

　　　b——弯形件的宽度，mm；

　　　t——弯形件的厚度，mm；

　　　R_m——材料的抗拉强度，MPa；

　　　L——凹模槽口两支点间的距离，mm；

　　　K——系数，K 取 0.3 ~ 0.6；

　　　$r_凸$——凸模圆角半径，mm；

　　　A——矫正部分投影面积，mm^2；

　　　q——单位面积上的矫正力，MPa，见表 8-3。

表 8-3　　单位面积上的矫正力　　　　MPa

材料	材料厚度			
	<1 mm	1 ~ 3 mm	3 ~ 6 mm	6 ~ 10 mm
铝	15 ~ 20	20 ~ 30	30 ~ 40	40 ~ 50
黄铜	20 ~ 30	30 ~ 40	40 ~ 60	60 ~ 80
10 ~ 20 钢	30 ~ 40	40 ~ 60	60 ~ 80	80 ~ 100
Q235A、25 ~ 30 钢	40 ~ 50	50 ~ 70	70 ~ 100	100 ~ 120

二、压弯模

压弯模的结构形式根据弯形件的形状、精度要求及生产批量等进行选择，最简单而且常用的是无导向装置（利用压床导向）的单工序压弯模。这种压弯模可以整体铸造后加工制成（见图8-6a、b），也可以利用型钢焊制（见图8-6c、d），或由若干零件组合、装配而成。

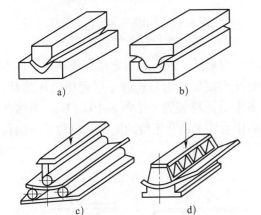

图8-6　压弯模的结构形式

a）、b）整体铸造后加工　c）、d）用型钢焊制

冷作工所用的压弯模多数采用焊接制成，并且尽量少用或不用切削加工零件。这样制作方便，可以缩短模具制造周期，还可以多利用生产边角料，降低生产加工成本。

当采用接触弯形或矫正弯形时，制作压弯模应考虑以下几个方面。

1. 压弯模具工作部分尺寸确定

压弯模具工作部分的结构和形状如图8-7所示。凸模的圆角半径 $r_凸$ 和角度，根据弯形件的内圆角半径，用弹复值修正后确定。凹模非工作圆角半径 $r'_凹$ 应取小于弯形件相应部分的外圆角半径（$r_凸+t$）。压弯模工作部分尺寸及系数 c 见表8-4。

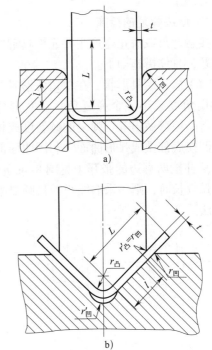

图8-7　压弯模工作部分的结构和形状

a）U形模　b）V形模

U形件弯形时，凸模与凹模的间隙值可按下式确定。

$$Z = t_{max} + ct \qquad (8-1)$$

式中　t_{max}——材料最大厚度，mm；

　　　　c——系数，按表8-4选取；

　　　　t——材料名义厚度，mm。

表8-4　　　　　　　　　　　　　　压弯模工作部分尺寸及系数 c

L/mm	板厚 t/mm											
	<0.5			0.5 ~ 2			2 ~ 4			4 ~ 7		
	l/mm	$r_凹$/mm	c	l/mm	$r_凹$/mm	c	l/mm	$r_凹$/mm	c	l/mm	$r_凹$/mm	c
10	6	3	0.1	10	3	0.1	10	4	0.08	—	—	—
20	8	3	0.1	12	4	0.1	15	5	0.08	20	8	0.06
35	12	4	0.15	15	5	0.1	20	6	0.08	25	8	0.06
50	15	5	0.2	20	6	0.15	25	8	0.1	30	10	0.08
75	20	6	0.2	25	8	0.15	30	10	0.1	35	12	0.1
100	—	—	—	30	10	0.15	35	12	0.1	40	15	0.1
150	—	—	—	35	12	0.2	40	15	0.15	50	20	0.1
200	—	—	—	45	15	0.2	50	20	0.15	65	25	0.15

V形件弯形时，凸模、凹模的间隙是靠调整压床闭合高度来控制的，不需要在制造模具时确定。

2. 解决弹复的措施

接触弯形或矫正弯形主要靠模具解决弹复问题，具体措施如下。

（1）修正模具形状　在单角弯形时，将压弯模角度减小一个弹复角。在 U 形弯形时，将凸模壁做出等于弹复的倾斜度或将凸模、凹模底部做成弧形曲面，利用曲面部分的弹复补偿两直边的张开（见图 8-8a）。当弯曲弧较长时，则多采取缩小模具圆弧半径的方法。

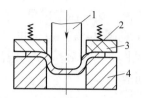

图 8-9　利用压边装置减小弹复
1—凸模　2—工件　3—压边装置　4—凹模

弯形前，通常采用定位板或利用毛坯上的孔来定位。为防止弯形过程中毛坯偏移，多采用托料装置（见图 8-10a、b）。当然在利用毛坯上的孔定位的同时，也防止了偏移（见图 8-10c）。

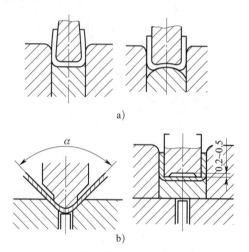

a)

b)

图 8-8　利用模具结构、形状解决弹复问题

（2）采用加压矫正法　在弯形终了时进行加压矫正，可使圆角材料接近受压状态，从而减小回弹。为此，将上模做成如图 8-8b 所示的形状，减小接触面积，加大对弯形部位的压力。

此外，利用增加压边装置（见图 8-9）和尽量减小模具间隙的方法，也可以在一定程度上减小回弹。

3. 定位与防止偏移

弯形加工时，不但毛坯要进行定位，而且还要防止弯形过程中，由于毛坯沿凹模滑动所受的摩擦阻力不等，引起毛坯材料的左右偏移（不对称弯形件的这种现象尤其显著）。

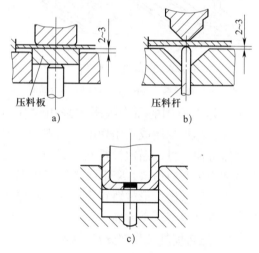

压料板　　　　　　　　压料杆

a)　　　　　　　　　　b)

c)

图 8-10　防止毛坯偏移的措施

制作自由弯形压弯模时，一般不考虑弹复、偏移等问题，模具结构简单。如图 8-11 所示为常见的自由弯形压弯模，其底座的内侧可以加放曲面挡块或斜面挡块，这样能调整凹模槽的宽度，以适应压制不同弯形件的需要。为了在压弯过程中更好地控制弯形件的曲率，一般在凹模槽口内加有垫块，当弯形件弯到将触及垫块时，表明已到所压的位置。垫块的高度由操作者根据弯形件具体情况灵活掌握，如图 8-12 所示。

在制作压弯模时，还要考虑弯形压力中心、模具强度、坯料在弯形过程中是否出现附加变形等问题。例如，较长的角钢弯形时容易产生扭曲现象，因此在压弯过程中，坯料变形部分应始终处于模具的夹持状态下（见图8-13），以防角钢扭曲。

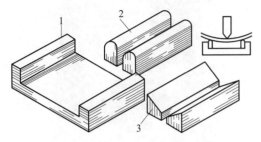

图8-11　常见的自由弯形压弯模
1—凹模　2—曲面挡块　3—斜面挡块

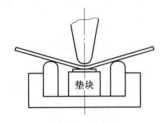

图8-12　压弯模内加垫块控制弯形件曲率

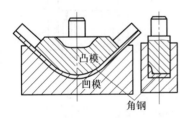

图8-13　角钢压弯时的模具夹持

三、压力机床

冷作工常用的压力机床有曲柄压力机、液压机以及一些新型、专用压力机。

1. 曲柄压力机

（1）曲柄压力机的分类

1）按工艺用途划分，曲柄压力机可分为通用压力机和专用压力机两大类。通用压力机可用于冲裁、弯曲、成形、浅拉深等多种冲压工艺；专用压力机的用途较为单一，它是针对某一特殊工艺开发的，如双动拉深压力机、板料折弯机、高速压力机、精压机、热模锻压力机等。

2）按机身结构形式划分，曲柄压力机可分为开式压力机、半闭式压力机和闭式压力机。如图8-14所示为J23系列开式双柱可倾式压力机，其机身工作区域三面敞开，操作空间大，但机身刚度相对较低，工作时机身会产生角变形，影响冲压精度，因此开式压力机的公称压力一般在2 000 kN以下。

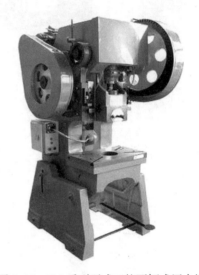

图8-14　J23系列开式双柱可倾式压力机

如图8-15所示闭式压力机，其机身左右两侧封闭，机身呈框架结构，刚度和冲压精度高，但操作空间较小，操作人员只能从前后两面接近模具，操作不太方便。目前。公称压力超过2 500 kN的大中型压力机几乎都采用闭式机身结构。

为了改善闭式压力机的操作空间和送料的方便性，近年出现了半闭式机身结构的压力机（见图8-16），它在封闭机身左右两侧开有较大的窗口，可供操作者接近模具或进行左右送料。

3）按运动滑块的数量划分，压力机可分为单动压力机、双动压力机和三动压力机，如图8-17所示。目前单动压力机使用最多，双动压力机和三动压力机使用相对较少，主要用于拉深成形工艺。

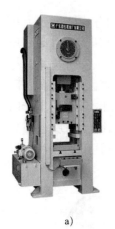 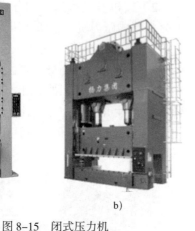

a) b)

图 8-15 闭式压力机
a）JH31-250 型闭式单点压力机
b）JC36-630 型闭式双点压力机

图 8-16 半闭式机身结构的压力机

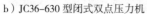 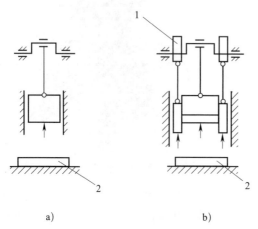 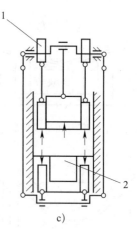

a) b) c)

图 8-17 压力机按运动滑块数量分类
a）单动压力机 b）双动压力机 c）三动压力机
1—凸轮 2—工作台

（2）曲柄压力机的工作原理 无论何种类型的曲柄压力机，其工作原理都是相同的。图 8-14 所示开式双柱可倾式压力机的传动原理如图 8-18 所示，电动机 1 的能量和运动通过带传动给中间传动轴 4，再由齿轮传递给曲轴 9，经连杆 11 带动滑块 12 做上下直线移动，从而将曲轴的旋转运动通过连杆转变为滑块的往复直线运动。将上模 13 固定于滑块上，下模 14 固定于工作台垫板 15 上，压力机便能对置于上、下模间的板料加压，将其冲压成工件。为了对滑块的运动进行

控制，曲轴两端分别装有离合器 7 和制动器 10，以实现滑块的间歇或连续运动。压力机在整个工作周期内有负荷的工作时间很短，大部分时间为空行程运动。为了有效地利用能量，减小电动机功率，曲柄压力机均装有飞轮，以起到储能的作用。图 8-18 中的大带轮 3 和大齿轮 6 均起储能的作用。

2. 液压机

液压机是利用液体作为介质传递动力的，根据所用介质不同，分为油压机和水压机。

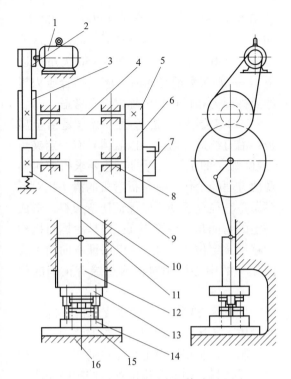

图 8-18 J23-63 型压力机传动原理图

1—电动机 2—小带轮 3—大带轮

4—中间传动轴 5—小齿轮 6—大齿轮

7—离合器 8—机身 9—曲轴 10—制动器

11—连杆 12—滑块 13—上模 14—下模

15—垫板 16—工作台

液压机是利用"密闭容器中的液体各部分压强相等"的原理而获得巨大压力的。设有大小不等的两液压缸（见图 8-19），小液压缸活塞的面积为 S_1，大液压缸活塞的面积为 S_2，两液压缸由管路连通，构成一密闭容器，并使其中充满液体（油或水）。

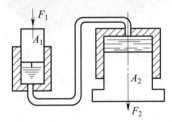

图 8-19 液压机工作原理

当外力 F_1 作用于小活塞时，大活塞便会产生力 F_2。根据帕斯卡定理，可建立以下等式。

$$\frac{F_1}{S_1} = \frac{F_2}{S_2} \qquad （8-2）$$

即

$$F_2 = \frac{S_2}{S_1} F_1 \qquad （8-3）$$

由式（8-3）可知，当活塞面积 A_2 远大于 A_1 时，则 F_2 远大于 F_1，因而可以用较小的作用力产生较大的工作压力。

在液压机工作系统中，小液压缸即为液压泵，而大液压缸是液压机的本体部分。除此之外，还有一套控制操纵和蓄能装置。

如图 8-20 所示为上压式液压机，该液压机的工作缸装在机身上部，活塞从上向下对工件加压，放料和取件操作是在固定工作台上进行的，操作方便，而且容易实现快速下行，应用最广泛。

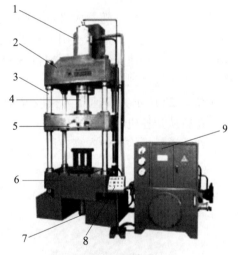

图 8-20 上压式液压机

1—油箱及工作缸 2—上横梁 3—立柱

4—工作活塞 5—活动横梁 6—下横梁

7—顶出缸 8—操纵控制系统 9—动力部分

3. 新型、专用压力机

（1）双动拉深压力机 双动拉深压力机是具有双滑块的压力机。如图 8-21 所示为上传动式双动拉深压力机，它配有外滑块、内滑块和拉深气垫。外滑块用来落料或压紧坯料的边缘，防止起皱；内滑块用于拉深成形。外滑块在机身导轨上做下止点有"停顿"的上下往复运动，内滑块在外滑块的内导轨中做上下往复运动。

图 8-21　上传动式双动拉深压力机

（2）高速压力机　随着大批量、超大批量冲压生产的出现，高速、专用压力机得到了迅速的发展。高速压力机必须配备各种自动送料装置才能达到高速的目的。

如图 8-22 所示为高速压力机及其辅助装置，卷料从开卷机经过校平机构、供料缓冲机构到达送料机构，送入高速压力机进行冲压。

图 8-22　高速压力机及其辅助装置

目前，"高速"还没有一个统一的衡量标准，日本一些公司将 300 kN 以下的小型开式压力机分为五个速度等级，即超高速（800 次 /min 以上）、高速（400 ~ 700 次 /min）、次高速（250 ~ 350 次 /min）、常速（150 ~ 250 次 /min）和低速（150 次 /min 以下）。一般在衡量高速时，应当结合压力机的公称压力和行程长度加以综合考虑。

（3）数控液压折弯机　折弯是指金属板料沿直线进行弯曲，以获得具有一定夹角（或圆弧）的工件。弯曲工艺要求折弯机实现两方面的动作：一是折弯机的滑块相对下模做垂直往复运动，以保证压弯板料，形成一定的弯曲角（或圆弧）；二是后挡料机构的移动（定位或退让），以保证弯曲角（或圆弧）的中心线相对板料边缘有正确的位置。

如图 8-23 所示，数控液压折弯机主要对滑块下压运动和后挡料机构的移动进行数字控制，以实现按设定程序自动变换下压行程和后挡料机构的定位位置，按顺序完成一个工件的多次折弯，从而提高生产效率和折弯件的质量。

图 8-23　数控液压折弯机

四、压弯的一般工艺要求

1. 选择压力机床时，要同时满足所需弯形力和压弯工件所需空间尺寸范围两个要求。

2. 安装压弯模时，应尽量使模具压力中心与压力机床压力中心吻合，上模、下模间隙均匀，装夹要牢固。

3．弯形件的直边长度一般不得小于板厚的两倍，以保证足够的弯曲力矩。若小于两倍时，可将直边适当加长，弯形后再进行切除。

4．为防止弯形件横截面畸变，板料弯形件宽度一般不得小于板厚的三倍。若小于三倍时，应先在同一块板上弯形，弯形后再切开分为若干件。

5．对于局部需要弯成折边的零件，为避免角上弯裂，应预先钻出止裂孔，或将弯曲线外移一定距离（见图 8-24）。

6．弯形件圆角半径较小时，为避免弯裂，应注意坯料的表面质量，去除剪断面毛刺及其他表面缺陷或将质量差的表面放在弯曲内侧，使其处于受压状态而不易开裂。

7．需要加热弯形时，材料的加热温度要控制好，加热面温度要均匀。弯形中注意不要使模具温度过高，以免变形。

8．弯形操作应严格按照企业有关安全技术规程进行。

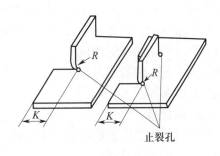

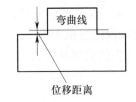

图 8-24　局部弯形的止裂措施

§8-3　滚弯

一、滚弯的特点

在滚床上进行弯形的加工方式称为滚弯，如图 8-25 所示。滚弯时，板料置于滚床的上、下轴辊之间，当上轴辊下降时，板料受到弯曲力矩的作用，发生弯曲变形。由于上、下轴辊的转动，并通过轴辊与板料间的摩擦力带动板料移动，使板料受压位置连续不断地发生变化，从而形成平滑的弯曲面，完成滚弯成形。

在滚弯过程中，板料弯曲变形的方式相当于压弯时的自由弯曲。滚弯件的曲率取决于轴辊间的相对位置、板料的厚度和力学性能。调整轴辊间的相对位置，可以将板料弯成小于上轴辊曲率的任意曲率。由于存在弯曲弹复，滚弯件的曲率不能等于上轴辊的曲率。

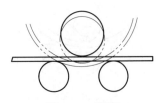

图 8-25　滚弯

滚弯往往不能一次成形，而多次的冷滚压又会引起材料的加工硬化。当弯形件变形程度很大时，这种加工硬化现象将十分显著，致使弯形件的使用性能严重恶化。因此，冷滚压成形的允许弯形半径 R 不能以板料的最小弯形半径为界线，而应大一些。

通常 $R=20t$（t 为板厚），当 $R<20t$ 时，则应进行热滚弯。

滚弯成形方法的优点是通用性强，板材滚弯时，一般不需要在滚床上附加工艺装备；型钢滚弯时，只需附加适用于不同剖面形状、尺寸的滚轮。滚弯机床结构简单，使用和维护方便。滚弯成形方法的缺点是效率较低且精度不高。

二、滚板机

滚弯机床包括滚板机和型钢滚弯机。由于滚弯加工的大多是板材，而且滚板机附加一些工艺装备，也能进行一般的型钢滚弯，因此滚弯机床以滚板机为主。

1. 滚板机的类型及特点

滚板机的类型有对称式三辊滚板机、不对称式三辊滚板机和四辊滚板机三种。这三种类型滚板机轴辊的布置形式和运动方向如图 8-26 所示。

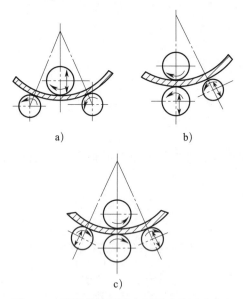

a)   b)

c)

图 8-26　滚板机轴辊的布置形式及运动方向
a）对称式三辊滚板机　b）不对称式三辊滚板机
c）四辊滚板机

对称式三辊滚板机的上轴辊位于两个下轴辊的中线上（见图 8-26a），其优点是结构简单，应用普遍；其缺点是弯形件两端有较长的一段位于弯曲变形区以外，在滚弯后成为直边段。因此，为使板料全部弯曲，需要采取特殊的工艺措施。

不对称式三辊滚板机轴辊的布置是不对称的，上轴辊位于两下轴辊之上而向一侧偏移（见图 8-26b），这样就使板料的一端边缘也能得到弯形，剩余直边的长度极短。若在滚制完一端后，将板料从滚板机上取出掉头，再放入进行弯形，就可使板料接近全部得到弯曲。这种滚板机的缺点是由于支点距离不相等，使轴辊在滚弯时受力很大，易产生弯曲，从而影响弯形件的精度；而且弯形过程中板料的掉头也增加了操作工作量。

四辊滚板机相当于在对称的三辊滚板机的基础上又增加了一个中间下轴辊（见图 8-26c）。这样不仅能使板料全部得以弯曲，还避免了板料在不对称三辊滚板机上需要掉头滚弯的麻烦。它的主要缺点是结构复杂、造价高，因此应用不太普遍。

2. 对称式三辊滚板机的基本结构和传动分析

对称式三辊滚板机是冷作工最常用的滚弯机床，如图 8-27 所示。其基本结构是由上轴辊、下轴辊、机架、减速器、电动机和操纵手柄等组成。工作时，控制操纵手柄，能使上轴辊做铅垂方向运动，两下轴辊做正、反方向转动。

为使封闭的筒形工件滚弯后能从滚板机上卸下，在上轴辊的左端装有活动轴承，右端设有平衡螺杆。只要旋下平衡螺杆压住上轴辊右侧伸出端，使上轴辊保持平衡，即可将活动轴承卸下来，使工件能沿轴辊的轴线方向向左移动，从轴辊间取出。

对称式三辊滚板机的传动系统如图 8-28 所示。

工作时，电动机通过齿轮 14 和 13，使减速器输入轴 I 转动，又通过输入轴 I 上的传动齿轮，使减速器输出轴 II 上的齿轮 17 和 21、输出轴 III 上的齿轮 18 和 20 做不同方向

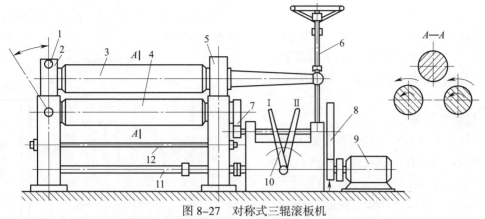

图 8-27　对称式三辊滚板机

1—插销　2—活动轴承　3—上轴辊　4—下轴辊　5—固定轴承
6—卸料装置　7—齿轮　8—减速器　9—电动机　10—操纵手柄
11—上轴辊压紧传动蜗杆轴　12—拉杆

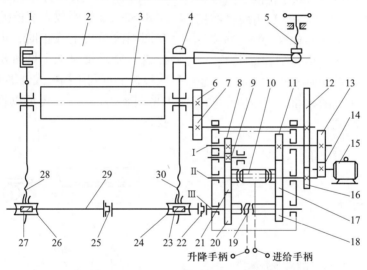

图 8-28　对称式三辊滚板机的传动系统

1—活动轴承　2—上轴辊　3—下轴辊　4—固定轴承　5—平衡螺杆
6、7、8、9、11、12、13、14、16、17、18、20、21—齿轮
10—摩擦式离合器　15—电动机　19—啮合式离合器　22、25—联轴器
23、27—蜗杆　24、26—蜗轮　28、30—升降丝杆　29—蜗杆轴

的转动。这时，由于离合器 10 和 19 均未闭合，因此减速器的输出轴 Ⅱ 和输出轴 Ⅲ 都不转动。

通过操纵升降手柄，控制离合器 19 向齿轮 18 或 20 一侧闭合，可使输出轴 Ⅲ 做正向或反向转动。输出轴 Ⅲ 又通过蜗杆 23、27 与蜗轮 24、26 及升降丝杆 28、30，使上轴辊垂直升降，对板料施压或离开工件。

通过操纵进给手柄控制离合器 10 向齿轮 17 或 21 一侧闭合，可使输出轴 Ⅱ 得到正向或反向的转动，从而使板料向前或向后移动。

若滚制锥形件需要上轴辊倾斜时，可将蜗杆轴上的联轴器 25 脱开，使输出轴 Ⅲ 仅带动右侧固定轴承升降，而左侧活动轴承不动，即可按滚弯需要，将上轴辊调整成一定

— 153 —

的倾斜度。

三、滚弯的工艺方法

在滚板机上进行的滚弯加工以板料滚制柱面为主。若采取适当的工艺措施或附加必要的工艺装备，还可以滚制锥面及滚弯型钢。

1. 柱面的滚制

（1）柱面的几何特征是表面素线为相互平行的直线，因此在滚制柱面工件前，应检查滚板机上、下轴辊是否平行。若不平行，则要将其调整平行；否则，将因滚板机上、下轴辊不平行而使滚制出的工件带有锥度。

（2）当采用对称式三辊滚板机滚弯时，通常采用以下两种措施消除工件的直边段。

1）板料的两端预弯。可利用模具在压力机上预弯板料端部（见图8-29）。当板料较薄时，也可以手工预弯（俗称槽头）；或是用一块已经弯成适当曲率的垫板在三辊滚板机上预弯板料（见图8-30），垫板厚度应大于工件板厚的两倍。

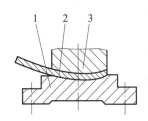

图8-29 在压力机上预弯板料端部
1—下模 2—板料 3—上模

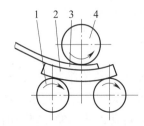

图8-30 在滚板机上预弯板料
1—下轴辊 2—垫板 3—板料 4—上轴辊

2）板料两端留余量。下料时，在板料两端留稍大于直边长度的余量，待滚弯后再割去，但割下的余料如不能使用，则会造成材料的浪费。有时也可采用少留余量，再用废料拼接，以保证足够直边长度的方法，如图8-31所示。

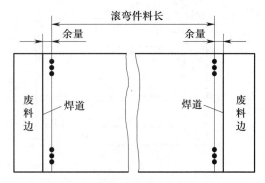

图8-31 留余量消除滚弯件的直边

（3）为使滚弯件不出现歪扭现象（见图8-32a），板料放入滚板机后要找正位置。在四辊滚板机上找正时，可调整侧辊，使板边紧靠侧辊对准（见图8-32b）。在三辊滚板机上可利用挡板或轴辊上的定位槽找正（见图8-32c、d），还可以目测或用直角尺找正。

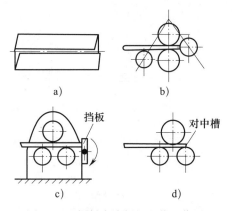

图8-32 板料在滚板机上找正位置

（4）调节轴辊间的距离，以控制滚弯件的曲率。由于弯曲弹复等因素的影响，往往不能一次调节、滚压，使坯料获得需要的曲率。通常是先凭经验初步调节好轴辊间距离，然后滚压一段并用样板测量。根据测量结果，对轴辊间距离做进一步调整，再滚压、测量。如此数次，直至工件曲率符合要求为止。

（5）较大的工件滚弯时，为避免其因自重引起附加变形，应将板料分为三个区域，先滚压两侧区，再滚压中间区。必要时，还要由吊车予以配合。

（6）滚制非圆柱面工件时，应依次按不同的曲率半径在板料上划分区域，分区域调节轴辊间的距离，进行滚压和测量。

（7）滚弯前，应将轴辊和板料表面清理干净，还要将板料上气割留下的残渣和焊接留下的疤痕除去、磨平，以免损伤工件和轴辊。

2. 锥面的滚制

锥面的素线呈放射状分布，而且素线上各点的曲率都不相等。为使滚弯过程的每一瞬间上轴辊均接近压在锥面素线上，并形成沿素线各点不同的曲率半径，从而制成锥面，应采取以下措施。

（1）调整上轴辊，使其与下轴辊成一定角度倾斜，这样就可以沿板料与上轴辊的接触线压出各点不同的曲率。上轴辊倾斜角度的大小由操作者根据滚弯件的锥度凭经验初步调整，再经试滚压、测量，最后确定。

（2）为使上轴辊能始终接近压在锥面素线上，应使锥面的大口和小口两端有不等的进给速度。锥面大口、小口的进给速度差随锥面的锥度而定。由于滚板机的两下轴辊互相平行，且各轴辊本身又无锥度，单靠上轴辊倾斜，滚弯时锥面大口、小口两端的进给速度差异很小，不能满足滚制锥面的需要。因此，在上轴辊倾斜的基础上，还要采用分段滚制或小口减速等方法，使滚制过程中锥面大口、小口的进给速度达到需要的差值。

分段滚制法如图8-33所示。利用锥面素线将板料划分为若干小段，滚弯时将上轴辊与小段的中位素线对正压下，在小段范围内来回滚压。滚制完一段后，随即移动板料，仍按上述方法滚压下一段。通过分段挪动板料，形成锥面两口进给速度差。分段越多，则锥面成形越好。

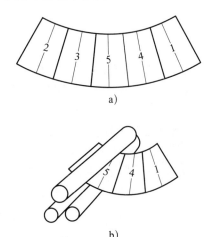

图8-33 分段滚制法
a）坯料分段及滚制顺序　b）滚板机上分段滚制

小口减速法滚制锥面如图8-34所示，上轴辊呈倾斜位置，又在小口一端加一减速装置，用以增大板料小口端的进给阻力，使小口端的进给速度减小。扇形板料边送进边旋转进行滚弯，使上轴辊始终和锥面素线重合。

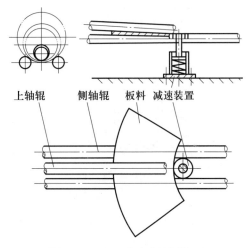

上轴辊　侧轴辊　板料　减速装置

图8-34 小口减速法滚制锥面

此外，在检查锥面工件的曲率时，对锥面的大口、小口都要进行测量，只有当锥面两口的曲率都符合要求时，工件的曲率才算合格。

压延也称为拉深或拉延，是利用模具使一定形状的平板毛坯变成开口的空心零件的冲压工艺方法。

一、压延成形过程及特点

压延是一种比较复杂的成形工艺方法。现以圆筒形压延件为例说明板料的压延过程。如图8-35所示，压延模的工作部分具有一定的圆角，并且凸模、凹模间隙稍大于板料的厚度，压延时板料置于凹模上，当凸模向下运动时，迫使板料压入凹模孔，形成空心的筒形件。

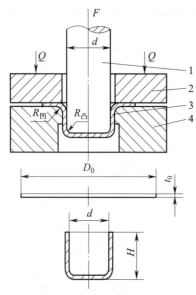

图 8-35　压延过程
1—凸模　2—压边圈　3—板料毛坯　4—凹模

压延过程中，板料毛坯的中间直径为 d 的部分变成零件的底部，基本不发生变形。而外部环形部分的金属将沿圆周方向发生很大的压缩塑性变形，并迫使多余的金属沿毛坯的径向产生流动，形成压延件的侧壁。如图8-36所示，如果把板料的环形部分划分为若干狭条和扇形，假设把扇形部分切除，

余下的狭条部分沿直径 d 的圆周弯曲后即为圆筒的侧壁。扇形部分的金属是多余的，此部分金属在压延过程中，沿半径方向产生了流动，从而增加了零件的高度，因此筒壁高度 h 总是大于 $(D-d)/2$。

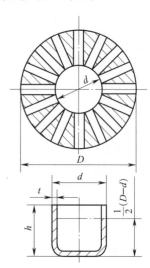

图 8-36　压延时金属的流动

压延中毛坯金属的周向压缩变形受到限制，引起很大的切向压应力，使毛坯变形区因为失稳而发生起皱现象（见图8-37）。毛坯严重起皱后，由于不能通过凸模、凹模之间的间隙而被拉断，产生废品。即使轻微起皱的毛坯能勉强通过，也会在零件的侧壁上留下起皱的痕迹，影响压延件的质量。防止起皱的有效方法是采用压边圈（见图8-35）。

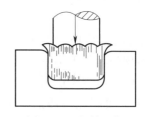

图 8-37　起皱现象

压延中毛坯金属的周向压缩和径向流动还将导致压延件厚度发生变化，如图8-38所示。由图8-38中可见，凸模圆角处板料厚度减薄最为严重，是发生拉裂的危险区。合理选择凸模、凹模间隙和工作圆角半径，可使板料厚度减薄现象得以改善。

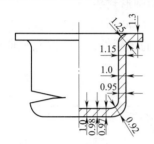

图8-38 压延件厚度的变化情况

此外，压延中的大塑性变形还可能引起材料的加工硬化，使进一步压延发生困难。因此，在压延中应根据材料的塑性，合理选定每次压延材料的变形程度。变形较大的压延件，应采用多次压延的方式，并采取中间退火的措施，以消除材料的加工硬化，完成压延工作。

二、压延力的计算

计算压延力的目的是正确地选择压延设备。压延力的计算与压延件的形状、尺寸和材料性质有关，一般采用经验公式。

压制封头时压延力 F 用下式计算：

$$F \approx eK\pi (D_0 - d) tR_m^\theta \qquad (8-4)$$

式中　F——压延力，N；

e——压边力影响系数，无压边 $e=1$，有压边 $e=1.2$；

K——封头形状影响系数，椭圆形封头 $K=1.1 \sim 1.2$，球形封头 $K=1.4 \sim 1.5$；

D_0——坯料直径，mm；

d——封头平均直径，mm；

t——封头壁厚，mm；

R_m^θ——常见钢材的高温抗拉强度，见表8-5。

表8-5　　　　常见钢材的高温抗拉强度R_m^θ（$\times 10^7$ Pa）

	加热温度 /℃											
	20	600	650	700	750	800	850	900	950	1 000	1 050	1 100
Q235A	38	17	13	10	7.5	6.5	7.5	6.5	6.5	4.5	4.0	3.2
10、15	38	21		11	7.5	7.5		7.0		5.0		3.5
20、25	42			15	10			8.5		6.0		
30		24		14	12	9.5		7.6		5.7		3.5
Q245R	41 ~ 43	22		12.2		8.3		7.3	6.0	5.0		3.8
18MnMoNb	60 ~ 67					9.6		7.7	5.8	4.7		
14MnMoV、20MnMoV								8.0	6.5			
1Cr18Ni9Ti	55			32		15		8.5		5.0		2.0

压延中，为防止材料起皱而采用压边圈时，压边力必须适中。压边力太小起不到防皱作用，压边力太大又易将材料拉裂。压边力 Q 可用下式计算：

$$Q = Sq \approx \frac{\pi}{4} \left[D_0^2 - (D_凹 + 2R_凹)^2 \right] q \qquad (8-5)$$

式中　Q——压边力，N；

S——压边面积，mm^2；

$D_凹$——凹模内径，mm；

$R_凹$——凹模工作圆角半径，mm；

q——单位压边力，对于钢 $q=(0.011 \sim 0.016\ 5)R_m^\theta$，热压时取下限，冷压时取上限。

当采用压边圈压延时，总的压延力应包

括压边力，即：

$$F_{总}=F+Q \qquad (8-6)$$

三、旋转体压延件的坯料尺寸计算

虽然在压延中毛坯的厚度会发生一些变化，但在计算毛坯尺寸时，可以不计毛坯厚度的变化，按压延前后面积相等的原则进行计算。

1. 形状简单的旋转体压延件

在进行计算时，首先将压延件划分成若干个便于计算的组成部分，分别求出各部分的面积并相加，即可得到零件的总面积$\sum S$，然后按下式计算出圆形毛坯的直径：

$$D_0 = \sqrt{\frac{4}{\pi}\sum S} \qquad (8-7)$$

式中　D_0——毛坯直径，mm；

$\sum S$——压延件的外表总面积，mm^2。

例如，如图 8-39 所示的圆筒形件，按便于计算的原则，可以划分为三部分，各部分的面积分别为：

$$\left.\begin{array}{l} S_1 = \pi d_2 h \\[2mm] S_2 = \dfrac{\pi}{4}(2\pi R d_1 + 8R^2) \\[2mm] S_3 = \dfrac{\pi}{4}d_1^2 \end{array}\right\}$$

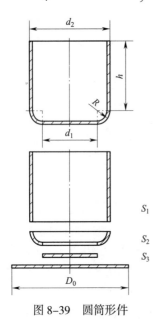

图 8-39　圆筒形件

将上述计算结果代入式（8-7），并整理得毛坯直径为：

$$\begin{aligned} D_0 &= \sqrt{\frac{4}{\pi}\sum S} \\ &= \sqrt{d_1^2 + 2\pi R d_1 + 8R^2 + 4hd_2} \end{aligned}$$

2. 椭圆形封头

如图 8-40 所示的椭圆形封头属于复杂曲面形状的压延件，其毛坯直径通常用以下方法确定。

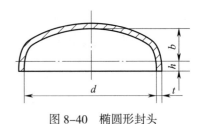

图 8-40　椭圆形封头

（1）周长法

$$D_0 = \frac{4}{\pi} \times 1.5\left(\frac{d}{2}+b\right) + 0.71\sqrt{db} + 2hK + 2\delta \qquad (8-8)$$

式中　D_0——毛坯直径，mm；

d——椭圆封头内径，mm；

b——椭圆封头高，mm；

h——椭圆封头的直边高，mm；

K——封头压延系数，通常取 $K=0.75$；

δ——修边余量，mm。

（2）等面积法　假定封头毛坯面积等于封头中性层的面积，对于标准封头$\left(b=\dfrac{d}{4}\right)$，毛坯直径 D_0 可用下式计算：

$$D_0 = \sqrt{1.38(d_1+t)^2 + 4(d_1+t)(h+\delta)} \qquad (8-9)$$

式中　t——封头壁厚，mm。

（3）经验法　当 $b=\dfrac{d}{4}$ 时，坯料直径可用下式确定：

$$D_0 \approx d+b+h \qquad (8-10)$$

式中已包括修边余量。

一、水火弯板原理

用火焰局部加热材料时，被加热处金属的膨胀受到周围较冷金属的限制而产生压缩应力。当加热温度达到 600 ~ 700 ℃时，压缩应力超过加热金属的屈服强度，而使其产生压缩塑性变形，因此在冷却时形成收缩变形。若能适当控制加热速度，使板料加热处沿厚度方向存在较大的温度差，就会使加热面的冷却收缩量远远大于其背面，也就形成了如图 8-41 所示的角变形。水火弯板就是利用板材被局部加热、冷却所产生的角变形与横向变形达到弯曲成形的目的。

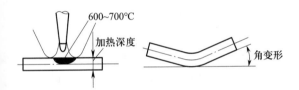

图 8-41　钢板局部加热、冷却时的变形

由于钢板局部加热、冷却的角变形是有限的（一次加热角变形为 1° ~ 3°），因此水火弯板适用于曲率较小的零件成形，还经常与滚弯相结合，以加工有多个曲度的复杂曲面零件。

二、水火弯板工艺

1. 火焰能率

火焰能率主要取决于氧乙炔炬口径的大小。口径大，单位线热能就强，成形效率高。所以对于一定厚度的钢板，在不产生过烧的前提下，应采用较大的火焰能率。加热火焰一般应为中性焰。

2. 加热温度和速度

水火弯板的加热温度随弯板材料的不同而不同，不同钢材的加热温度和水火距离见表 8-6。

表 8-6　不同钢材的加热温度和水火距离

材料	钢板表面加热温度 /℃	水火距离 / mm
普通碳素钢	600 ~ 800	50 ~ 100
低强度低合金钢	600 ~ 750	120 ~ 150
中强度低合金钢	600 ~ 700	150
高强度低合金钢	600 ~ 650	在空气中自然冷却

加热速度的快慢直接影响角变形的大小。加热速度快，板料沿厚度方向温差大，成形时的角变形也大；反之则小。但速度过快时，单位线热能减小，成形效率也会降低。因此在板厚一定时，对同一加热和冷却方式有一对应的最佳加热速度。加热速度主要靠操作者凭经验控制，一般为 0.3 ~ 1.2 m/min。

3. 加热位置和方向

虽然成形角度主要取决于加热速度和火焰能率，但水火弯板总的成形效果是每次加热后变形的合成。所以，对每一次加热时加热位置、长度和加热方向的选择都直接影响到总的成形效果。加热位置和方向随成形工件的形状而定。

如图 8-42 所示为四种不同形状工件水火弯板时的加热位置和方向，图中的虚线为在板的背面加热，箭头所示为加热方向。

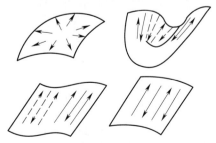

图 8-42　四种不同形状工件水火弯板时的加热位置和方向

水火弯板一般采用线状加热，加热线的长度要依据工件形状和曲率而定，曲率越大，加热线应越长，但要注意不得超过工件曲率变化的分界线；否则将使成形效果变差，甚至造成反向变形。为了避免钢板边缘收缩时起皱，加热线起止点距板边应留有适当的距离，其值为 80 ~ 120 mm。加热线的宽度一般为 12 ~ 15 mm。加热线的数量和分布要根据工件的形状和曲率而定。

如图 8-43 所示为帆形板的成形情况，先将其在滚板机上弯曲成圆柱面，然后用火焰加热收边，加热线位于钢板的两侧，由两边向中间加热，如箭头所示。加热线的长度越长，成形效果越好，但长度不能超过横截面的重心线；否则将适得其反。加热线长度一般取 150 mm 左右，随钢板的曲率而定，曲率大则加热线长度也大。加热线的间隔也要根据弯曲程度选定。

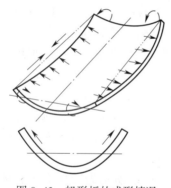

图 8-43　帆形板的成形情况

扭曲板采用水火弯板法加工时，可用木墩垫起两个需要向上扭起的角，用卡子压住另两个向下扭曲的角（见图 8-44a）。对向上扭曲的两个角的加热面积和加热温度，应适当大于另外两个向下扭曲的角，加热线的长度也应逐渐变化。

对于扭曲的异向双曲率板，应预先在机械上弯出单向弯曲和扭曲，然后通过改变加热线的方向，可以获得所要求的弯曲形状（见图 8-44b）。

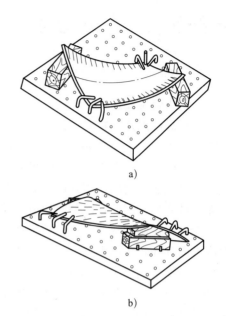

图 8-44　扭曲板和异向双曲率板的成形
a）扭曲板　b）异向双曲率板

4. 冷却方式

水火弯板的冷却方式有空冷和水冷两种，水冷又有正面水冷、背面水冷之分。

空冷是用火焰局部加热后，让工件在空气中自然冷却。空冷的优点是操作简单，缺点是成形速度慢，在角变形的同时也容易产生工件所不需要的纵向挠度。

水冷就是用水强制冷却已加热部分的金属，使其迅速冷却，减少热量向背面的传递，扩大正、反面的温度差，从而提高成形效果，如图 8-45 所示。水冷时的水火距离见表 8-6（表中给出的高强度低合金钢不宜采用水冷）。

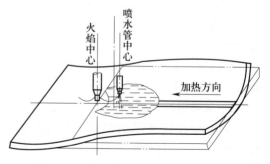

图 8-45　水火弯板的冷却方式（水冷）

三、水火弯板的优点

水火弯板是主要用于板材弯形的加工方法，它具有以下优点。

1. 水火弯板比手工热弯曲成形的效率高，而且节约燃料，可以改善劳动条件，减轻劳动强度。

2. 成形质量好，板面光滑、平整、无锤痕，板厚基本不减薄。

3. 适用面广，可以加工不同厚度和各种复杂曲面形状的工件。

---

§8-6 其他成形方法

一、爆炸成形

1. 爆炸成形的基本原理

爆炸成形是将爆炸物质放在一个特制的装置中，点燃爆炸后，在极短的时间内产生高压冲击波，使坯料变形，从而达到成形的目的。爆炸成形装置如图8-46所示。

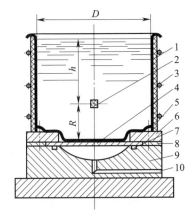

图 8-46　爆炸成形装置

1—纤维板　2—炸药　3—绳　4—坯料
5—密封袋　6—压边圈　7—密封圈　8—定位圈
9—凹板　10—抽气孔

爆炸成形可以对板料进行多种成形加工，如压延、翻边、胀形、弯形、矫正、压花纹等。此外，还可以进行爆炸焊接。爆炸成形工艺在现代航空、造船、化工设备制造等工业部门常用来制造形状复杂或大尺寸的小批量零件。

2. 爆炸成形的主要特点

（1）爆炸成形不需要成对的刚性凸模、凹模，而是通过传压介质（空气或水）来代替刚性凸模的作用，因此可使模具结构简化。

（2）爆炸成形可以加工形状复杂、刚性模具难以加工的空心零件。

（3）爆炸成形属于高速成形，零件回弹极小，贴模性能好，只要模具尺寸准确、表面光洁，则零件的精度高、表面质量好。

（4）爆炸成形不需要冲压设备，成形零件的尺寸不受设备能力限制，而且成形速度快，操作方便，成本低，在试制或小批量生产大型构件时经济效果显著。

二、电水成形和电爆成形

1. 电水成形和电爆成形的基本原理

如图8-47所示，工作时升压变压器加 $20 \sim 40\ kV$ 电压，经整流器得到高压直流电，再经限流电阻向电容充电。当电容器的电压达到一定数值时，辅助间隙被击穿，高压电便加在由两个电极形成的主间隙上，将其击穿并放电，形成强大的冲击电流，可达 $300\ mA$ 以上，在介质（水）中引起冲击波，冲击金属毛坯在凹模中成形，这就是电水成形的基本原理。

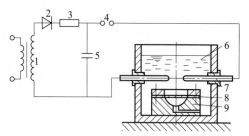

图 8-47　电水成形原理

1—变压器　2—整流器　3—限流电阻　4—辅助间隙
5—电容　6—水　7—电极　8—毛坯　9—凹模

若在以上装置中，用细金属丝把两个电极连接以来，放电时产生的强大电流将金属丝迅速熔化和蒸发成高压气体，并在介质中形成冲击波使坯料成形，这就是电爆成形的原理。

2.　电水成形和电爆成形的特点

电水成形、电爆成形均属于高速成形，虽然成形能量比爆炸成形低一些，但它们具有成形过程稳定、操作方便、内部能量容易调整等优点，并且容易实现机械化和自动化作业，是生产效率较高的一种新成形工艺。但电水成形、电爆成形设备较复杂，因此主要用于难以用一般冲压方式成形的小型工件的中、小批量生产。

除以上介绍的几种成形方法外，电磁成形和橡胶成形等成形方法也在一些行业中得到应用。

第 九 章

装　配

在金属结构制造过程中，将组成结构的各零件按照一定的位置、尺寸关系和精度要求组合起来的工序称为装配。

§9-1　装配的基本条件和定位原理

一、装配的基本条件

进行金属结构的装配，必须具备定位、夹紧和测量三个基本条件。

1. 定位

定位是指确定零件在空间的位置或零件间的相对位置。如图 9-1 所示为工形梁的装配，工形梁两翼板 4 的相对位置由腹板 3 和挡板 5 来定位，腹板的高低位置由垫块 2 来定位，而平台工作面则既是整个工形梁的定位基准面，又是结构装配的支承面。

2. 夹紧

夹紧是指借助外力使零件准确定位，并将定位后的零件固定。图 9-1 中翼板 4 与腹板 3 间相对位置确定后，通过调节螺杆 1 实现夹紧。

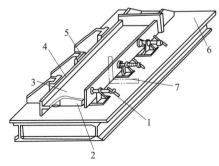

图 9-1　工形梁的装配

1—调节螺杆　2—垫块　3—腹板　4—翼板　5—挡板　6—平台　7—直角尺

3．测量

测量是指在装配过程中，对零件间的相对位置和各部位尺寸进行一系列的技术测量，从而衡量定位的准确性和夹紧的效果，以指导装配工作。在图 9-1 所示的工形梁装配中，定位并夹紧后，需要测量两翼板的平行度、腹板与翼板的垂直度、工形梁的高度尺寸等指标。例如，通过用直角尺 7 测量两翼板与平台面的垂直度来检验两翼板的平行度是否符合要求。

上述三个基本条件相辅相成、缺一不可。若没有定位，夹紧就变成无的放矢；若没有夹紧，就不能保证定位的准确性和可靠性；而若没有测量，就无法进行正确的定位，也无法判定装配的质量。因此，研究装配技术总是围绕这三个基本条件进行的。

二、定位原理

1．六点定位规则

如图 9-2a 所示，任何空间的刚体未被定位时都具有六个自由度，即沿三个互相垂直的坐标轴的移动（见图 9-2b）和绕这三个坐标轴的转动（见图 9-2c）。因此，要使零件或结构（一般可视为刚体）在空间具有确定的位置，就必须约束其六个自由度。

为限制零件在空间的六个自由度，至少要在空间设置六个定位点与零件接触。如图 9-3 所示为长方体零件的六点定位，在三个互相垂直的坐标平面内分布六个定位点，其中在 xoy 平面上的三个定位点限制了零件的三个自由度，使零件不能绕 ox 轴、oy 轴转动和沿 oz 轴移动；在 yoz 平面上的两个定位点限制了零件的两个自由度，使零件不能沿 ox 轴移动和绕 oz 轴转动；在 xoz 平面上的一个定位点限制了零件沿 oy 轴方向移动的最后一个自由度。这样，以六个定位点来限制零件在空间的自由度，以求得完全确定零件的空间位置，称为六点定位规则。

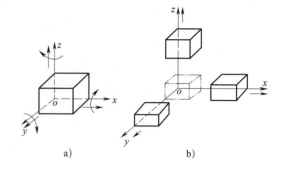

a)　　　　　　　　　b)

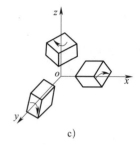

c)

图 9-2　空间刚体的六个自由度

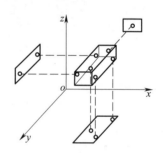

图 9-3　长方体零件的六点定位

六点定位规则适用于任何形状零件的定位，只是对不同形状的零件定位时，六个定位点的形式及其在空间的分布有所不同。

在实际装配中，可用定位销、定位块、挡板等定位元件作为定位点；也可以利用装配平台或工件表面上的平面、边棱及胎架模板形成的曲面代替定位点；有时还可通过在装配平台或工件表面画出的定位线起定位点的作用。

2．定位基准及其选择

（1）定位基准　在结构装配过程中，必须根据一些指定的点、线、面来确定零件或部件在结构中的位置，这些作为依据的点、线、面称为定位基准。

如图 9-4 所示，圆锥台漏斗各件间的相对位置是以轴线和 M 面为定位基准确定的。

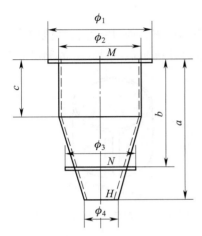

图 9-4　圆锥台漏斗

如图 9-5 所示为四通接头，装配时支管 Ⅱ、Ⅲ 在主管 Ⅰ 上的相对高度以 H 面为定位基准确定，而支管的横向定位则以主管轴线为定位基准。

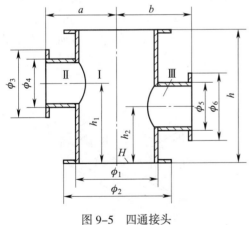

图 9-5　四通接头

（2）定位基准的选择　合理地选择装配时的定位基准，对保证装配质量、安排零部件装配顺序和提高装配效率都有重要的影响。通常根据下列原则选择定位基准。

1）尽可能选用设计基准作为定位基准，这样可以避免因定位基准与设计基准不重合而引起较大的定位误差。

在图 9-4 中，M 面为设计基准之一，按使用要求，装配中应保证大、小两法兰盘 M 面和 N 面间的距离。装配时，若以 H 面为定位基准进行小法兰盘的装配定位，则 M 面和 N 面间的距离要由 a 和 $(a-b)$ 两个尺寸来保证，其定位误差是这两个尺寸误差之和；而若以 M 面为定位基准，M 面和 N 面间的距离仅由 b 一个尺寸来保证，其定位误差仅是尺寸 b 的误差，显然要比前者小。故实际装配时应选 M 面为定位基准。此外，从 M 面的尺寸大于 H 面尺寸来看，这样的选择也是合理的。

2）同一构件上与其他构件有连接或配合关系的各零件，应尽量采用同一定位基准，这样能保证构件安装时与其他构件的正确连接或配合。图 9-5 中四通接头的两支管 Ⅱ、Ⅲ 就应以同一定位基准进行装配定位。

3）应选择精度较高且不易变形的零件表面或边棱作为定位基准，这样能够避免由于基准面、线的变形造成的定位误差。

4）所选择的定位基准应便于装配中零件的定位与测量。

在实际装配中，定位基准的选择要完全符合上述所有原则有时是不可能的，因此应根据具体情况进行分析，选出最有利的定位基准。

　　装配中的测量技术包括正确、合理地选择测量基准，准确而迅速地完成零件定位所需要的测量项目的测量。较常用的测量项目有线性尺寸、平行度（包括水平度）、垂直度（包括铅垂度）、同轴度及角度等。

一、测量基准

　　测量中，为衡量被测点、线、面的尺寸和位置精度而选为依据的点、线、面称为测量基准。一般情况下，多以定位基准作为测量基准。图9-4中圆锥台漏斗上小法兰盘的装配以 M 面为定位基准，测量尺寸 b 时，又可以 M 面作为测量基准。这样，在这个小法兰盘的装配中，设计基准、定位基准、测量基准三者合一，可以有效地减小装配误差。

　　当以定位基准作为测量基准不利于保证测量的精确度或不便于测量操作时，应本着能使测量准确、操作方便的原则，重新选择合适的点、线、面作为测量基准。图9-1中工形梁的腹板平面是腹板与翼板垂直定位的基准，但以此平面作为测量基准去测量腹板与翼板的垂直度则较为不方便，也不利于获得精确的测量值。这时，若以图9-1中所采用的装配平台作为测量基准，则既容易进行测量，又能保证测量结果的准确性。

　　有时还可以在号料时预先在零件上留出装配测量基准线，以备装配时使用。如图9-6所示为圆筒装配预留测量基准线，利用预留的测量基准线进行圆筒纵缝对接时，只需测量两基准线之间的距离，即可保证圆筒纵缝正确对接。

二、线性尺寸的测量

　　线性尺寸是指零件上被测的点、线、面与测量基准间的距离。由于组成构件的各零件间都有尺寸要求，因此线性尺寸测量在装配中应用最多，而且在进行其他项目的测量时，往往也需辅以线性尺寸的测量。

图9-6　圆筒装配预留测量基准线

　　线性尺寸的测量主要是利用各种刻度尺（如卷尺、盘尺、钢直尺、木折尺等）来完成的，有时也用画有标志的样棒进行线性尺寸的测量。如图9-7所示为在槽钢上装配立板的尺寸测量，为确定立板与槽钢接合线的位置，需要测量其中一块立板距槽钢端面的尺寸 a 及两立板间距离尺寸 b。这两个尺寸即属于线性尺寸。如图9-8所示为角钢桁架，其上各杆件的连接位置也要通过盘尺（或卷尺）进行线性尺寸测量来确定。

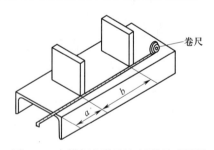

图9-7　在槽钢上装配立板的尺寸测量

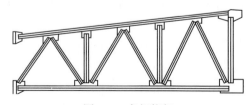

图9-8　角钢桁架

构件的某些线性尺寸，有时因受构件形状等因素的影响，而不能直接用尺测量，需要借助一些其他量具进行测量。如图9-9所示为间接测量工件高度，工件由圆锥台与圆筒按图示位置装配而成，在测量整体高度时，由于圆锥台小口端面（封闭的）比圆筒外壁缩进一段，无法用尺直接测量，这时可借助用轻型工字钢制成的大平尺来延伸圆锥台小口端面，再用钢直尺或卷尺间接测量。

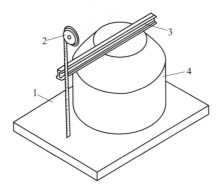

图9-9　间接测量工件高度
1—平台　2—卷尺　3—大平尺　4—工件

采用间接测量法时应注意：所采用的测量方法和辅助量具应能保证测量结果的精确度，且简便易行。在图9-9中为保证测量结果的精确度，所用大平尺的工作面（代替零件被测面的尺面）应十分平直，而且尺身应不易变形。此外，为使用方便，大平尺不宜过重，常用小型铝质工字型材制成。

三、平行度和水平度的测量

1. 平行度的测量

平行度是指工件上被测的线（或面）相对于测量基准线（或面）的平行程度。测量平行度时，通常是在被测的线（或面）上选择较多的测量点，与测量基准线（或面）上的对应点进行线性尺寸的测量，当由各对应测量点所测得的线性尺寸都相等时，被测的线（或面）即与测量基准线（或面）相互平行，否则就不平行。

如图9-10所示平行度的测量，在一个平板上装配两根与板边平行的角钢以及在一圆筒上装配两条相互平行的加强钢带圈的定位测量，它们都通过直接进行多点线性尺寸测量来达到测量平行度的目的。

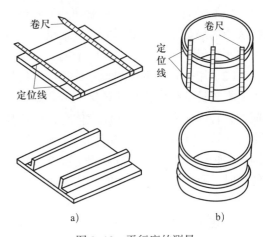

图9-10　平行度的测量
a）角钢间平行度的测量　b）钢带圈间平行度的测量

测量两零件间的平行度有时也需要通过间接测量来完成。在图9-9中工件圆锥台与圆筒的装配中，若要测量圆锥台小口端面与圆筒下端面的平行度，则仍要借助大平尺来间接完成。测量时应转换大平尺的方位进行多点测量，而每一对应点的测量方法则与图9-9所示的方法相同。

2. 水平度的测量

容器里的水或其他液体在静止状态下，其表面总是处于与重力作用方向相垂直的位置，这种位置称为水平。水平度就是衡量零件上被测的线（或面）是否处于水平位置。许多钢结构制品在使用中要求有良好的水平度。例如，桥式起重机的运行轨道需要有良好的水平度，否则将不利于起重机在运行中的控制，甚至会引起事故。

冷作工装配中常用水平尺、软管水平仪、水准仪、经纬仪等量具或仪器来测量零件的水平度。

（1）用水平尺测量　水平尺是测量水平度常用的量具。测量时，将水平尺放在构件的被测平面上，查看水平尺上玻璃管内气泡的位置。如气泡在中间，即达到水平；如果气泡偏向一侧，则说明没有达到水平（气泡所在的一侧偏高）。这时应调整零件的位置，直至气泡处在管内正中位置为止。使用水平尺应轻拿轻放，不可敲击和振动。为避免结构表面的局部凹凸不平影响测量结果，有时可在水平尺下面垫一平直的厚木板。

（2）用软管水平仪测量 软管水平仪是由一根较长的橡皮管两端各接一玻璃短管构成的，管内注入液体。加注液体时，要从其中一端管口注入，不能两端同时注入，以免因橡皮管内滞留空气而造成测量误差。冬季使用时，要加入一些防冻的液体，如酒精或乙醚等。

当在平面上测量其水平度时，取两根标有相同刻度的标杆，将玻璃管分别贴靠在标杆上，把其中一根标杆置于被测平面的一角，另一根标杆连同橡皮管放在被测平面上的不同点，观察两玻璃管内的液面高度是否相同，如图9-11所示。如在测量各点时玻璃管内液面高度都相同，即液面和两标杆上的刻度线都重合，说明被测平面为水平。软管水平仪常用来测量较大钢结构的水平度。此外，软管水平仪还可用来在高度方向上进行线性尺寸的测量。

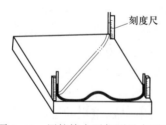

图9-11 用软管水平仪测量水平度

（3）用水准仪测量 水准仪（见图9-12a）由望远镜、水准器和基座等组成，利用它测量水平度，不仅能衡量各测点是否处于同一水平，而且能给出准确的误差值，以便于调整。

如图9-12b所示为球罐柱脚水平度的测量。在球罐柱脚上预先标出基准点，把水准仪安置在球罐柱脚附近进行观测。如果水准仪测出各基准点的读数相同，说明各柱脚处于同一水平面；若不同，则可根据由水准仪读出的误差值调整柱脚。

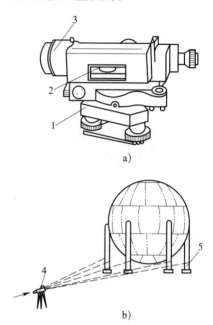

图9-12 用水准仪测量水平度

a）水准仪 b）球罐柱脚水平度的测量

1—基座 2—水准器 3—望远镜

4—水准仪 5—基准点

四、垂直度和铅垂度的测量

1. 垂直度的测量

垂直度是指零件上被测的直线（或面）相对于测量基准线（或面）的垂直程度。垂直度是装配中常见的测量项目，很多产品都对其有严格的要求。例如，高压电架线铁塔呈棱锥形的结构往往由多节组成，装配时，技术要求的重点是每节两端面与中心线垂直，只有每节的垂直度符合技术要求之后，才可能保证总体安装的垂直度。

测量垂直度时通常利用直角尺直接测量（见图9-13），当基准面和被测面分别与直角尺的两个工作尺面贴合时，说明两面垂直；否则不垂直。使用直角尺测量相对垂直度简单易行。在使用时不可磕碰，以免损坏直角尺，或因直角尺角度变化而造成测量误差。

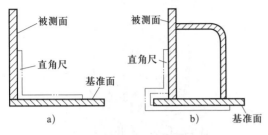

图9-13　用直角尺测量垂直度

使用直角尺测量垂直度时，还要注意直角尺的规格与被测面尺寸相适应。当零件的被测面长度远远大于直角尺的长度时，用直角尺测量往往会产生较大的误差，这时可采用辅助线测量法。如图9-14a所示，用辅助线测量法测量直角，它是用刻度尺作辅助线，在被测面与基准面的垂直断面上构成一直角三角形，利用"勾股定理"求出辅助线的理论长度（斜边长），再去测量实际辅助线。若两者长度相等，说明两面垂直。如图9-14b所示，用辅助线测量法检验一矩形框四个直角的例子，若两辅助对角线相等（$ac=bd$），说明矩形框的四个内角均为直角，即各相邻面互相垂直。

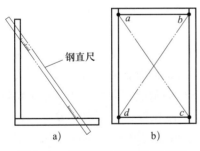

图9-14　利用辅助线测量垂直度
a）测量一个直角　b）测量四个直角

一些桁架类构件某些部位的垂直度难以直接测量时，可采用间接测量法测量。如图9-15所示为对塔类桁架的一节两端面与中心线垂直度进行间接测量的例子。首先过桁架两端面的中心拉一根细钢丝，再将其平置于测量基准面上，并使钢丝与基准面平

行。然后用直角尺（或其他方法）测量桁架两端面与基准面的垂直度，若桁架两端面垂直于基准面，必然同时垂直于桁架中心线，这样就间接测量了桁架两端面与中心线的垂直度。

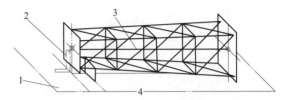

图9-15　用间接测量法测量相对垂直度
1—平台　2—直角尺　3—细钢丝　4—垫板

2. 铅垂度的测量

铅垂度是衡量零件上被测的线（或面）是否与水平面垂直的一个测量项目，常作为构件安装的技术条件。常用测量铅垂度的工具和仪器有吊线锤和经纬仪。

（1）用吊线锤测量铅垂度　把吊线连接在铜质吊线锤的尾端，使用时锤尖向下，如图9-16所示。当用吊线锤测量构件的铅垂度时，可以在构件的上端沿水平方向伸出一个支杆，并与构件加以固定，将吊线锤的吊线拴在支杆上，并量得其与构件的水平距离为a；放下线锤使锤尖接近地面并稳定后，再测量构件底部到线锤尖的水平距离a'，若$a=a'$，则说明构件该侧与水平线（或面）垂直，如图9-16所示。如果构件需要从两个方向测量铅垂度时，应在上端与前一支杆垂直的方向固定另一支杆，再用上述方法测量。

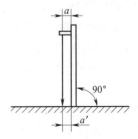

图9-16　用吊线锤测量铅垂度

利用吊线锤不仅可以测量铅垂度，还可间接地测量较大构件的垂直度。如图9-17

所示，在构件上端 A 处固定吊线锤，量得构件底部到 A 点的垂直距离 AB，利用已知斜面的斜度 $M\left(即\dfrac{DF}{EF}\right)$ 计算出锤尖接地点 C 沿斜面方向到 B 点的准确值 CB，计算公式为：

$$\frac{CB}{AB} = \frac{DF}{EF} = M$$

则

$$CB = \frac{AB \times DF}{EF} = AB \times M$$

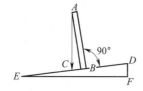

图 9-17　用吊线锤测量构件的垂直度

上式中 AB、M 均为已知（或可直接量得），故长度 CB 可以计算出。若实测的 CB 值与其计算值相同，则构件 AB 垂直于斜面 ED。

（2）用经纬仪测量铅垂度　经纬仪（见图 9-18a）主要由望远镜、竖直度盘、水平度盘和基座等部分组成，可以测角、测距、测高、测定直线、测水平度、测铅垂度等。如图 9-18b 所示为用经纬仪测量球罐柱脚的铅垂度。先把经纬仪安置在柱脚的横轴方向上，对中、调平，再将目镜上十字线的纵线对准柱脚中心线的下部，将望远镜上下微动观测。若纵线重合于柱脚中心线，说明柱脚在此方向上垂直；如果发生偏离，就需要调整柱脚。然后再用同样的方法把经纬仪安装在柱脚的纵轴方向上观测，如果柱脚在纵、横两轴方向都与水平线垂直，则柱脚处于铅垂线位置。如用激光经纬仪测量，则更为方便和直观。

五、同轴度的测量

同轴度是指构件上具有同一轴线的几个零件装配时其轴线的重合程度。测量同轴度的方法很多，这里举例介绍几种常用的测量方法。

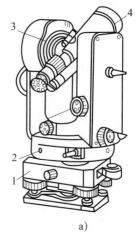

a)

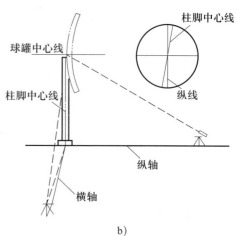

b)

图 9-18　经纬仪及其应用
a）经纬仪　b）用经纬仪测量球罐柱脚的铅垂度
1—基座　2—水平度盘　3—竖直度盘　4—望远镜

如图 9-19 所示为由两节圆筒连接而成的长圆筒，测量它的同轴度时，可先在各节圆筒的端面装上临时支承（注意不得使圆筒变形），再在各临时支承上分别找出圆心位置，并钻出 $\phi 20 \sim 30$ mm 的孔，然后过长圆筒两外端面的中心拉一根细钢丝，使其从各端面支承的孔中通过。这时观察钢丝是否处于各端面上孔的中心位置，若钢丝过各端面中心，说明两节圆筒同轴；否则圆筒不同轴，需要调整。

如果每节圆筒的成形误差和尺寸误差都很小，也可在圆筒外侧拉钢丝，通过测量筒外壁与钢丝的距离或贴合程度来测量几节圆筒的同轴度，如图9-20所示。应用这种方法时，至少应在整圆周上选择三处拉钢丝测量，以保证测量结果准确。

图9-19　在圆筒内拉钢丝测量同轴度

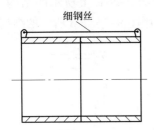

图9-20　在圆筒外拉钢丝测量同轴度

若两节不太长的圆筒相接，也可将大平尺放在接合部位，沿圆筒素线立于圆筒外壁上，根据大平尺与筒外壁的贴合程度来测量其同轴度，如图9-21所示。

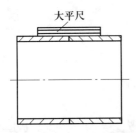

图9-21　用大平尺测量同轴度

多节塔类桁架同轴度的测量可参照上述方法进行。

如图9-22所示为一双层套筒，测量其同轴度时，先在内筒两端面加上临时支承，并在其上找出圆心位置，然后用卷尺测量外筒圆周上各点至圆心的距离。如果各测点的圆心距相等，说明内、外两圆筒同心。当在套筒两端面测得内、外两圆筒均同心时，则说明内、外筒同轴。

图9-22　套筒同轴度的测量

如果套筒的装配精度要求不高，也可以通过测量其两端面上内、外筒的间距来控制套筒的同轴度。

六、角度的测量

装配中，通常利用各种角度样板测量零件间的角度。测量时，将角度样板卡在或塞入形成夹角的两零件之间，并使样板与两零件表面同时垂直，再观察样板两边是否与两表面都贴合，若都贴合，则说明零件角度正确。如图9-23所示为角度的测量。

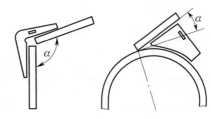

图9-23　角度的测量

装配测量除上述项目外，还有斜度、挠度、平面度等测量项目，都需要操作者采用不同的测量方法测得准确的结果，以保证装配质量。

还应强调的是，除测量方法外，测量量具精确、可靠也是保证测量结果准确的重要因素。因此，在装配测量中还应注意保护量具不受损坏，并经常检验其精度是否符合要求。对于重要的结构，有时要求装配中始终用同一量具或仪器进行测量。对尺寸较大的钢结构，在制造过程中进行测量时，为保证测量精度，还需考虑测量点的选择、结构自重和日照等影响。

一、装配夹具

装配过程中的夹紧通常是通过装配夹具实现的。装配夹具是指在装配中用来对零件施加外力，使其获得可靠定位的工艺装备。它包括简单轻便的通用夹具和装配胎架上的专用夹具。

装配夹具对零部件的紧固方式有夹紧、压紧、拉紧、顶紧（或撑开）四种，如图9-24所示。

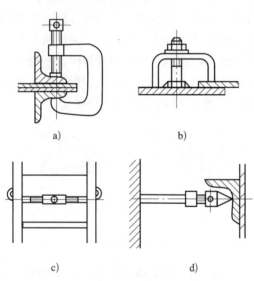

图9-24　装配夹具对零部件的紧固方式
a）夹紧　b）压紧　c）拉紧　d）顶紧

装配夹具按其夹紧力的来源不同，可分为手动夹具和非手动夹具两大类。手动夹具包括螺旋夹具、楔条夹具、杠杆夹具、偏心夹具等；非手动夹具包括气动夹具、液压夹具、磁力夹具等。

1. 手动夹具

（1）螺旋夹具　螺旋夹具是通过丝杆与螺母间的相对运动传递外力以紧固零件的，它具有夹、压、拉、顶、撑等多种功能。

1）弓形螺旋夹（俗称卡兰）　弓形螺旋夹是利用丝杆起夹紧作用的。选择或设计弓形螺旋夹时，应使其工作尺寸 H、B 与被夹紧零件的尺寸相适应（见图9-25），并且具有足够的强度和刚度。在此基础上，还要尽量减轻弓形螺旋夹的质量，以便于使用。常用的弓形螺旋夹如图9-26所示，其中小型的多采用图9-26a、b所示的结构，而大型的则多采用图9-26c、d所示的结构。

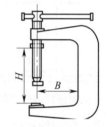

图9-25　弓形螺旋夹的工作尺寸

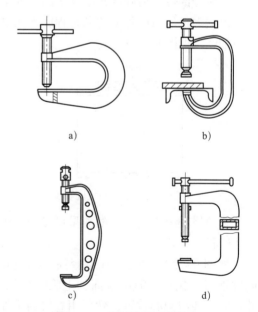

图9-26　常用的弓形螺旋夹

2）螺旋拉紧器　螺旋拉紧器是利用丝杆起拉紧作用的，其结构形式有多种。如图9-27a所示的简单螺旋拉紧器，旋转螺母就可以起拉紧作用。如图9-27b、c所示的拉紧器有两根独立的丝杆，丝杆上的螺纹方向相反，两螺母用厚扁钢或圆钢连成一体，当旋转螺母时，便能调节丝杆的距离，起到拉紧的作用。如果将丝杆端头矩形板点焊在工件上，还可以起到定位和推撑的作用。如图9-27d所示为双头螺柱拉紧器，该拉紧器两端的螺纹方向相反，旋转螺柱时，就可以调节两弯钩间的距离，以拉紧零件。

器在丝杆头部增加了顶垫，顶、撑时不会损伤工件，也不易打滑。如图9-29c所示的螺旋推撑器，由于丝杆两端分别具有左、右旋向的螺纹，可加快顶、撑动作。

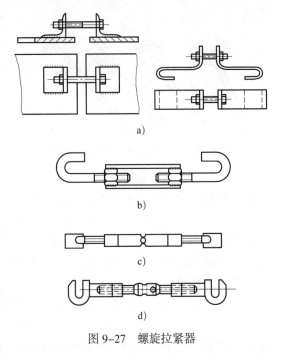

图9-27　螺旋拉紧器

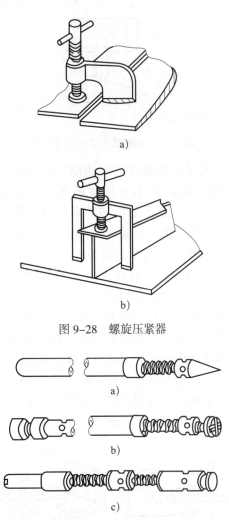

图9-28　螺旋压紧器

3）螺旋压紧器　如图9-28所示，螺旋压紧器通常是将支架临时焊固在工件上，再利用丝杆起压紧作用的。如图9-28a所示为在对接板件时，利用"匚"形支架的螺旋压紧器调平板缝。如图9-28b所示为利用"冂"形支架的螺旋压紧器压紧零件。

4）螺旋推撑器　螺旋推撑器是起顶紧或撑开作用的，不仅用于装配中，还可以用于矫正作业中。如图9-29a所示为最简单的螺旋顶具，由丝杆、螺母、圆管组成，这种螺旋顶具头部呈尖形，不利于保护零件的表面，只适用于顶撑表面精度要求不高的厚板或较大的型钢。如图9-29b所示的螺旋推撑

图9-29　螺旋推撑器

（2）楔条夹具　楔条夹具是利用楔条的斜面将外力转变为夹紧力，从而达到夹紧零件的目的，如图9-30所示为用楔条夹紧的两种基本形式，其中，如图9-30a所示为直接作用于工件上，不但要求被夹紧的工件表面较平稳、光滑，而且楔条易擦伤工件表面；如图9-30b所示为楔条通过中间元件把作用力传到工件上，改善了楔条与工件表面的接触情况。

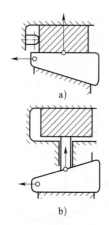

图 9-30　用楔条夹紧的基本形式

为保证楔条夹具在使用中能自锁，楔条的楔角 α 应小于其摩擦角，一般采用 $10° \sim 15°$。若需要增加楔条夹具的作用效果，可在楔条下面加入适当厚度的垫铁。

如图 9-31 所示为楔条夹具的使用情况。如图 9-31a 所示为用楔口夹板直接将型钢和板料夹紧。如图 9-31b 所示为将"冂"形夹板和楔条联合使用夹紧零件。如图 9-31c 所示为带嵌板的楔条夹具，楔条的截面形状可以做成矩形或圆形。这种夹具主要用于对齐板料，因为使用了楔板，所以只在板料对接处留有间隙时才能使用。如图 9-31d 所示的角钢楔条夹具也常在装配中使用。

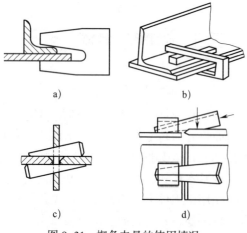

图 9-31　楔条夹具的使用情况

（3）杠杆夹具　杠杆夹具是利用杠杆的增力作用夹持或压紧零件的。由于它制作简单，使用方便，通用性强，故在装配中应用较多，如图 9-32 所示。

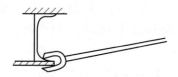

图 9-32　杠杆夹具的应用

如图 9-33 所示为装配中常用的几种简易杠杆夹具。此外，撬杆也常作为杠杆夹具使用。

图 9-33　常用的几种简易杠杆夹具

（4）偏心夹具　偏心夹具是利用一种转动中心与几何中心不重合的偏心零件来夹紧的。根据工件表面外形不同，生产中应用的偏心夹具分为圆偏心轮和曲线偏心轮两种形式。前者制造容易，应用较广泛。偏心夹具一般要求能自锁。

如图 9-34 所示为圆偏心轮夹具，将带偏心孔的圆偏心轮套在固定轴上，并可绕轴转动。圆偏心轮中心和轴线间的距离 e 叫作偏心距，圆偏心轮上装有手柄，以便于操作。当偏心轮绕轴转动时，横杆绕支点旋转，从而把工件夹紧。图 9-34a 以弹簧作为支点，而图 9-34b 以固定销轴为支点。

偏心夹具的优点是动作快，缺点是夹紧力小，只能用于无振动或振动较小的场合。

2. 非手动夹具

（1）气动夹具　气动夹具是利用压缩空气的压力，通过机械运动施加夹紧力的夹紧装置，主要由气缸和夹紧机构两部分组成。

气动夹具气缸的结构和气压机气缸相同，只是规格有所不同，常用的气缸分为单向气动气缸和双向气动气缸两种。

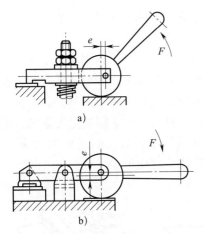

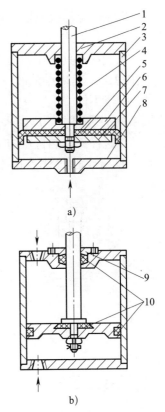

图 9-34 圆偏心轮夹具

单向气动气缸如图 9-35a 所示，主要由缸体、前盖、活塞、活塞杆、弹簧和后盖等组成。单向气动气缸的特点是只有一个方向进气来推动活塞工作，而活塞复位则依靠弹簧的弹复力。由于弹簧不能做得太长，故单向气动气缸的有效行程较短。

双向气动气缸如图 9-35b 所示。双向气动气缸的特点是可在活塞的两侧分别进气，活塞的进退都由压缩空气推动。双向气动气缸由于不用回程弹簧，因此有效行程可以较长，适应范围较广泛。

气动夹具的气缸按安装方式不同分为固定和非固定两种，并可根据使用需要安装成卧式、立式或倾斜式。

气动夹具的工作方式有直接作用式和间接作用式两种。如图 9-36a 所示为直接作用式气动夹具，当气缸内的压缩空气推动活塞

图 9-35 气动夹具气缸的结构
a）单向气动气缸 b）双向气动气缸
1—活塞杆 2—前盖 3—缸体 4—弹簧 5—活塞
6、7—压垫 8—后盖 9—压盖 10—密封环

杆运动时，装在活塞外端部的夹紧压板就直接压紧工件。如图 9-36b 所示为间接作用式气动夹具，它在夹紧压板与气缸活塞之间增加一杠杆，可以改变压紧力的方向或大小。在装配工作中，可根据实际情况选择气动夹具的工作方式。

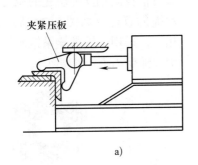

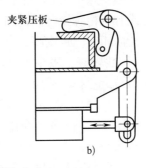

图 9-36 气动夹具的工作方式
a）直接作用式 b）间接作用式

（2）液压夹具　液压夹具的工作原理与气动夹具相似，工作方式也基本相同。液压夹具的优点是比气动夹具的压紧力更大，夹紧可靠，工作稳定；其缺点是液体易泄漏，辅助装置多，维修不便。

在薄板结构的装配中，广泛采用气动、液压联合夹具。这种夹具的特点如下：把气动夹具灵敏、反应迅速等优点用于控制部分；把液压夹具工作平稳、能产生较大的动力等优点用于驱动部分。

（3）磁力夹具　磁力夹具主要靠磁力吸紧工件，分为永磁式和电磁式两种类型，应用较多的是电磁式磁力夹具。磁力夹具操作简便，而且对工件表面质量无影响，但其夹紧力通常不是很大。如图 9-37 所示为磁力夹具的几种应用形式。

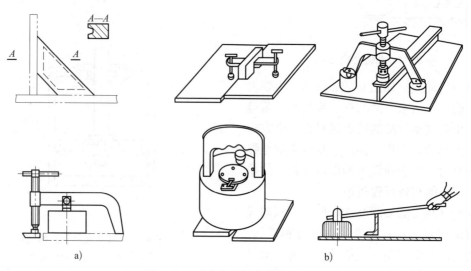

图 9-37　磁力夹具的几种应用形式

二、装配吊具

装配中常用的吊具有钢丝绳、吊链、专用吊具、手拉葫芦、千斤顶等。

1. 钢丝绳

钢丝绳又称钢索，是由高强度碳素钢丝制成的。每一根钢丝绳均由若干根钢丝分股与植物纤维芯或有机物芯捻制成粗细一致的绳索。它具有断面相等、强度高、自重轻（与链条相比）、弹性较好、极少骤然断裂等优点，缺点是不易折弯和不适用于吊运温度较高的工件。

钢丝绳的结构形式有很多，冷作工常用的是具有较高挠度的 $6 \times 19+1$、$6 \times 37+1$、$6 \times 61+1$ 等几种。以 $6 \times 19+1$ 为例，其型号的含义如下：6 表示共 6 股，19 表示每股有19 根钢丝，1 表示 1 根绳芯。如图 9-38 所示为型号是 $6 \times 19+1$ 的钢丝绳断面图。

装配中选择钢丝绳时，应首先根据使用要求确定钢丝绳的型号，然后再按所吊工件的质量、拴系钢丝绳的方法和所用钢丝绳的数目估算出钢丝绳所受的拉力，从而选择钢丝绳的直径。如图 9-39 所示，当工件质量相同，采用不同的拴系钢丝绳角度时，将使钢丝绳受力大小相差很大。

图 9-38　钢丝绳断面图

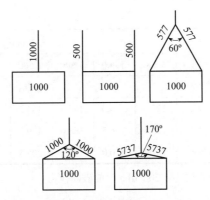

图 9-39 不同拴系角度引起的钢丝绳受力变化

型号为 6×37+1 的普通钢丝绳性能参数见表 9-1。

表 9-1　　　　　　　　型号为 6×37+1 的普通钢丝绳性能参数

直径 /mm		全部钢丝截面积 / mm²	每百米长绳的质量 / kg	钢丝抗拉强度 /MPa							
钢丝绳	钢丝			1 300	1 400	1 500	1 600	1 700	1 800	1 900	2 000
				破断拉力 ×10⁴/N							
4.8	0.22	8.4	7.9				1.1	1.1	1.2	1.3	1.3
5.7	0.26	11.7	11.1				1.5	1.6	1.7	1.8	1.9
6.7	0.31	16.7	15.7			2.1	2.2	2.3	2.4	2.6	2.7
8.7	0.4	27.8	26.2			3.4	3.6	3.8	4.1	4.3	4.5
11.0	0.5	43.5	40.8		5.0	5.3	5.7	6.1	6.4	6.7	7.1
13.0	0.6	62.7	59.0		7.2	7.7	8.2	8.7	9.2	9.7	10.2
15.5	0.7	85.3	80.2		9.8	10.5	11.2	11.9	12.6	13.3	14.0
17.5	0.8	111.5	104.8		12.8	13.7	14.6	15.5	16.4	17.3	18.2
19.5	0.9	141.1	132.6		16.2	17.3	18.5	19.6	20.8	21.9	23.1
22.0	1.0	174.2	164.6		20.0	21.4	22.8	24.2	25.7	27.1	28.5
24.0	1.1	210.8	199.1		24.2	25.9	27.6	29.3	31.1	32.8	
26.0	1.2	250.9	237.7		28.8	30.8	32.9	34.9	37.0	39.0	
28.0	1.3	294.5	276.6		33.8	36.2	38.6	41.1	43.4	45.8	
30.0	1.4	341.5	322.3		39.2	42.0	44.8	47.6	50.4	53.2	
32.5	1.5	392.5	368.4	11.7	45.0	48.2	51.4	54.6	57.8	61.1	
35.0	1.6	446.1	420.6	17.5	51.2	54.8	58.5	62.1	65.8	69.5	
37.0	1.7	503.6	474.8	53.6	57.8	61.9	66.0	70.2	74.3	78.4	
39.0	1.8	564.6	581.2	60.1	64.8	69.4	74.0	78.7	83.3	87.9	
43.5	2.0	697.0	657.2	71.3	80.0	85.7	91.4	97.1	102.5	108.5	
47.5	2.2	843.4	794.3	89.9	96.8	103.5	110.5	117.5	124.0	131.0	（82.9）
52.0	2.4	1 003.8	944.6	107.0	115.0	123.0	131.5	139.5	148.0	156.0	（98.7）

直径 /mm		全部钢丝截面积 /mm²	每百米长绳的质量 / kg	钢丝抗拉强度 /MPa							
钢丝绳	钢丝			1 300	1 400	1 500	1 600	1 700	1 800	1 900	2 000
				破断拉力 × 10⁴/N							
56.5	2.6	1 178.0	1 109.9	125.5	135.0	144.5	154.5	164.0	173.5		（115.5）
60.5	2.8	1 366.2	1 284.8	145.5	156.5	168.0	179.0	190.0	201.5		（134.0）
65.0	3.0	1 568.1	1 476.8	162.0	180.0	192.5	205.5	218.5			（154.0）

注：括号内的数值指钢丝抗拉强度为 1 200 MPa 时的破断拉力。

装配中为了使用方便，还常将钢丝绳制成各种形式的吊索。常用的吊索如图 9-40 所示。

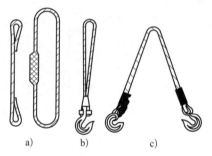

图 9-40　常用的吊索
a) 万能吊索　b) 单钩吊索　c) 双钩吊索

2. 吊链

吊链是用普通碳素结构钢焊制而成的一种吊具，在不便于使用钢丝绳的工作条件下代替钢丝绳吊索。根据结构不同，吊链可分为万能吊链、单钩吊链和双钩吊链等几种。吊链的特点是自重大，挠性好，多用于起吊坯料或高温的重物。使用吊链时应定期检查链环的磨损程度。

常用的吊链如图 9-41 所示。

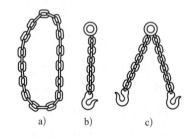

图 9-41　常用的吊链
a) 万能吊链　b) 单钩吊链　c) 双钩吊链

3. 专用吊具

（1）横吊梁　横吊梁是一种用型钢制成的横梁，其下方附有吊挂重物的钢质弯钩，用于吊运各种型钢，可以避免或减小因吊运引起的变形。

（2）偏心式吊具　偏心式吊具有几种不同的结构，如图 9-42a、b 所示，可用于吊起竖直或水平的板件。

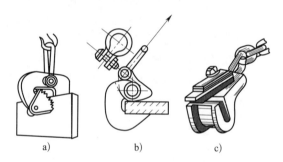

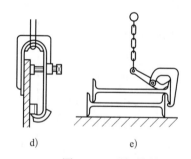

图 9-42　型钢吊具
a)、b) 偏心式吊具　c) 槽钢吊具
d) 厚板吊具　e) 工字钢吊具（杠杆吊具）

（3）槽钢吊具　如图 9-42c 所示的吊具用于吊起单根的槽钢。吊具上的缺口挂住槽钢的翼板，可回转的安全挡铁挡住槽钢，使它不会从缺口里滑出。

（4）厚板吊具　如图9-42d所示为厚板吊具，先将槽形板点焊在钢板上，吊环的一端钩住槽形板，钢丝绳穿入吊环的另一端，拧紧压紧螺杆即可将钢板吊起。因为压紧螺杆能承受一部分质量，可减轻槽形板的受力，当吊具受到一些冲击时也能安全工作。

（5）工字钢吊具　工字钢的吊具有多种形式，如图9-42e所示为用于起吊工字钢的杠杆吊具。将吊具钩住工字钢翼板的下端，起吊杠杆受力旋转时，其弯部的两点处与工字钢接触，使其顶牢在吊具上被吊起。

图9-43　手拉葫芦

4. 手拉葫芦

手拉葫芦是一种以焊接索链为挠性零件的手动起重机具，如图9-43所示。其特点是自重轻，体积小，便于携带，使用方便。在施工现场没有起重机械时，常用手拉葫芦起吊构件。

5. 千斤顶

千斤顶是一种起升高度不大、起升质量却很大的起重机具，广泛地应用于金属结构装配中作顶、压工具。千斤顶按其结构和工作原理不同，可分为齿条式、螺旋式、液压式等多种，如图9-44所示为液压式千斤顶。

装配中选择千斤顶时，要注意其起升高度、起升质量、工作性能等特点（如能否全位置使用），并与装配要求相适应，尤其

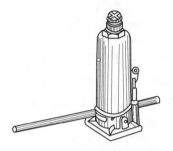

图9-44　液压式千斤顶

要注意不能超载使用。使用千斤顶时，应与重物作用面垂直，不能歪斜，以免滑脱；在松软的地面使用时，应在千斤顶下面垫好垫木，以免受力后下陷或歪斜倾倒。为防止意外，当顶起重物时，重物下面也要随时塞入临时支承物（如木墩或小块钢板等）。

§9-4　装配的基本方法

一、装配方式与支承形式

1. 装配方式

按装配时结构位置划分，金属结构件的装配方式主要有正装、倒装和卧装，其中正装、倒装又称立装，如图9-45所示。正装是指工件在装配中所处的位置与其使用时的位置相同，如图9-45a所示的铁道车辆总装就是采用的正装方式。倒装是指工件在装配中所处的位置与其使用时的位置相反，如图9-45b所示装配翻斗车车体时就是采用将

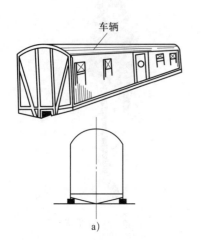

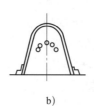
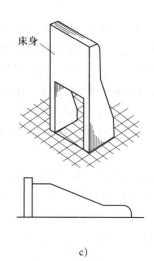

图 9-45　装配方式
a）正装　b）倒装　c）卧装

车体倒置过来，以车体敞口平面与工作台接触的倒装法。卧装是指将工件按其使用位置垂直旋转 90°，使它的侧面与工作台相接触而进行装配，如图 9-45c 所示多头钻床床身的装配就采用了卧装的方式。

一个工件采用哪种方式进行装配，一般可以从下列几个方面考虑。

（1）有利于达到装配要求，保证产品质量。

（2）所选的装配方式应使工件在装配中较容易获得稳定的支承。例如，顶部大、底部小的工件一般采用倒装；细高的工件一般采用卧装。

（3）所选的装配方式应有利于工件上各零件的定位、夹紧和测量，以保证装配质量。

（4）所选的装配方式应有利于装配中及装配后的焊接和其他连接。

（5）所选的装配方式应与装配场地的大小、起重机械的能力等工作条件相适应。

选定了工件的装配方式后，即可根据工件的结构特点、数量和装配技术要求等因素确定工件在装配中的支承形式。

2.　支承形式

工件在装配中的支承形式分为装配平台和装配胎架。

（1）装配平台　装配平台一般水平放置，而且它的工作表面要求达到一定的平直度。冷作工常用的装配平台有以下几种。

1）铸铁平台　铸铁平台由一块或多块经过表面加工的铸铁制成，它坚固耐用，工作表面精度较高。为了便于夹紧工件和进行某些作业，铸铁平台上有许多通孔或沟槽，可用于零件加工和结构装配。

2）钢结构平台　钢结构平台由厚钢板和型钢组合而成，有时也将厚钢板直接铺在平整的地面上构成简易的钢结构平台。它的工作表面一般不经切削加工，所以平直度比铸铁平台差，常用于拼接钢板或装配精度要求不高的工件。

3）导轨平台　导轨平台由一些导轨安装在混凝土基础上制成，每条导轨的上表面都经过切削加工，并有紧固工件用的螺栓沟槽，主要用于装配大型工件。

4）水泥平台　水泥平台用钢筋混凝土制成。平台上预埋一些拉环、柱桩和交叉设置的扁钢，在装配中用作固定工件。这种平台多用于大型工件的装配。

5）电磁平台　电磁平台的主体用钢板和型钢制成，在平台内安置许多电磁铁，通

— 180 —

电后可将工件吸附在平台上。电磁平台多用于板材的拼接，因为电磁铁对钢板的吸附作用能有效地减小焊接变形。

（2）装配胎架　若工件结构不适用于以装配平台作支承（如船舶、飞机和各种容器等）时，就需制造装配胎架来支承工件并进行装配。

装配胎架按其功能分为通用胎架和专用胎架。如图 9-46a 所示为装配圆筒形工件的通用胎架，由两根辊筒平行地装在固定支架上构成，辊筒间保持一定距离。在装配不同直径的圆筒形工件时均可用它来对工件进行支承定位。

如图 9-46b 所示为装配油罐罐顶的专用胎架。模板构成胎架支承工作面，通过放样得出实际形状，然后加工而成。这样的专用胎架只适用于装配一种形状、尺寸的工件。对于较为复杂的结构（如船舶分段），其装配胎架结构也较复杂，胎架的制作往往要消耗较多的工时和材料。

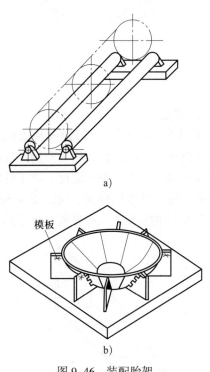

图 9-46　装配胎架
a）通用胎架　b）专用胎架

由于计算机应用在金属结构制造中不断深入，目前已出现通用式活络支柱式胎架，可以根据数学放样提供的数据调节支柱的高度。纵横排列的大量支柱可形成平面或任何形状的曲面，作为结构装配的支承面。

装配胎架应符合下列要求。

1）胎架工作面的形状应与工件被支承部位的形状相适应。

2）胎架的结构应便于在装配时对工件实施定位、夹紧等操作。

3）胎架上应划出中心线、位置线、水平线和检验线等，以便于装配时对工件进行校正和检验。

4）胎架必须安置在坚固的基础上，并具有足够的强度和刚度，以避免在装配过程中基础下沉或胎架变形。

二、零件的定位

根据零件的具体情况，灵活地运用六点定位规则来确定适宜的定位方法，以完成各零件的定位，是装配工作的一项主要内容。装配时常用的定位方法有划线定位、样板定位、定位元件定位三种。

1. 划线定位

划线定位是利用在零件表面、装配平台、胎架上划出工件的中心线、接合线、轮廓线等作为定位线，来确定零件间的相互位置。

如图 9-47 所示为划线定位实例。如图 9-47a 所示为以划在工件底板上的中心线和接合线作为定位线，来确定槽钢、立板和三角形加强板的位置；如图 9-47b 所示为利用大圆筒盖板上的中心线和小圆筒上的等分线（也常称其为中心线）来确定两圆筒的相对位置。

地样装配法是划线定位的一种典型应用形式。它是将构件的装配图按 1:1 的实际尺寸直接绘制在装配平台上，然后根据零件间接合线的位置进行装配。地样装配法主要适用于桁架或框架（如建筑结构框架、船舶肋骨框架等）的装配。如图9-48所示为利用地样装配法装配钢桁架，装配时，先在平台上划出桁架的地样（见图9-48a），然后依照地样将零件组合起来，如图9-48b所示。

如图9-49a所示为多瓣球形封头的地样装配。装配时，在平台上划出封头俯视图上口线、下口线和接缝线，在下口线的外圆周焊上辅助定位挡铁，然后将封头瓣片底边紧靠挡铁，并对准下口线，用钢直尺或吊线锤检验上口边缘的位置，使其对准平台上的上口线（见图9-49b），这样依次将各瓣片定位，并加临时支承，再通过定位焊组装。

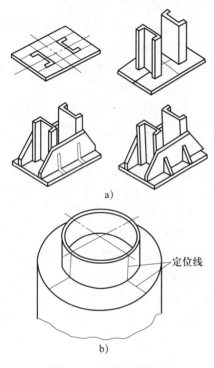

图9-47 划线定位实例

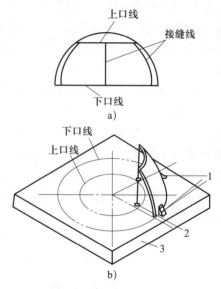

图9-49 多瓣球形封头的地样装配
1—挡铁 2—吊线锤 3—平台

2. 样板定位

如图9-50所示，样板定位是指根据工件形状制作相应的样板，作为空间定位线来确定零件间的相对位置。装配时对零件的各种角度位置通常采用样板定位，图9-50中，在斜T形结构装配时，根据斜T形结构立板

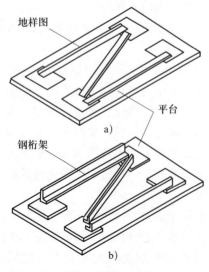

图9-48 利用地样装配法装配钢桁架

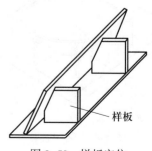

图9-50 样板定位

的倾斜度预先制作样板。装配时在立板和平板接合位置确定后，即以样板来确定立板的倾斜度，使其得到完全定位。

断面形状对称的结构（如屋架、梁、柱等）可采用样板定位的特殊形式——仿形复制法进行装配定位。如图9-51a所示为简单钢桁架部件的装配应用仿形复制法的

实例：在平台上先装配角钢和连接板（见图9-51b），连接板和角钢间用定位焊固定后成为单面结构，以此作为仿形样板进行装配定位，即可复制出相同的单面结构（见图9-51c）。当一批构件单面结构装配完成后，再分别在每个单面结构上装配另一角钢（见图9-51d），从而完成整个部件的装配。

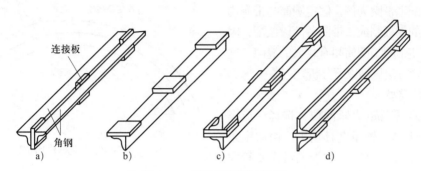

图9-51　用仿形复制法装配

3. 定位元件定位

定位元件定位是用一些特定的定位元件（如板块、角钢、圆钢、曲边模板等）构成空间定位点或定位线，来确定零件的位置。根据不同元件的定位需要，这些定位元件可以固定在工件或装配台上，也可以是活动的。

如图9-52所示，在装配大圆筒外部钢带圈时，在大圆筒外表面焊上若干定位挡板，以这些挡板为定位元件，确定钢带圈在大圆筒上的高度位置。

图9-52　以挡板定位

如图9-53所示为以销轴定位，推土机弓形架装配时，以销轴作为定位元件，既能控制弓形架的开口尺寸，又能使弓形架处于同一平面位置。

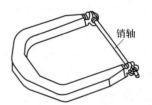

图9-53　以销轴定位

如图9-54所示，三节圆筒对接时，将工字钢置于三节圆筒之下，以工字钢两翼板边棱为定位线，控制对接圆筒的同轴度，同时保持圆筒在装配中的稳定性。

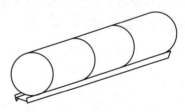

图9-54　圆筒对接时用工字钢定位

上述三种定位方法在装配定位时可以单独使用，也可以同时使用、互为补充，以方便定位操作，保证定位准确。

还应指出，装配时一个零件的定位、夹紧和测量往往是交替进行并互相影响的。因此，熟练地掌握测量技术和灵活地确定夹紧方法

是准确而迅速地进行零件定位的重要保证。

三、零件的夹紧

在金属结构件的装配中，零件的夹紧主要是通过各种装配夹具实现的。为获得较好的夹紧效果和装配质量，进行零件夹紧时，必须对所用夹具的类型、数量、作用位置及夹紧方式等做出正确、合理的选择。以图9-52所示在圆筒外壁装配钢带圈为例，假定圆筒与带圈均由中等厚度的钢板制成，带圈分两段装配，因带圈变形而使带圈与圆筒间有较大的缝隙，这时对它的夹紧方法可做以下分析。

1. 夹具类型

根据此类零件的夹紧部位，选择弓形螺旋夹、杠杆夹具、楔条夹具均可。由假定条件（板厚、缝隙）可知，此类夹具需要较大的夹紧力，而且工作位置高，夹具质量应轻一些；同时使用数量多，要求夹具能自锁。根据上述条件，对可选用的三种夹具做综合比较，显然选用夹板楔条夹具较好。

2. 夹具数量和作用位置

夹具的数量应根据所装配的带圈长度，本着既能使带圈与圆筒外壁处处贴合，又能使夹具数量尽可能少的原则来确定。夹具的作用位置则要根据带圈与圆筒间的缝隙情况来考虑：若缝隙变化均匀（见图9-55a），夹具作用位置可均匀分布；若缝隙变化不均匀，夹紧后易出现局部不贴合（见图9-55b），则应在局部存在间隙处增设夹具。

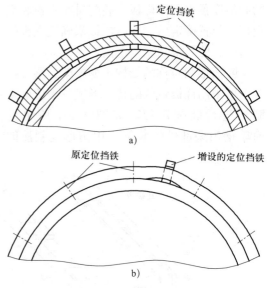

图 9-55　夹具作用位置

3. 夹紧方式

装配第一段钢带圈并夹紧时，可采取以钢带圈中间为始点，向两侧进行的方式；也可以从钢带圈的一端夹起，逐步向另一端推移。但不能从钢带圈两端向中间夹紧，以免将各处缝隙都推挤到钢带圈中间位置而无法消除。装配第二段钢带圈时，因要使两段钢带圈对接，故只能采取从对接端向另一端夹紧的方式。

此外，若夹紧后出现局部不贴合的现象而要增加夹具时，应将增加夹具处两侧已夹紧的夹具在钢带圈可活动的一侧松开，使钢带圈有活动的余地，再进行夹紧。

§9-5　胎型装配法

在金属结构装配中，当一种工件数量较多，内部结构又不太复杂时，可将工件装配所用的各定位元件、夹具和装配胎架组合为一个整体，构成装配胎型。

利用装配胎型进行装配可以显著提高装配工作效率，保证装配质量，减轻劳动强度，同时也易于实现装配工作的机械化和自动化。

一、装配胎型设计

1. 装配胎型设计的基本要求

（1）能保证产品的形状与尺寸符合图样的技术要求。装配胎型必须根据施工图所给的尺寸用1：1的比例实样制造，其各零件定位靠模加工精度与构件精度符合或高于构件精度。

（2）装配胎型的设计应考虑焊接件在装配定位焊或焊接后的取出问题，应保证焊接件能顺利地从胎型中取出。

（3）应保证装配胎型的制造成本低，制造、安装和操作方便。

（4）装配胎型应起到保证产品质量、提高生产效率和改善劳动条件的作用。

（5）装配胎型必须是一个完整的、不变形的整体结构。

2. 装配胎型设计的基本依据

（1）产品图样　这是设计装配胎型的重要依据，它决定着装配胎型的主要结构。

（2）装配胎型设计任务　提出装配胎型应具有的功能以及在装配、焊接中所占的地位和作用。

3. 装配胎型设计的内容与步骤

装配胎型设计一般分为绘制草图、绘制总装图和绘制零件图三个阶段。

（1）绘制草图阶段

1）确定装配胎型的基准　应尽量与被装配的焊接件的设计基准一致。

2）绘制焊接件图形　用细双点画线绘制出被装配的焊接件图形，主要是焊接件的外部轮廓线及交接头位置线等。

3）设计定位件和夹紧件　确定定位件和夹紧件的结构形式、尺寸及其布置形式。

（2）绘制总装图阶段　装配胎型的设计草图完成后，便可进行工作总装图的绘制，绘制总装图时应注意以下几点。

1）总装图上的主视图应尽量能够反映出该装配胎型的工作原理、主要元件的结构和它们之间的相互装配位置关系等。

2）视图的总体布局要合理、美观，各视图的布置要完全符合机械制图国家标准的规定。

3）总装图上应标注出装配尺寸、配合尺寸、外形尺寸及安装尺寸等。

（3）绘制零件图阶段　对于装配胎型中的非标准零件需要绘制零件图，即所谓拆绘零件图的过程。各零件的结构形式、尺寸、公差与技术要求应与总装图相符。

二、胎型装配法的应用

1. 槽钢框的胎型装配

槽钢框装配图如图9-56所示，该槽钢框的尺寸精度、几何形状及平面度等要求都较高，装配数量为100件。由于槽钢框的装配数量较多，内部结构又比较简单，因此采用胎型装配法。

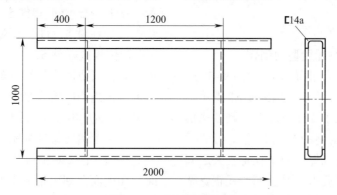

图9-56　槽钢框装配图

如图 9-57 所示，选择一块平直的钢板作为装配胎型的底座，首先在钢板上划出各槽钢的位置线，然后在内侧定位线上焊上定位挡铁，最后在定位线的外侧焊上楔铁夹紧装置，为使楔铁能够实施夹紧，楔铁夹紧装置的位置应与定位线离开一段距离。

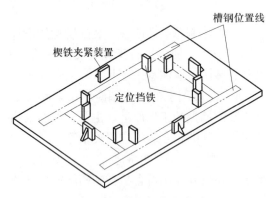

图 9-57　槽钢框装配胎型

如图 9-58 所示，按照图样要求，将各槽钢摆放到各位置线上，同时用楔铁将各槽钢夹紧，楔铁夹紧位置和数量可根据装配时的具体情况适当增加，图中画出的是最基本的夹具数量和位置。

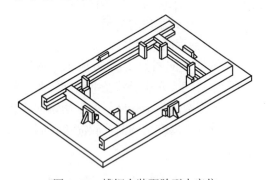

图 9-58　槽钢在装配胎型中定位

2. 辊道支架装配胎型的制作

（1）制作分析　辊道支架如图 9-59 所示。从图样可知，该辊道支架是用来支承轴辊的，装配时，除了要保证两个压制的槽形托辊支架和两个压制的 U 形托辊支架的垂直度外，主要还应确保每两个托辊支架之间的中心距符合图样要求，并且四个托辊支架 U 形槽的中心必须在同一条直线上，这是保

证轴辊能够顺利安装和平稳运转的必要条件。

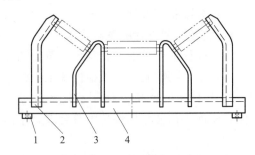

图 9-59　辊道支架
1—底脚板　2—槽形托辊支架
3—U 形托辊支架　4—角钢

（2）装配胎型设计　由图 9-59 可知，辊道支架是由两块底脚板、一根角钢和四个托辊支架组成的，所设计的装配胎型应具有能对各组成零件进行准确定位和保证装配质量的功能。在此基础上，确定该装配胎型主要由定位挡铁、平板胎架、U 形定位板和定位器等构成。

辊道支架装配胎型设计如图 9-60 所示。装配胎型的总体设计思路：用四块定位挡铁（件 3）对辊道支架的底脚板进行定位，利用件 2 对角钢的纵向进行定位，再利用件 4 和件 6 共四块平板胎架分立在角钢两侧，对角钢进行横向定位；另外，这四块平板胎架的平面也可作为四个托辊支架的定位基准面，并在件 4 的上端焊接角形挡铁，构成斜楔夹紧装置，以便于将槽形托辊支架夹紧。为保证三个托辊的轴线均在同一条直线上，特设置一个 U 形定位板和件 5、件 7 组成的定位系统，即在件 5、件 7 上端开设 U 形槽，将 U 形定位板放在件 5、件 7 的三个 U 形槽内，组对时，只要四个托辊支架的 U 形槽进入 U 形定位板内，即能满足上述要求。四个托辊支架的垂直度由件 4、件 6 的垂直度来保证。

（3）辊道支架装配胎型的制作步骤

1）首先以装配胎型的底板为装配基准面，在板面上划出辊道支架底脚板、角钢和托辊支架的位置线。

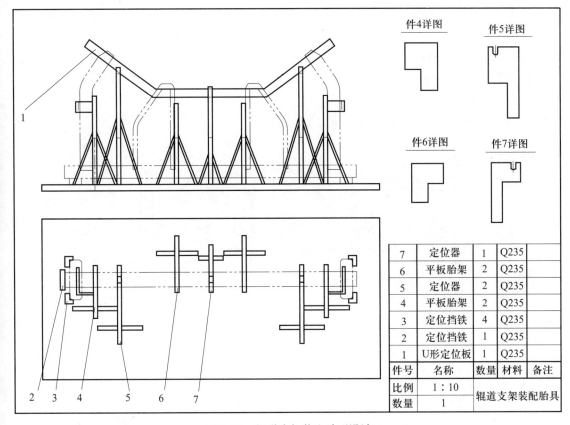

图 9-60 辊道支架装配胎型设计

7	定位器	1	Q235	
6	平板胎架	2	Q235	
5	定位器	2	Q235	
4	平板胎架	2	Q235	
3	定位挡铁	4	Q235	
2	定位挡铁	1	Q235	
1	U形定位板	1	Q235	
件号	名称	数量	材料	备注
比例	1：10		辊道支架装配胎具	
数量	1			

2）按照所划的各种位置线组对各定位挡铁、平板胎架、定位器等定位元件。

3）检验各平板胎架、定位元件的位置和垂直度是否合格，并组对斜拉撑。

4）焊接装配胎型，从而完成装配胎型的制作。

§9-6 典型结构的装配

一、屋架的装配

屋架是典型的桁架结构，一般用角钢装配、焊接而成，常见屋架的结构如图 9-61 所示。屋架装配一般采用地样装配和仿形装配相结合的方法。装配前，应对各杆件、板件的规格、尺寸、平直度及表面质量做必要的检验和矫正。

装配时，首先在平台上画出屋架的样图（见图 9-62a）。样图是屋架装配定位的基本依据，因此，画样图时一定要保证各部分尺寸准确。在连接处，弦杆和腹杆的轴线要交于一点，且图样上所画的杆件轴线应是角钢的重心线（重心位置可由书后附表中各种型钢的规格中查得），而不是角钢平面的中心线。样图画好后，可沿样图外轮廓线焊上若干定位挡板，用以辅助样图作装配定位用。

然后，按照样图位置放好连接板、夹板，再放置上弦杆、下弦杆及腹杆，并采用定位焊固定（见图9-62b）。装配时应保证弦杆、腹杆重心线对图样上轴线的偏移不大于2 mm。

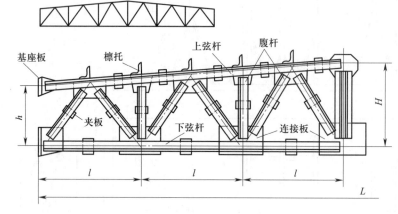

图 9-61　常见屋架的结构

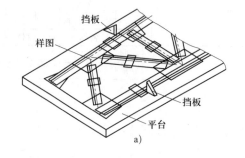

a)

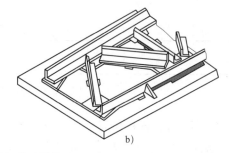

b)

图 9-62　半扇屋架的地样装配

屋架装好半扇后，将其翻转180°，经检查合格后，即以此半扇屋架为样模，用仿形法装配另外半扇。其顺序如下：先放置连接板、夹板，然后放置上弦杆、下弦杆及腹杆，最后进行定位焊（见图9-63a）。为防止杆件在定位焊时移动，可用一些弹性夹将

其夹紧，再通过定位焊固定。

将用仿形法装配好的半扇屋架转180°移到另一工作台上涂油（只涂节点间非焊接部位）。涂完油后，对称地装配屋架另一面的各杆件，组成整个屋架，如图9-63b所示。

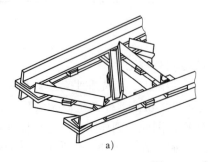

a)

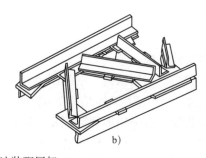

b)

图 9-63　仿形法装配屋架

最后，装配屋架端部的基座板和上弦杆的檩托。由于端部基座板与屋架连接板成T形接头，容易发生角变形，因此，应对基座板预先进行反变形后再装配，或者在装配时对其进行刚性固定，以防止产生焊接变形。

屋架装配完成后，还要对其跨度、端部高度、上下弦弯曲挠度、檩托角钢间距离等进行检验，待确认各部位都符合图样要求后才能交付焊接。

二、单臂压力机机架的装配

单臂压力机机架是典型的板架结构，如图9-64所示。它的装配除要保证各焊缝要求外，还应保证板2和板4上圆孔（$\phi 360\,\mathrm{mm}$）的同轴度、轴线与机架底面的垂直度及工作台面与机架底面的平行度等技术要求。由于机架的高度大于其宽度和长度，重心位置较高，因此采用先卧装后立装的方法，这样支承面较大，各零件的定位稳定性较好。同时，在整体总装配后再进行焊接，可提高结构的刚度，减小焊接变形。

装配前，要逐一复核零件的尺寸，厚板应按要求开好焊接坡口。

卧装时，以机架的一块侧板（件1）为基准，将其平放在装配平台上，划出件2、3、4、5、6厚度的位置线，按线进行各件的装配（见图9-65a），校正好零件间垂直度及两个$\phi 360\,\mathrm{mm}$圆孔的同轴度后，再通过定位焊固定。然后，装配机架另一块侧板（件1），并通过定位焊固定组成一个部件。这时要注意，机架两侧板平面间的尺寸应符合要求并保持平行。

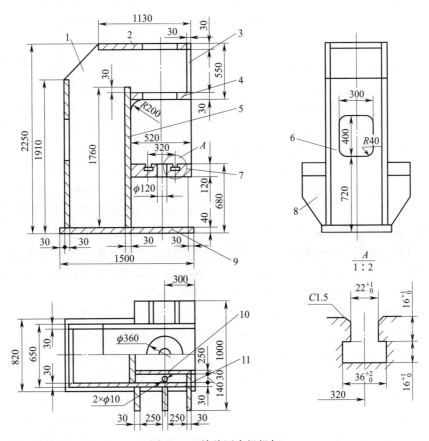

图9-64 单臂压力机机架

立装时，将件9平放在装配台上并找好水平，在其上划出件1、5、6、8、10、11厚度的位置线，并检查封闭方框中的焊接出气孔（两个 $\phi 10$ mm 的小孔）是否加工好，然后将由卧装组合的部件吊到底板9上，按位置线对好，并检查两个 $\phi 360$ mm 圆孔的轴线是否与底板垂直，校正后通过定位焊固定。再依次按线装配其他各件，并分别通过定位焊固定，如图9-65b所示。

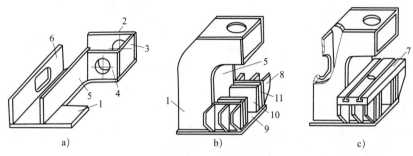

图9-65 单臂压力机机架的装配

工作台（件7）一般都预先进行切削加工，焊后不再加工。装配时有两种方案：一种是经卧装、立装后的构件先进行焊接和矫正，然后装配工作台并焊接，如图9-65c所示；另一种是先将工作台与机架装配并通过定位焊固定，然后焊接整个机架。通常采用第一种方案。

由于工作台焊接后矫正困难，且工作台面要求与机架底面保持平行，装配时应使件8、10、11、1形成的平面与工作台的接触面保持水平。另外，工作台定位时，必须严格检查其与底板的平行度，才能通过定位焊固定。

三、筒式旋风除尘器的装配

筒式旋风除尘器是一个比较复杂的板壳结构，其筒体总装配图如图9-66所示。由于此结构的各部件多为曲面形状，且圆管、圆锥管的纵缝又需要事先对接，因此装配时应采用先部件装配再进行总装的方法。

在装配的第一阶段，应进行圆管1、排出管5和圆锥管2的纵缝装配，同时将进口方法兰、进口方管分别装配好。

圆管、圆锥管的纵缝装配可参照图9-67所示的方法进行。由于这三个管件板厚度小，容易矫正，因此也可以先不考虑其曲率是否完全符合样板，而强制进行纵缝对接，待焊接后再准确矫正其曲率。

方法兰的拼装可采用划线定位法在平台上进行，如图9-68所示。

装配进口方管时，考虑到总装时进口方管底壁8与螺旋盖6的连接焊缝需从方管内焊接，因此，只能将方管后壁7、底壁8和前壁9组合起来通过定位焊固定，并焊上临时支承，如图9-69所示。而方管顶壁则要待总装时再装配。

装配的第二阶段是进行排出管5与螺旋盖6的装配。装配时，需先在圆管表面按图样要求划出螺旋线，再按线将螺旋盖装配在排出管上并通过定位焊固定。然后将直角尺两边沿排出管素线和径向放置，同时检验排出管与螺旋盖的垂直度，并进行矫正，如图9-70所示。

装配的第三阶段是进行除尘器筒体结构的总装。根据除尘器的结构特点，总装采用先正装、后倒装的方法，这样便于装配时的定位和测量操作。

正装过程如图9-71所示，先将圆管1正放在平台上，使其侧壁与平台表面垂直。再将排出管与螺旋盖组合件按装配位置放在圆管上，并以平台表面与圆管的侧

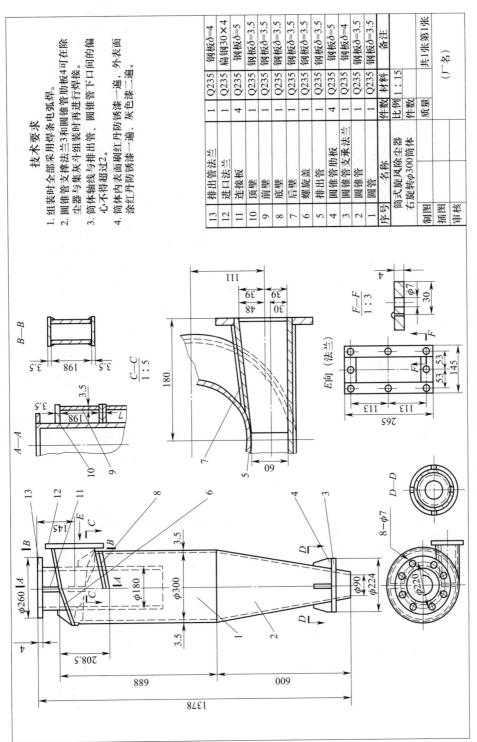

技术要求

1. 组装时全部采用焊条电弧焊。
2. 圆锥管支撑法兰3和圆锥管肋板4可在除尘器与集灰斗组装时再进行焊接。
3. 筒体轴线与排出管、圆锥管下口间的偏心不得超过2。
4. 筒体内表面刷红丹防锈漆一遍，外表面涂红丹防锈漆一遍，灰色漆一遍。

序号	名称	件数	材料	备注
13	排出管法兰	1	Q235	钢板δ=4
12	进口管法兰	1	Q235	扁钢30×4
11	连接板	4	Q235	钢板δ=5
10	顶壁	1	Q235	钢板δ=3.5
9	前壁	1	Q235	钢板δ=3.5
8	底壁	1	Q235	钢板δ=3.5
7	后壁	1	Q235	钢板δ=3.5
6	螺旋盖	1	Q235	钢板δ=3.5
5	排出管	1	Q235	钢板δ=3.5
4	圆锥管肋板	4	Q235	钢板δ=5
3	圆锥管支承法兰	1	Q235	钢板δ=4
2	圆锥管	1	Q235	钢板δ=3.5
1	圆筒	1	Q235	钢板δ=3.5

筒式旋风除尘器 右旋转φ300筒体				共1张第1张
制图		比例 1 : 15		（厂名）
插图		件数		
审核		质量		

图 9-66　筒式旋风除尘器筒体总装配图

— 191 —

图 9-67　圆锥管的装配

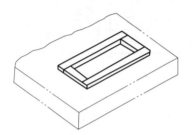

图 9-68　方法兰的拼装

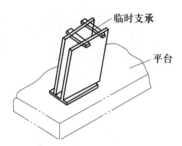

临时支承

平台

图 9-69　进口方管的装配

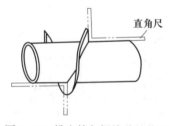

直角尺

图 9-70　排出管与螺旋盖的装配

壁为基准，分别校正排出管的装配高度及其与圆管的同轴度，通过定位焊固定。然后以圆管底口端面为基准，装配排出管法兰 13，这时应测量好法兰 13 的高度位置及其与圆管底口端面的平行度，再进行定位焊。

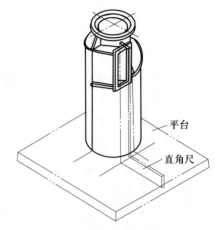

平台

直角尺

图 9-71　正装过程

排出管法兰装配好后，进行进口方管和进口法兰的装配。装配进口方管时，应注意先将从外部无法施焊的连接焊缝焊好，再装配其顶壁。装配进口法兰时，要保证法兰中心位置准确，并校正进口法兰与排出管法兰、前壁间的垂直度。

最后，将螺旋盖上的四块连接板 11 按其装配位置放好，并通过定位焊固定，结束正装过程。

倒装时，将经过正装的工件倒置于平台上，使排出管法兰端面与平台贴合，再把圆锥管大口向下放在圆管上（见图 9-72），并以平台表面和圆管的侧壁面为基准，对圆锥管小口端面距平台的高度及圆锥管与圆管的同轴度进行校正，然后通过定位焊固定。

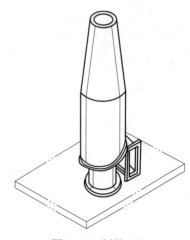

图 9-72　倒装过程

根据图样上的技术要求，圆锥管支承法兰3和圆锥管肋板4需在安装除尘器时现场装配和焊接，以便于调整。

§9-7　装配的质量检验

装配工作的好坏直接影响着产品的质量。产品总装后应进行质量检验，以鉴定其是否符合规定的技术要求。

装配的质量检验包括装配过程中的检验和完工产品的检验，主要有以下内容。

1. 按图样检验产品各零部件间的装配位置和主要尺寸是否正确，是否达到规定的技术要求。

2. 检查产品各连接部位的连接形式是否正确，并根据技术条件、有关规范和图样检查焊缝间隙的允差、边棱坡口的允差和接口处平板的允差。

3. 检查产品结构上为连接、加固各零部件所做定位焊的布置是否正确。需使这种布置保证结构在焊接后不产生过大的内应力。

4. 检查产品结构连接部位焊缝处的金属表面，不允许其上有污垢、锈蚀和潮湿，以防止造成焊接缺陷。

5. 检查产品的表面质量，找出零件加工和产品装配中造成的裂纹、砂眼、凹陷及焊接疤痕等缺陷，并根据技术要求酌情处理。

装配质量的检验主要是运用测量技术及使用各种量具、仪器进行，有些检查项目（如表面质量等）也常采用外观检查的方法。

金属结构装配质量的检查依行业和产品类型不同，所执行的质量标准也有所区别，装配中应严格按工艺文件给定的规范或指定的标准执行。

§9-8　工艺规程的基本知识

一、工艺规程及其作用

产品的生产过程包括一系列工作，如产品设计，生产组织准备和技术准备，原材料运输和保存，毛坯制造、零件机械加工和热处理，产品装配、调试，涂漆和包装等。

生产过程中直接改变原材料（毛坯）的形状、尺寸和材料性能，使它变成产品或半成品的过程称为工艺过程。

当工艺过程的有关内容确定后，用表格的形式写出来，作为加工依据的文件称为工艺规程。

工艺规程具有以下作用。

1. 工艺规程是指导生产的主要技术文件。

2. 工艺规程是生产组织和管理的基础依据。

3. 工艺规程是设计新厂或扩建、改建旧厂的基础技术依据。

4. 工艺规程是交流先进经验的桥梁。

随着科学技术的发展，企业生产能力和工人技术水平的提高，工艺规程也要不断加以改进和完善。

二、编制工艺规程的原则、内容及步骤

1. 编制工艺规程的原则

编制工艺规程应遵循下列原则。

（1）技术上的先进性　在编制工艺规程时，要了解国内外本行业工艺技术发展的状况，充分吸收国内外的先进生产经验，通过必要的工艺试验，尽可能采用先进的工艺和工艺装备。

（2）经济上的合理性　编制工艺规程时，在一定的生产条件下，要对多种工艺方法进行比较、核对，在保证产品质量的前提下，选择经济上最合理的工艺方案。

（3）技术上的可行性　编制工艺规程时，应从实际出发，使选用的工艺方法、措施与生产能力相适应。同时，注意充分发掘生产的潜力，创造条件以满足产品制造工艺的要求。

（4）良好的劳动条件　所编制的工艺规程必须保证操作者具有良好而安全的劳动条件。因此，应尽量采用机械化、自动化操作，以减轻工人的劳动强度，确保工人的身体健康。

2. 工艺规程的主要内容

（1）工艺过程卡　工艺过程卡是将产品工艺路线的全部内容按照一定格式写成文件，它的主要内容包括：备料及成形加工过程，装配焊接顺序及要求，各种加工的加工

部位、工艺余量及精度要求，装配定位基准、夹紧方案、定位焊及焊接方法，各种加工所用的设备和工艺装备，检查和验收的标准，材料消耗定额和工时定额等。

（2）加工工序卡　加工工序卡除填写工艺过程卡的有关内容外，还需填写操作方法、步骤及工艺参数等。

（3）绘制简图　为了便于阅读工艺规程，在工艺过程卡和加工工序卡中应绘制必要的简图。图形应能表示出本工序加工过程的内容、本工序的工序尺寸和公差及有关技术要求等，图形中的符号应符合国家标准。

3. 编制工艺规程的步骤

编制工艺规程一般要经过以下步骤。

（1）技术准备　技术准备包括以下内容。

1）正确掌握产品所执行的标准。

2）对经过工艺性审查的图样再进行一次工艺分析。

3）熟悉产品验收的质量标准。

4）掌握企业的生产条件。

5）掌握产品生产纲领及生产类型。

（2）产品的工艺过程分析　在技术准备的基础上，根据图样深入研究产品结构、备料以及成形加工、装配、焊接工艺的特点，对关键零部件或工序应进行深入分析研究。考虑生产条件、生产类型，通过调查研究，从保证产品技术条件出发，在尽可能采用先进工艺技术的条件下，提出几个可行的工艺方案，然后经过全面分析、比较或试验，最后选出一个最佳的工艺方案。

（3）拟定工艺路线　工艺路线的拟定是编制工艺过程的总体布局，是对工程技术尤其是对工艺技术的具体运用，也是提高产品质量和经济效益的重要步骤。拟定工艺路线要完成以下内容。

1）加工方法的选择。

2）加工工序的安排。

3）确定各工序所使用的设备。

在拟定工艺路线时要提出两个以上的方案，通过分析、比较，选出最佳方案。工艺路线要绘制出产品制造过程的工艺流程图，通常采用方框图形式并附以工艺路线说明，也可以采用表格的形式来表示。

（4）编写工艺规程 在拟定了工艺路线并经过审核、批准后，就可着手编写工艺规程。这一步骤的工作是把工艺路线中每一工序的内容按照一定的规则填写在工艺卡上。

编写工艺规程时，文字要简明扼要，术语要统一，符号和计量单位应符合有关标准，对于一些难以用文字说明的内容，应绘制必要的简图。

在编写完工艺规程后，工艺人员还应提出工艺装备设计任务书，编写工艺管理性文件，如材料消耗定额、外购件、外协件、自制件明细表及专用工艺装备明细表等。

第十章

连 接

连接是将几个零件或部件，按照一定的结构形式和相对位置固定成为一体的一种工艺过程。金属结构件的连接方法通常有铆钉连接、螺纹连接、焊接和胀接四种，其中焊接应用较为广泛。选择连接方法时，应考虑构件的强度要求、工作环境、材料和施工条件等因素，若选择恰当，不仅能降低成本，提高生产效率，而且可以延长结构的使用寿命。

§10-1 铆接

利用铆钉把两个或两个以上的零件或部件连接成为一个整体称为铆钉连接，简称铆接，如图 10-1 所示。

铆接是冷作技术的一个组成部分。金属结构应用铆接已有较长的历史，近年来由于焊接和高强度螺栓摩擦连接的发展，铆接的应用已逐渐减少。但由于铆接不受金属种类和焊接性能的影响，而且铆接后构件的内应力和变形都比焊接小，因此，对于承受严重冲击或振动载荷构件的连接，某些特种金属和轻金属（如铝合金等）的连接中，铆接仍被经常采用。

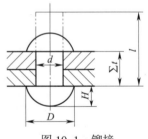

图 10-1 铆接

一、铆接的种类与形式

1. 铆接的种类

根据构件的工作性能和应用范围不同，铆接可分为以下几种。

（1）强固铆接 强固铆接只要求铆钉和构件有足够的强度以承受较大的载荷，而对接缝处的严密性无特殊要求。如房梁、桥梁、车辆和塔架等桁架类构件均属于这类铆接。

（2）密固铆接 密固铆接既要具备足够的强度，承受一定的作用力，同时还要求接缝处有良好的严密性，保证在一定压力作用下液体或气体均不至于渗漏。这类铆接常用于高压容器构件，如锅炉、压缩气罐、压力管路等。

（3）紧密铆接 这种铆接不能承受较大的作用力，但对接缝处的严密性要求较高，以防止漏水、漏油或漏气，一般多用于薄壁容器构件的连接，如水箱、油箱和油罐等。

2. 铆接的形式

根据被连接件的相互位置不同，铆接有搭接、对接和角接三种形式。

（1）搭接　搭接是将一块钢板（或型钢）搭在另一块钢板上进行铆接，如图 10-2 所示。

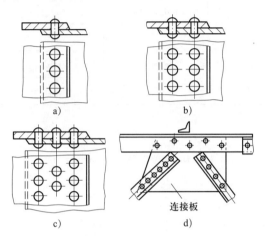

图 10-2　搭接

a）单排　b）双排　c）多排　d）材料与型钢搭接

（2）对接　对接是将两块钢板（或型钢）的接头置于同一平面，用盖板作为连接件，把接头铆接在一起，如图 10-3 所示。盖板有单盖板和双盖板两种形式，每种又根据接头一侧铆钉的排数有单排、双排和多排之分。铆钉的排列形式有平行和交错两种。

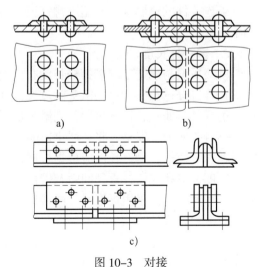

图 10-3　对接

a）单排单盖板　b）双排双盖板　c）型钢的对接

（3）角接　角接是两板件相互垂直或成一定角度的连接，在接合处用角钢作为连接件，有单面和双面两种形式，如图 10-4 所示。

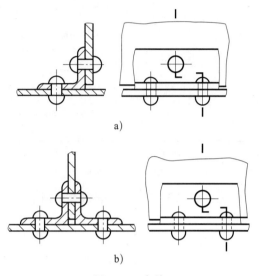

图 10-4　角接

a）单面角接　b）双面角接

二、铆钉排列的基本参数

铆钉排列的基本参数是指铆钉距、排距和边距，如图 10-5 所示。

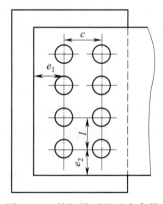

图 10-5　铆钉排列的基本参数

铆钉距 l：一排铆钉中，相邻两个铆钉中心的距离。

排距 c：相邻两排铆钉中心的距离。

边距 e：外排铆钉中心至工件板边的距离。

钢板上铆钉排列参数的确定见表 10-1。

表 10-1　　　　　　　　　　　　　钢板上铆钉排列参数的确定

名称	位置和方向		最大允许距离（取两者的小值）	最小允许距离
铆钉距 t 或排距 c	外排		$8d_0$ 或 $12t$	$3d_0$
	中间排	构件受压	$12d_0$ 或 $18t$	
		构件受拉	$16d_0$ 或 $24t$	
边距 e	平行于载荷的方向 e_1		$4d_0$ 或 $8t$	$2d_0$
	垂直于载荷的方向 e_2	切割边		$1.5d_0$
		轧制边		$1.2d_0$

注：d_0——铆钉孔直径，mm；

　　t——较薄板件的厚度，mm。

三、铆钉及其直径、长度与钉孔直径的确定

1. 铆钉

铆钉由钉头和圆柱钉杆组成，铆钉头多用锻模镦制而成。铆钉分实心和空心两类，实心铆钉按钉头形状分为半圆头、沉头、半沉头、平锥头、平头等多种形式；空心铆钉由于质量轻，铆接方便，但钉头强度低，适用于受力较小的结构。

铆钉材料按国家标准《铆钉技术条件》（GB 116—1986）规定：钢铆钉有 Q215、Q235、10、15；铜铆钉有 T3、H62；铝铆钉有 L4（1035）、LY10（2A10）、LF10（5B05）[①]。

在铆接过程中，由于铆钉需承受较大的塑性变形，要求铆钉材料须具有良好的塑性。为此，用冷镦法制成的铆钉要经退火处理。根据使用要求，对铆钉应进行可锻性试验及拉伸、剪切等力学性能试验。铆钉表面不允许有影响使用的各种缺陷。

2. 铆钉直径

铆钉直径是根据结构强度要求由板厚确定的。一般情况下构件板厚 t 与铆钉直径 d 的关系如下。

（1）单排与双排搭接，取 $d \approx 2t$。

（2）单排与双排双盖板连接，取 $d \approx$（1.5～1.75）t。

铆钉直径也可按表 10-2 确定。

计算铆钉直径时的板厚须按以下原则确定。

1）厚度相差不大的板料搭接时，取较厚板料的厚度。

2）厚度相差较大的板料搭接时，取较薄板料的厚度。

3）钢板与型材铆接时，取两者的平均厚度。

被连接件的总厚度应不超过铆钉直径的 5 倍。

3. 铆钉杆长度

铆接质量与所选定的铆钉杆长度有直接关系，若钉杆过长，铆钉的镦头就过大，且钉杆也容易弯曲；若钉杆过短，则镦粗量不足，铆钉头成形不完整，将会严重影响铆接的强度和紧密性。铆钉长度应根据被连接件的总厚度、钉孔与钉杆直径间隙及铆接工艺方法等因素确定。采用标准孔径的铆钉杆长度可按下列公式计算。

---

① 国家标准《铆钉技术条件》（GB 116—1986）现行有效，各铆钉材料后括号中标注为该牌号的新标准。

表 10-2		铆钉直径与板厚的一般关系				mm
板料厚度 t	5 ~ 6	7 ~ 9	9.5 ~ 12.5	13 ~ 18	19 ~ 24	>25
铆钉直径 d	10 ~ 12	14 ~ 25	20 ~ 22	24 ~ 27	27 ~ 30	30 ~ 36

半圆头铆钉

$L=（1.65 ~ 1.75）d+1.1 \sum t$

沉头铆钉　$L=0.8d+1.1 \sum t$

半沉头铆钉　$L=1.1d+1.1 \sum t$

式中　L——铆钉杆长度，mm；

　　　d——铆钉杆直径，mm；

　　　$\sum t$——被连接件总厚度，mm。

以上各式计算的铆钉长度都是近似值，大量铆接时，铆钉杆实际长度还需试铆后确定。

4. 钉孔直径的确定

钉孔直径与铆钉的配合应根据冷铆、热铆方式不同而确定。

冷铆时，钉杆不易镦粗，为保证连接强度，钉孔直径应与钉杆直径接近。

热铆时，铆钉受热膨胀变粗，但塑性较好，为了便于穿钉，钉孔直径与钉杆直径的差值应略大一些。钉孔直径见表10-3。对于多层板料密固铆接时，钻孔直径应按标准孔径减小 1 ~ 2 mm；对筒形构件必须在弯曲前钻孔，孔径应比标准孔径减小 1 ~ 2 mm，以便于在装配时再进行铰孔。

表 10-3		钉孔直径													mm
铆钉杆直径 d		3.5	4	5	6	8	10	12	14	16	18	20	22	24	27	30	36
钉孔直径 d_0	精装配	3.6	4.1	5.2	6.2	8.2	10.3	12.4	14.5	16.5							
	粗装配	3.9	4.5	5.5	6.5	8.5	11	13	15	17	19	21.5	23.5	25.5	28.5	32	38

四、铆接工具与设备

1. 铆钉枪

铆钉枪是铆接的主要工具。铆钉枪又称风枪（见图10-6），主要由手把2、枪体4、开关3及管接头1等组成。枪体前端孔内可安装各种铆钉凹头或冲头，用以进行铆接或冲钉作业。使用时通常将凹头用细铁丝拴在手把上，以防止提枪时因凹头脱离枪体致使活塞滑出。铆钉枪在使用前，需在进气风管接头处注入少量机油，使枪内工作时保持良好的润滑，然后把压缩空气软管内的污物吹净，再接到铆钉枪的管接头上。风管进气量通过调压活门进行控制，压缩空气的压力一般为 0.4 ~ 0.6 MPa。铆钉枪具有体积小、操作方便、可以进行各种位置的铆接等优点，但操作时噪声很大。

2. 铆接机

铆接机与铆钉枪不同，它是利用液压或气压使钉杆产生塑性变形而制成铆钉头的一种专用设备。它本身具有铆钉和顶钉两种机构，由于铆接机产生的压力大而均匀，因此铆接质量和铆接强度都比较高，而且工作时无噪声。

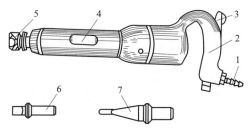

图 10-6　铆钉枪

1—管接头　2—手把　3—开关　4—枪体
5—凹头　6—铆平头　7—冲头

铆接机有固定式和移动式两种，固定式铆接机生产效率高，但因设备费用较高，故仅适用于专业生产中；移动式铆接机工作灵活，应用广泛，这种铆接机有液压、气动和电动三种。

液压铆接机（见图10-7）是利用液压

原理进行铆接的，它由机架1、活塞5、凹头3、顶钉凹头2和缓冲弹簧9等部分组成。当压力油经管接头8进入液压缸时，推动活塞向下运动，活塞下端装有凹头3，铆钉在上、下凹头之间受压变形，形成铆钉头。当活塞向下移动时，弹簧7受压变形，铆接结束后，依靠弹簧的弹力使活塞复位。密封垫6的作用是防止活塞漏油。整个铆接机可由吊车移动，为防止铆接时产生振动，可以利用吊环处的弹簧起缓冲作用。

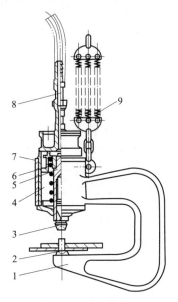

图10-7 液压铆接机
1—机架 2—顶钉凹头 3—凹头 4—液压缸 5—活塞
6—密封垫 7—弹簧 8—管接头 9—缓冲弹簧

五、铆接工艺

铆接按温度不同分为冷铆和热铆两种。

1. 冷铆

铆钉在常温状态下的铆接称为冷铆。冷铆要求铆钉有良好的塑性。用铆接机冷铆时，铆钉直径最大不得超过25 mm。用铆钉枪冷铆时，铆钉直径一般在12 mm以下。

2. 热铆

铆钉加热后的铆接称为热铆。铆钉受热后钉杆强度降低，塑性增加，钉头容易成形。铆接所需外力与冷铆相比明显减小，所以直径较大的铆钉和大批量铆接时通常采用

热铆。热铆时，钉杆一端除形成封闭的钉头外，同时被镦粗充实钉孔。冷却时，铆钉长度收缩，对被铆件产生足够的压力，使板缝贴合得更严密，从而获得足够的连接强度。

热铆的基本操作过程如下。

（1）铆接件的紧固与钉孔修整 铆接件装配时，需将板件上的钉孔对齐，用相应规格的螺栓拧紧。螺栓分布要均匀，数量不得少于铆钉孔数的$\frac{1}{4}$。螺栓拧紧后板缝接合面要严密。

在构件装配中，由于加工误差，会出现部分错位孔，故铆接前须用矫正冲或铰刀修整钉孔，使之同轴，以确保顺利穿钉。对在预加工中留有余量的钉孔，也需用铰刀进行扩孔修整。为使构件之间不发生移位，需修整的钉孔应一次铰完。铰孔顺序为先铰未拧螺栓的钉孔，铰完后拧入螺栓，然后再将原螺栓卸掉后铰孔。

（2）铆钉加热 用铆钉枪铆接时，铆钉需加热到1 000～1 100 ℃。加热时，铆钉烧至橙黄色（900～1 100 ℃）改为缓火焖烧，使铆钉内外及全部长度受热均匀，烧好的铆钉即可取出铆接（不能使用过热和加热不足的铆钉）。

（3）接钉与穿钉 铆钉烧好后，即可开始铆接。扔钉要准，接钉要稳，接钉后将铆钉穿入钉孔。穿钉动作要迅速、准确，力求铆钉在高温下铆接。

（4）顶钉 顶钉的好坏直接影响铆接质量。顶把上的凹头形状、规格都应与预制钉头相符。"凹"宜浅些，顶钉要用力，使形成的钉头与板面贴靠紧密。

（5）铆接 铆接过程如图10-8所示，开始时采用间断送风，待钉杆镦粗后再加大风量，将外露钉杆锻打成钉头形状（见图10-8b）。钉头成形后，再将铆钉枪略微倾斜地绕钉头旋转一周进行打击（见图10-8c），

迫使钉头周边与构件表面密贴，但不允许过分倾斜，以免凹头伤及构件表面。

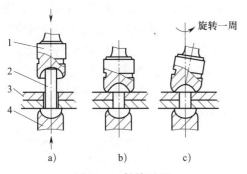

图 10-8　铆接过程
1—凹头　2—铆钉　3—工件　4—顶把

为了保证铆接质量，压缩空气的压力不得低于 0.5 MPa。

铆钉的终铆温度应为 450 ～ 600 ℃，终铆温度过高，会降低钉杆的初应力，使铆接件不能充分压紧；终铆温度过低，铆钉会发生冷脆现象。因此，热铆过程应尽可能在短时间内迅速完成。对接缝紧密性要求较高的结构，在铆接后还需进行敛缝。

铆接结束后，应逐个检查铆钉是否合格，发现松动且不能修复的，应铲掉重铆。

<hr />

<h1>§ 10-2　螺纹连接</h1>

螺纹连接是利用螺纹零件构成的可拆卸的固定连接。常用的螺纹连接有螺栓连接、双头螺柱连接和螺钉连接三种形式。螺纹连接具有结构简单，紧固可靠，装拆迅速、方便，经济等优点，所以应用极为广泛。螺纹紧固件的种类、规格繁多，但它们的形式、结构、尺寸都已经标准化，可以从相应的标准中查出。

一、螺栓连接

螺栓连接由连接件螺栓、螺母和垫圈组成，主要用于被连接件不太厚，能形成通孔部位的连接，如图 10-9 所示。

螺栓连接有两种：一种是承受轴向拉伸载荷作用的连接（见图 10-9a），这种受拉螺栓的杆身与孔壁之间允许有一定的间隙；另一种是承受横向作用力的受剪螺栓连接（见图 10-9b），这种螺栓连接的孔需经铰削。受剪螺栓的孔与无螺纹杆身部分采用基孔制的过渡配合或过盈配合。因此，

能准确地固定被连接件的相对位置，并能承受横向载荷作用时所引起的剪切和挤压。

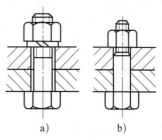

图 10-9　螺栓连接
a）受拉螺栓连接　b）受剪螺栓连接

1. 螺栓连接的装配方法

螺栓连接装配时，应根据被连接件的厚度和孔径来确定螺栓、螺母和垫圈的规格及数量。一般螺杆长度应等于被连接件、螺母和垫圈三者厚度之和，外加 1 ～ 2 个螺距的余量即可。

连接时，将螺栓穿过被连接件上的通孔，套上垫圈后用螺母旋紧。紧固时，为防

止螺栓随螺母一起转动，应分别用扳手卡住螺栓头部和螺母，向反方向扳动，直至达到要求的紧固程度。

紧固时，必须对拧紧力矩加以控制，避免因拧紧力矩太大而出现螺栓拉长、断裂和被连接件变形等现象；拧紧力矩太小，则不能保证被连接件在工作时的要求和可靠性。

2. 成组螺栓的紧固顺序

拧紧成组的螺栓时，必须按照一定的顺序进行，并做到分次逐步拧紧（一般分三次拧紧）；否则会使部件或螺栓松紧不一致，螺栓受力不均匀，导致个别受力大的螺栓被拉断。在拧紧长方形布置的组件螺栓时，必须从中间开始，逐渐向两侧对称地进行（见图10-10a）；拧紧方形或圆形布置的成组螺栓时，必须与中心对称地进行（见图10-10b、c）。

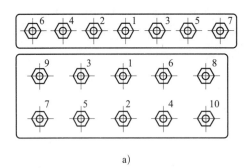 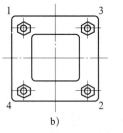 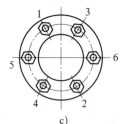

a)　　　　　　　　　b)　　　　　　　　　c)

图10-10　拧紧成组螺栓的方法

a）长方形布置　b）方形布置　c）圆形布置

注：图中的数字表示拧紧的顺序。

二、双头螺柱连接

双头螺柱连接主要用于连接件较厚而不宜用螺栓连接的场合。连接时，把双头螺柱的旋入端拧入不通的螺孔中，另一端穿过被连接件的通孔后套上垫圈，然后拧紧螺母，如图10-11所示。拆卸时，只要拧开螺母，就可使被连接件分离。

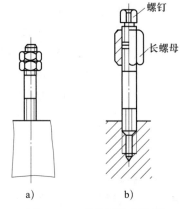

图10-12　双头螺柱的装配

a）双螺母对顶　b）螺钉与双头螺柱对顶

（1）用双螺母对顶的方法　先将两个螺母相互锁紧在双头螺柱上，然后用扳手扳动一个螺母，把双头螺柱拧入螺孔中紧固，如图10-12a所示。

（2）用螺钉与双头螺柱对顶的方法　用螺钉来阻止长螺母和双头螺柱之间的相对运动，然后扳动长螺母，双头螺柱即可拧入螺

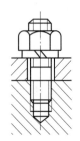

图10-11　双头螺柱连接

1. 双头螺柱装配的方法

由于双头螺柱没有头部，无法直接将其旋入端紧固，常采用双螺母对顶或螺钉与双头螺柱对顶的方法进行装配，如图10-12所示。

孔中。松开螺母时，应先使螺钉回松，如图 10-12b 所示。

2. 双头螺柱装配的注意事项

（1）将螺柱和螺孔的接触面清洁干净，然后用手轻轻地把螺母拧到螺纹的终止处。如果遇到拧不进的情况时，不能用扳手强行拧紧，以免损坏螺纹。

（2）双头螺柱与螺孔的配合应有足够的紧固性，以保证拆装螺母时双头螺柱不能有任何松动现象。因此，螺柱的旋入端应采用过渡配合，使配合后螺纹中径有一定的过盈量。

（3）双头螺柱的轴线必须与被连接件的表面垂直。

三、螺纹连接的防松方法

一般的螺纹连接都具有自锁性能，在受静载荷和工作温度变化不大时不会自行松脱。但在受冲击、振动、交变载荷作用下或工作温度变化很大时，这种连接有可能松动。为了保证螺纹连接安全、可靠，避免松脱而发生事故，必须采取有效的防松措施。

常用的防松措施有增大摩擦力和机械防松两类。

1. 增大摩擦力

如图 10-13 所示，这种措施主要利用弹簧垫圈和双螺母两种方法。这两种方法都能使拧紧的螺纹之间产生不因外载荷而变化的轴向压力，因此始终有摩擦阻力防止连接松脱。但这两种方法不够可靠，所以多用于冲击和振动较小的场合。

2. 机械防松

（1）开口销防松　将开口销穿过拧紧螺母上的槽和螺栓上的孔后，将尾端扳开，使螺母与螺栓不能相对转动（见图 10-14a），从而达到防松的目的。这种防松措施常用于有振动的高速机械。

（2）止退垫圈防松　将止退垫圈内翅嵌入外螺纹零件端部的轴向槽内，拧紧圆螺母，再将垫圈的一个外翅弯入螺母的一个槽内，螺母即被锁住（见图 10-14b）。这种垫圈常用于轴类螺纹连接的防松。

（3）止动垫圈防松　螺母拧紧后，将止动垫圈上的单耳或双耳折弯，分别与零件、螺母的边缘贴紧，防止螺母回松（见图 10-14c）。它只能用于连接位置有容纳弯耳的地方。

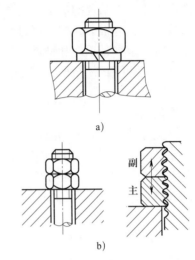

图 10-13　增大摩擦力的防松措施

a）弹簧垫圈　b）双螺母

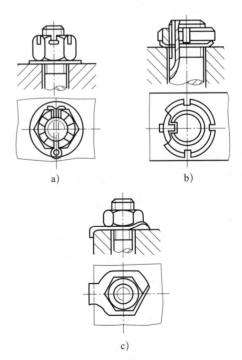

图 10-14　机械防松措施

a）开口销防松　b）止退垫圈防松　c）止动垫圈防松

焊接是通过加热、加压，或两者并用，使两工件产生原子间结合的加工工艺和连接方式。焊接的方法有很多，按焊接过程、原理及特点可分为熔焊、压焊和钎焊三类。焊接应用广泛，既可用于金属，又可用于非金属。

一、焊条电弧焊

焊条电弧焊是利用电弧热使焊条和工件接缝处金属熔化，冷却后形成牢固的焊缝。它是熔焊中最基本的一种焊接方法。

焊条电弧焊使用的设备简单，操作方便、灵活，适应各种条件下的焊接，是生产中应用最广泛的一种焊接方法。

1. 电弧焊接的基本原理

（1）焊条电弧焊的过程　焊条电弧焊是用焊条和焊件作为两个电极，焊接时，由电弧焊机提供焊接电源，利用电弧热使焊件与焊条同时熔化，焊件上的熔化金属在电弧吹力下形成一凹坑，称为熔池。焊条熔滴借助电弧吹力和重力作用过渡到熔池中，如图10-15所示。药皮熔化后，在电弧吹力的搅拌下，与液态金属发生快速强烈的冶金反应，反应后形成的熔渣和气体不断地从熔化金属中排出，浮起的熔渣覆盖在焊缝表面，逐渐冷凝成渣壳，排出的气体减少了焊缝金属生成气孔的可能性。同时，围绕在电弧周围的气体与熔渣共同防止了空气的侵入，使熔化金属缓慢冷却，熔渣对焊缝的成形起着重要的作用。随着电弧向前移动，焊件和焊条金属不断熔化形成新的熔池，原先的熔池则不断地冷却凝固，形成连续的焊缝。

焊接过程实质上是一个冶金过程。它的特点是熔池温度很高，加上电弧的搅拌作用，使冶金反应进行得非常强烈，反应速度快；由于熔池的体积小，存在的时间短，因此温度变化快；参加反应的元素多。

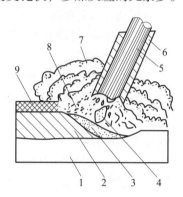

图 10-15　电弧焊接过程
1—焊件　2—焊缝　3—熔池　4—金属熔滴
5—焊芯　6—药皮　7—气体
8—液态熔渣　9—固态渣壳

（2）焊接电弧　在两个电极（焊条和焊件）间的气体介质中产生强烈而持久的放电现象称为电弧。电弧产生时，能释放出强烈的弧光和集中的热量，电弧焊就是利用此热量熔化焊件金属和焊条进行焊接的。引燃电弧时，应将焊条与焊件接触后立即分开，并保持一定距离，这时在焊条端部与焊件之间就产生了电弧，如图10-16所示。

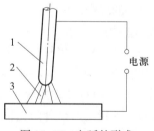

图 10-16　电弧的形成
1—焊条　2—电弧　3—焊件

（3）焊接电弧的构造及温度　焊接电弧由阴极区、阳极区和弧柱三部分组成，如图10-17所示。

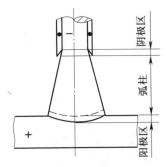

图 10-17 电弧的构造

直流正接时，阴极区位于焊条末端，阳极区位于焊件表面，弧柱介于阴极区和阳极区之间，四周被气体和弧焰包围（弧柱的形状一般呈锥台形）。

电弧中各部分的温度因电极和工件材料不同而有所不同。焊接钢材时，阳极区温度约为 2 600 ℃，阴极区温度约为 2 400 ℃，电弧中心区温度可高达 6 000 ～ 8 000 ℃。

（4）焊接电弧极性的选择　使用直流电焊机焊接时，工件接正极而焊条接负极叫作正接法；反之，叫作反接法。正接法焊件获得的热量高，适用于厚板的焊接；反接法焊件获得的热量稍低，适用于薄板或采用低氢型焊条的焊接。

使用交流电焊机焊接时，由于电源的极性是交变的，两极上产生的热量相同，不存在正接和反接问题。

2. 焊条

（1）焊条的组成　焊条由焊芯和药皮组成，分为工作部分和尾部。工作部分供焊接用，尾部供焊钳夹持用。

1）焊芯　焊芯起导电作用，熔化后成为填充焊缝的金属材料。焊芯的化学成分直接影响焊缝质量，因此，选用焊芯材料应符合国家标准《熔化焊用钢丝》（GB/T 14957—1994）规定的焊条用钢要求。碳素结构钢焊芯牌号有 H08、H08A、H08Mn、H15A、H15Mn 等。

焊条直径（焊芯直径）有 1.6 mm、2 mm、2.5 mm、3.2 mm、4 mm、5 mm、5.8 mm、6 mm、7 mm、8 mm 等多种规格，长度在 250 ～ 450 mm。其中以直径 3.2 mm、4 mm、5 mm 的焊条应用最普遍。

2）药皮　药皮在焊接过程中有多种作用，如提高电弧燃烧的稳定性；造气，造渣，防止空气侵入熔滴、熔池；使焊缝金属缓慢冷却；保证焊缝金属的脱氧和加入合金元素，提高焊缝的力学性能。

药皮的组成成分十分复杂，根据药皮组成物在焊接过程中所起的主要作用不同，可分为稳弧剂、造气剂、造渣剂、脱氧剂、合金剂、稀释剂、黏结剂和增塑剂共八类。

按焊条药皮熔化后形成熔渣的化学性质，可将焊条分为酸性焊条和碱性焊条两种。

（2）焊条的选用　焊条的选用主要考虑以下两点。

1）按母材的力学性能和化学成分选用相应的焊条，如碳素结构钢或低合金高强度结构钢焊接时，可选用强度等级和母材相同的焊条；对于特殊钢（如不锈钢、耐热钢等），要选用主要合金元素与母材相同或接近的焊条。如果母材的含碳量较高或含硫、磷量较高，焊后易裂时，可选用抗裂性较好的低氢型焊条。

2）按工件的工作条件和使用性能选择合适的焊条。在焊接部位有锈蚀、油污且很难清除的情况下，应选用酸性焊条；如构件受冲击载荷作用，应选用冲击韧度和断后伸长率较高的碱性焊条。

此外，选择焊条时还应考虑构件大小、焊接设备条件、劳动条件、生产效率和成本等因素。

3. 弧焊电源的型号及主要技术特性

（1）弧焊电源的型号　我国焊机型号按国家标准《电焊机型号编制方法》（GB/T 10249—2010）规定编制，采用汉语拼音字母和阿拉伯数字表示。型号的编排次序及含义如下。

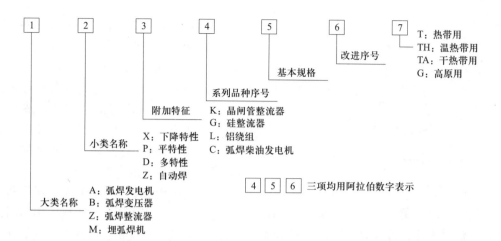

1	2	3	4	5	6	7：热带用

- 7：
  - T：热带用
  - TH：温热带用
  - TA：干热带用
  - G：高原用
- 6：改进序号
- 5：基本规格
- 系列品种序号
- 4：
  - K：晶闸管整流器
  - G：硅整流器
  - L：铝绕组
  - C：弧焊柴油发电机
- 附加特征
- 3：小类名称
  - X：下降特性
  - P：平特性
  - D：多特性
  - Z：自动焊
- 大类名称
  - A：弧焊发电机
  - B：弧焊变压器
  - Z：弧焊整流器
  - M：埋弧焊机

4	5	6	三项均用阿拉伯数字表示

例如：

BX3-300 型是产品系列序号为 3，具有下降外特性的交流弧焊变压器，额定焊接电流为 300 A。

ZXG-500 型为硅弧焊整流器，具有下降外特性，额定焊接电流为 500 A。

（2）弧焊电源的主要技术特性　每台弧焊电源上都用铭牌说明它的技术特性，其中包括一次电压、相数、额定输入容量、输出空载电压和工作电压、额定焊接电流和焊接电流调节范围、负载持续率等。

下面以 BX3-300 型弧焊变压器的铭牌为例说明这些参数的含义。

1）一次电压、容量、相数等参数　说明弧焊电源接入电网时的要求。如 BX3-300 型焊机接入单相 380 V 电网，容量为 20.5 kV·A。

2）二次空载电压　表示弧焊电源输出端的空载电压，如 BX3-300 型焊机空载电压有 75 V 和 60 V 两挡。

3）负载持续率　负载持续率是用来表示弧焊电源工作状态的参数。负载持续率是指焊机负载的时间占选定工作时间周期的百分率，可用下面的公式表示。

负载持续率 =

$$\frac{\text{在选定的工作时间内焊机的负载时间}}{\text{选定工作时间周期}} \times 100\%$$

国家标准规定，对于焊接电流在 500 A

以下的弧焊电源，以 5 min 为一个工作周期计算负载持续率。例如，焊条电弧焊中只有电弧燃烧时电源才有负载，在更换焊条、清渣时电源没有负载。如果 5 min 内有 2 min 用于换焊条和清渣，那么电源负载时间为 3 min，即负载持续率等于 60%。

4）许用焊接电流　弧焊电源在使用时，不能超过铭牌上规定的负载持续率下允许使用的焊接电流；否则会因温升过高将焊机烧毁。为保证焊机的温升不超过允许值，应根据弧焊电源的工作状态确定焊接电流的大小。例如，BX3-300 型焊机当负载持续率为 60% 时，许用的最大焊接电流为 300 A；若负载持续率为 100% 时，许用焊接电流仅为 232 A；而负载持续率为 35% 时，许用焊接电流可达 400 A。也就是说，虽然 BX3-300 型焊机的额定焊接电流只有 300 A，但最大焊接电流可超过 300 A。

4．常用弧焊电源

弧焊整流器是一种将交流电变压、整流转换成直流电的弧焊电源。弧焊整流器有硅弧焊整流器、晶闸管弧焊整流器及晶体管弧焊整流器等。随着大功率电子元件和集成电路技术的发展，耗材少、质量轻、节电、动特性及调节性能好的晶闸管弧焊整流器已逐步代替了弧焊发电机和硅弧焊整流器。

（1）ZX5-400 型晶闸管整流弧焊机　它是一种电子控制的弧焊电源，是用晶闸管作为整流元件，进行所需的外特性及焊接参数的调节，如图10-18所示，主要技术参数见表10-4。

图10-18　ZX5-400型晶闸管整流弧焊机

1）设备构造　ZX5系列晶闸管整流弧焊机由三相主变压器、晶闸管组、直流电抗器、控制电路、电源控制开关等部件组成。

①三相主变压器　其主要作用是将380V网络电压降为几十伏的交流电压，供给晶闸管组整流。

②晶闸管组　其主要作用是将三相主变压器送来的交流电压进行三相全桥式整流和功率控制。

③直流电抗器　其主要作用是对晶闸管整流输出脉动较大的电压进行滤波，使其趋于平滑，还可以改善动特性和抑制短路电流的峰值。

④控制电路　通过电子触发电路控制晶闸管组，以便得到所需的直流焊接电压和电流，并采用闭环反馈的方式来控制外特性。

⑤电源控制开关　主要有焊接电流范围开关、电流控制开关和电弧推力开关。

2）工作原理　ZX5系列晶闸管弧焊整流器的基本原理如图10-19所示。

表10-4　晶闸管整流弧焊机的主要技术参数

产品型号	额定输入容量/（kV·A）	一次电压/V	工作电压/V	额定焊接电流/A	焊接电流调节范围/A	负载持续率/%	质量/kg	主要用途
ZX5-250	14	380	21～30	250	25～250	60	150	适用于焊条电弧焊
ZX5-400	24	380	21～36	400	40～400	60	200	
ZX5-630	48	380	44	630	130～630	60	260	

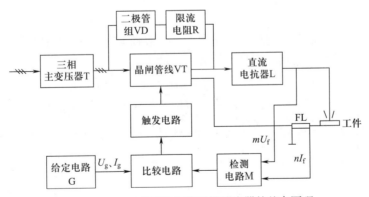

图10-19　ZX5系列晶闸管弧焊整流器的基本原理

焊机启动，网络电源向焊机供电。三相主变压器将三相网络电压降为几十伏的交流电压，通过晶闸管组整流和功率控制，经直流电抗器滤波和调节动特性，输出所需要的直流焊接电压和电流。采用电子触发电路以闭环反馈方式来控制外特性。控制原理如下：将电压反馈信号 mU_f 和电流反馈信号 nI_f 与给定电压 U_g 和电流 I_g 进行比较，并改变触发脉冲相位角，以控制大功率晶闸管组导通角的大小，从而获得平特性（用于CO_2气体保护焊或细丝等速送丝）、下降外特性（用于焊条电弧焊或变速送丝熔化极焊接）等各种形状的外特性，实现对焊接电流和电压的无级调节。

3）工作特点

①电源中的电弧推力装置在施焊时可保证引弧容易，促进熔滴过渡不粘焊条。

②电源中加有连弧操作和灭弧操作选择装置。当选择连弧操作时，可保证电弧拉长时不易熄弧；当选择灭弧操作时，配以适当的推力电弧，可保证焊条一接触焊件就引燃电弧，电弧拉到一定长度就熄弧，并且灭弧的长度可调。

③电源控制板全部采用集成电路元件，出现故障时，只需更换备用板，焊机就能正常使用，维修很方便。

（2）逆变整流弧焊电源 逆变整流弧焊电源（ZX7系列）是一种新型节能弧焊电源，它具有效率高、体积小、电弧稳定性好、操作容易、维修方便、焊接质量高等优点，适用于需要频繁移动焊机的焊接场所。ZX7系列逆变整流弧焊电源的主要技术参数见表10-5。

表 10-5　　　　　　　　　ZX7 系列逆变整流弧焊电源的主要技术参数

产品型号	额定输入容量 /（kV·A）	一次电压 /V	工作电压 /V	额定焊接电流 /A	焊接电流调节范围 /A	负载持续率 /%	质量 /kg	主要用途
ZX7-250	9.2	380	30	250	50～250	60	35	适用于焊条电弧焊
ZX7-400	14	380	36	400	50～400	60	70	

逆变整流弧焊电源主要由三相全波整流器、逆变器、中频变压器、低压整流器、电抗器及电子控制电路等部件组成。

逆变整流弧焊电源的基本原理如图10-20所示。

逆变整流弧焊电源通常采用三相交流电供电，380V交流电经三相全波整流后变成高压脉动直流电，经滤波后通过大功率电子元件构成的逆变器组（晶闸管、晶体管或场效应管）的交替开关作用，变成几百赫兹至几万赫兹的中频高压交流电，再经中频变压器降至适合焊接的几十伏电压，并通过电子控制电路和反馈电路（M、G、N等组成）以及焊接回路的阻抗，获得弧焊所需的外特性和动特性。如果需要采用直流焊接，还需经输出整流器VD2整流并经电抗器L2、电容器C2的滤波，把中频交流变换为直流输出。

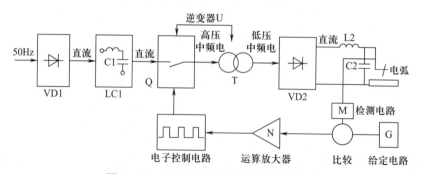

图 10-20　逆变整流弧焊电源的基本原理

简而言之，逆变整流弧焊电源的基本原理可以归纳为工频交流→直流→中频交流→降压→交流或直流。

ZX7系列晶闸管式逆变弧焊电源与其他

类型直流弧焊电源相比有以下优点。

1）取消了工频变压器，工作在高频下的主变压器的质量还不到传统弧焊电源主变压器的1/20，不仅节约了大量材料，而且还减小了焊机的体积。

2）逆变弧焊电源外特性具有外拖的陡降恒流曲线，如图10-21所示。正常焊接时，若电弧突然缩短，电弧电压降至某一数值时，曲线外拖，输出电流增大，加速熔滴过渡，不发生焊条与焊件黏结现象，仍保持电弧稳定燃烧。

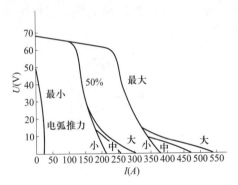

图 10-21　ZX7 系列逆变弧焊电源外特性曲线

3）装有数字式显示的电流调节系统和很强的电网波动补偿系统，焊接电流精度高。

4）电源内的电子控制元件采用集成电路，维修方便。

5）配有控制盒，可以远距离调节焊接电流。

5. CO_2 气体保护焊设备

CO_2 气体保护焊设备有半自动焊设备和自动焊设备。其中 CO_2 半自动焊在生产中应用较广泛，常用的 CO_2 半自动焊设备如图10-22所示，主要由焊接电源、焊枪及送丝系统、CO_2 供气系统、控制系统等部分组成。

（1）焊接电源　CO_2 焊采用交流电源焊接时电弧不稳定，飞溅较大，所以必须使用直流电源。通常选用平外特性的弧焊整流器，因为 CO_2 焊电弧静特性曲线工作在上升段，所以平的、下降的外特性都可满足电弧稳定燃烧的要求，但 CO_2 焊在等速送丝的条件下焊接时，采用平外特性曲线电源的电弧自身调节作用最好，如图10-23所示。虽然缓降外特性曲线电源电弧自身调节作用比平外特性差，但在短路过渡焊接中，焊接过程的稳定性和焊接质量有时也可满足生产实际的要求，因此，在有些情况下也可采用下降率不大（4 V/100 A 左右）的缓降外特性电源。常用的弧焊整流器有抽头式硅弧焊整流器、晶闸管弧焊整流器及逆变弧焊整流器。

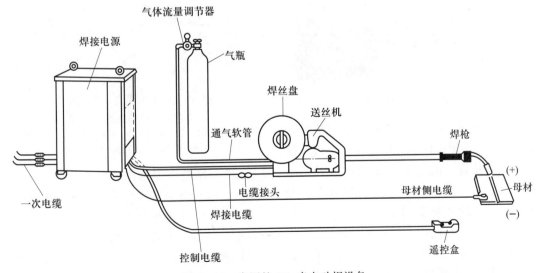

图 10-22　常用的 CO_2 半自动焊设备

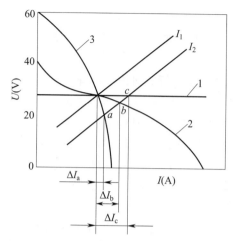

图 10-23 焊接电源外特性与电弧
自身调节作用的关系

1—平硬特性曲线 2—缓降特性曲线 3—陡降特性曲线

（2）送丝系统及焊枪

1）送丝系统 送丝系统由送丝机（包括电动机、减速器、校直轮和送丝轮）、送丝软管、焊丝盘等组成，如图 10-24 所示。CO_2 半自动焊的焊丝送给为等速送丝，其送丝方式主要有拉丝式、推丝式和推拉式三种。

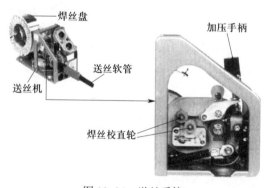

图 10-24 送丝系统

①拉丝式 如图 10-25a 所示，拉丝式的焊丝盘、送丝机构与焊枪连接在一起，这样就不用软管，避免了焊丝通过软管的阻力，送丝均匀、稳定，但其结构复杂，质量增加。拉丝式只适用于细焊丝（直径为 0.5 ~ 0.8 mm），操作的活动范围较大。

②推丝式 如图 10-25b 所示，推丝式的焊丝盘、送丝机构与焊枪分离，焊丝通过

一段软管送入焊枪，因而焊枪结构简单，质量减轻，但焊丝通过软管时会受到阻力作用，故软管长度受到限制，通常推丝式所用的焊丝直径宜在 0.8 mm 以上，其焊枪的操作范围在 2 ~ 4 m 以内。目前，CO_2 半自动焊多采用推丝式焊枪。

③推拉式 如图 10-25c 所示，推拉式具有前两种送丝方式的优点，焊丝送给时以推丝为主，而焊枪内的送丝机构起着将焊丝拉直的作用，可使软管中的送丝阻力减小，因此增加了送丝距离（送丝软管可增长到 15 m 左右）和操作的灵活性，但焊枪及送丝机构较复杂。

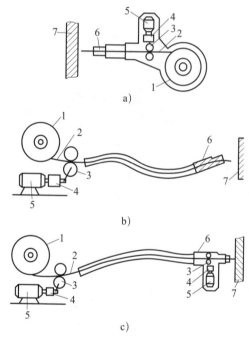

图 10-25 CO_2 半自动焊送丝方式

a）拉丝式 b）推丝式 c）推拉式

1—焊丝盘 2—焊丝 3—送丝滚轮 4—减速器
5—电动机 6—焊枪 7—焊件

2）焊枪 焊枪的作用是导电、导丝、导气。按送丝方式可分为推丝式焊枪和拉丝式焊枪；按结构可分为鹅颈式焊枪和手枪式焊枪；按冷却方式可分为空气冷却焊枪和内循环水冷却焊枪。鹅颈式空气冷却焊枪应用最广泛，如图 10-26 所示。

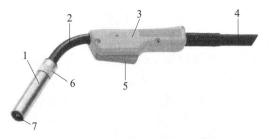

图 10-26　鹅颈式空气冷却焊枪
1—喷嘴　2—鹅颈管　3—焊把　4—电缆
5—扳机开关　6—绝缘接头　7—导电嘴

（3）CO_2 供气系统　CO_2 的供气系统由气瓶、预热器、干燥器、减压器、流量计和电磁气阀组成。

瓶装的液态 CO_2 汽化时要吸热，吸热反应可使瓶阀及减压器冻结，所以在减压器之前需经预热器加热，并在输送到焊枪前应经过干燥器吸收 CO_2 气体中的水分，使保护气体符合焊接要求。减压器用于将瓶内高压 CO_2 气体调节为低压（工作压力）气体。流量计用于控制和测量 CO_2 气体的流量，以形成良好的保护气流。电磁气阀控制 CO_2 气体的接通与关闭。现在生产的减压流量调节器将预热器、减压器和流量计合为一体，使用起来很方便。

（4）控制系统　CO_2 焊控制系统的作用是对供气、送丝和供电系统实现控制。CO_2 半自动焊的控制程序如图 10-27 所示。

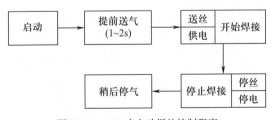

图 10-27　CO_2 半自动焊的控制程序

目前，我国定型生产使用较广泛的 NBC 系列 CO_2 半自动焊机有 NBC-160 型、NBC-250 型、NBC1-300 型、NBC1-500 型等。此外，XC 系列 CO_2 半自动焊机（见图 10-28）、KR 系列 CO_2 半自动焊机的使用也较广泛。

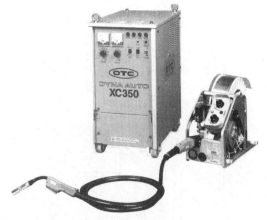

图 10-28　XC 系列 CO_2 半自动焊机

6. 焊接接头和坡口形式

在焊条电弧焊中，按照焊件的结构、形状、厚度及对强度、质量要求的不同，其接头和坡口形式也有所不同。构件的接头形式可分为对接接头、搭接接头、角接接头及 T 形接头四种，如图 10-29 所示。

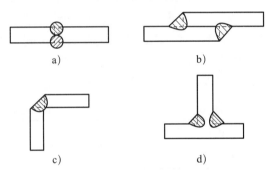

图 10-29　接头形式
a）对接接头　b）搭接接头　c）角接接头　d）T 形接头

焊件厚度较大时，为使焊缝熔透，常在板边开有一定形状的坡口，坡口的形状与尺寸可根据国家标准《气焊、焊条电弧焊、气体保护焊和高能束焊的推荐坡口》（GB/T 985.1—2008）选用。

焊缝按空间位置不同分为平焊缝、立焊缝、横焊缝和仰焊缝四种形式，如图 10-30 所示。进行焊条电弧焊时，平焊操作技术较易掌握，且容易获得优质焊缝，焊接效率高。如果构件有可能改变位置并有吊装设备配合时，应尽量使焊缝处于平焊位置。

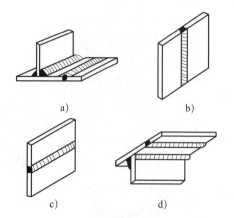

图 10-30　焊缝的空间位置
a）平焊缝　b）立焊缝　c）横焊缝　d）仰焊缝

7. 焊接参数的选择

焊条电弧焊的焊接参数主要包括焊条直径、焊接电流、电弧电压、焊接速度。正确地选择工艺参数有利于提高焊接质量和生产效率。

（1）焊条直径的选择　焊条直径的选择主要取决于焊件厚度、接头形式、焊缝位置和焊接层次等因素。焊件的厚度越大，则焊缝需要的填充金属越多，因此应选用较大直径的焊条。工件厚度与焊条直径的关系见表 10-6。

一般情况下，为了提高生产效率，在允许范围内，应尽可能地选用较大直径的焊条。在厚板多层焊接时，底层焊缝的焊条直径一般不超过 4 mm，以免产生未焊透等缺陷，以后几层可适当选用较大直径的焊条。

在立焊、横焊、仰焊时，为防止熔池过大，避免熔化金属下淌，选用的焊条直径一般不超过 4 mm。

（2）焊接电流的选择　焊接电流主要取决于焊条类型、直径和焊缝的位置。焊接电流大，焊条熔化快，生产效率高。但电流过大时飞溅严重，工件易烧穿，甚至使后半根焊条药皮烧红而大块脱落，使焊缝产生气孔、咬边、未焊透等缺陷。焊接电流过小时，工件熔化面积小，焊条熔化金属在工件上流动性差，熔渣与熔液很难分清，焊缝窄而高，成形差，并容易产生气孔和夹渣等缺陷。

对于一定直径的焊条，有一个合理的与之对应的电流使用范围。表 10-7 所列为酸性焊条平焊时焊接电流的选择范围。

表 10-6			工件厚度与焊条直径的关系			mm
工作厚度	≤ 1.5	2	3	4 ~ 7	8 ~ 12	≥ 13
焊条直径	1.6	1.6 ~ 2.0	2.5 ~ 3.2	3.2 ~ 4	4 ~ 5	5 ~ 5.8

表 10-7			酸性焊条平焊时焊接电流的选择范围			
焊条直径 /mm	1.6	2.0	2.5	3.2	4	5	5.8
焊接电流 /A	25 ~ 40	40 ~ 70	50 ~ 80	90 ~ 130	160 ~ 210	200 ~ 270	260 ~ 300

焊接电流和焊缝位置的关系：焊接平焊缝时，由于运条和控制熔池中的熔化金属比较容易，因此可选用较大的电流进行焊接。但在其他位置焊接时，为了避免熔化金属从熔池中流出，要使熔池小一些，焊接电流相应要比平焊时小一些。使用碱性焊条时，焊接电流一般要比酸性焊条小一些。

在实际操作中，可通过观察焊接电弧、焊条熔化速度和焊缝成形好坏等情况判断焊接电流选择是否得当。当电流合适时，电弧稳定，噪声低，飞溅少，熔渣与熔液容易分离，焊缝成形均匀、美观。

二、焊接应力与变形

由于焊接时金属局部受热，因此构件焊接后一般都会产生不同程度的变形。当变形量超过允许值时，必须进行矫正，否则就会影响使用性能。有时零件制造和结构装配的尺寸、质量虽然都符合要求，但最后在焊接时，若没有考虑其应力和变形问题，将会导致整个结构变形。变形严重的构件因无法进行矫正将造成报废；有时由于焊接应力致使焊缝开裂，连接失效。由此可见，了解焊接应力与变形产生的原因和规律，采取预防措施，将有利于提高焊接产品的质量。

1. 应力与变形

（1）应力　当物体受到外力作用时，在其内部会出现一种抵抗力，这种力叫作内力。物体内单位面积所承受的内力称为应力。物体在加热膨胀或冷却收缩过程中受到阻碍，就会在其内部产生应力，这种情况在焊接结构中经常产生。因焊接而产生的应力称为焊接应力。焊接应力包括温度应力（热应力）和残余应力。温度应力是由于焊接时局部加热不均匀，使各部分膨胀不一而引起的应力。残余应力是指温度恢复到初始形态时残存在结构内部的应力。

（2）变形　物体受到作用力时会发生形状、尺寸的变化，这种现象称为变形。若除去外力，物体能回复到原来的形状和尺寸，这种变形称为弹性变形；反之就称为塑性变形。

（3）应力与变形的关系　焊接应力与变形是焊接结构中一个矛盾的两个方面。如果在焊接过程中焊件能自由收缩，则焊后焊件的变形较大，而残余应力较小；如果焊接过程中焊件由于受到结构的限制或自身刚度高不能自由收缩，则焊后焊件变形较小，但内部却存在着较大的残余应力。

2. 焊接应力与变形产生的原因

焊接应力与变形产生的原因如图 10-31 所示，图中为焊缝在钢板中部的对接焊件。焊接时，沿焊缝方向温度最高，而与焊缝平行的钢板两侧边缘温度最低（见图 10-32），焊件上的温度分布极不均匀。根据金属材料热胀冷缩、伸长量与温度成正比的特性，焊件将产生大小不等的纵向膨胀，其中以焊缝区最大，假设各部分金属均能自由膨胀伸

长，而不受周围金属的阻碍和牵制，其伸长应如图 10-31a 中细双点画线部分所示。但焊件是一个整体，这种伸长不可能自由地实现，焊件端面只能较均衡地伸长，于是焊缝区金属因受到两边金属的阻碍而产生压应力，远离焊缝区的金属则受到拉应力的作用。由于焊缝区的温度较高，当压应力超过屈服强度时，该部分金属就产生了热塑性变形（变形量等于图中细双点画线围绕的空白部分）。此时焊件中的压应力与拉应力达到平衡，焊件比原尺寸伸长了 Δl。

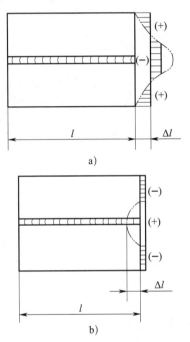

图 10-31　焊接应力与变形产生的原因
a）加热过程　b）冷却过程
注：（+）表示拉应力，（-）表示压应力

焊件冷却收缩时，由于焊缝区在加热时产生过热塑性变形，因此最终的长度要比原来的短一些。缩短的长度从理论上来说应等于热塑性变形的长度（见图 10-31b 中细双点画线部分）。但由于中间部分金属的收缩受到两侧的牵制，实际收缩只能达到图中实线位置，这样焊件长度比原尺寸缩短 Δl，于是两侧出现压应力。焊件中间由于没有完全收缩，则出现拉应力。这些残存在焊件内

部的应力就是焊接残余应力，也就是本节所指的焊接应力。收缩量 Δl 则称为焊接变形。以上分析说明，在焊接过程中对焊件进行局部不均匀的加热是产生焊接应力与变形的根本原因。如图 10-32 所示为焊缝热影响区的温度分布。

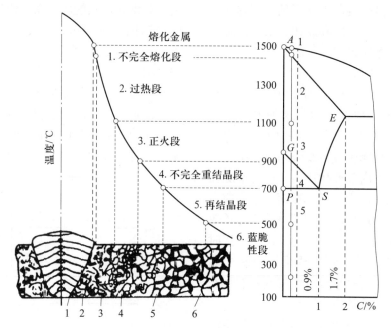

图 10-32　焊缝热影响区的温度分布

焊缝金属和焊缝附近的金属除了沿焊缝方向受热膨胀或冷却收缩外。同时，沿垂直于焊缝方向的金属也同样受焊接温度的影响引起膨胀和收缩，导致产生横向热塑性变形和焊接应力，使焊件横向收缩，如图 10-33 所示。

3. 焊接变形的分类

在焊接过程中，由于受接头形式、钢板厚薄、焊缝长短、工件形状及焊缝位置等因素的影响，会出现各种不同形式的变形。根据焊接变形对结构的影响不同，可分为局部变形和整体变形两类。

（1）局部变形　局部变形是指构件某一部分的变形，如角变形、波浪变形及局部的凹凸不平等，如图 10-34 所示。

（2）整体变形　整体变形是指整个结构的形状或尺寸发生变化，这种变化是由于焊缝在各个方向收缩所引起的，如收缩变形、弯曲变形和扭曲变形等，如图 10-35 所示。

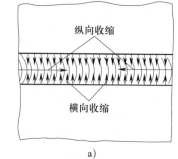

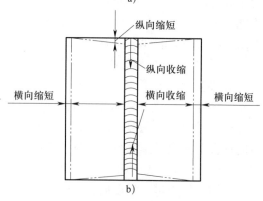

图 10-33　焊缝的纵横收缩与变形
a）纵向和横向收缩　b）焊件的变形

— 214 —

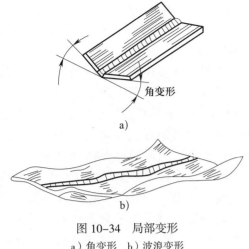

图 10-34 局部变形
a）角变形 b）波浪变形

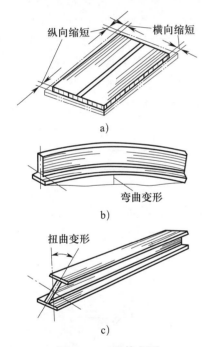

图 10-35 整体变形
a）收缩变形 b）弯曲变形 c）扭曲变形

4. 控制焊接变形的措施

为了减小和防止焊接变形，除设计人员需在设计焊件结构时加以考虑外，在装配、焊接过程中还必须采取下列措施来控制焊接变形。

（1）选择合理的装配和焊接顺序 装配后焊接结构的整体刚度远远高于装配前零部件的刚度，这对减小变形是有利的。所以对

于截面和焊缝对称的简单构件，最好先装配成整体，然后再按焊接顺序对称地施焊。但是，对于结构较复杂的焊接件，若先装配成整体，然后一次焊接完就不一定合理。其原因是复杂结构控制变形困难，焊后出现的变形因刚度高而不易矫正。所以，一般都是将复杂的结构划分为若干简单部件进行装配和焊接，这样变形容易控制与矫正，最后将焊接好并矫正完的部件总装焊接。

在同一焊接结构上通常存在许多条焊缝，为了使结构变形最小，应考虑焊接顺序。焊缝布置对称的结构，如果采用的焊接规范相同，先焊的焊缝由于受到的强制约束较小，因而引起的变形较大。各条焊缝引起的变形量一般不能互相抵消，所以焊件最后的变形往往与先焊的焊缝引起的变形相一致。

1）采用对称焊接 一般对称布置的焊缝最好由成对的焊工对称地进行焊接，这样可使各焊缝所引起的变形相互抵消。如图 10-36 所示，圆筒体对称焊接时，应由两名焊工按图中顺序号对称地进行焊接。

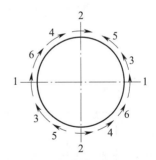

图 10-36 圆筒体对称焊接顺序

在焊接平面上的焊缝时，应使焊缝的纵向及横向收缩比较自由，而不受较大的约束，焊缝应从中间向四周对称进行焊接。只有这样才能使焊缝由中间向外依次收缩，从而减小焊件的内应力和局部变形，对于结构周边的收缩变形，则可以加放余量予以补偿。如图 10-37 所示为大型容器底板拼接的焊接顺序。

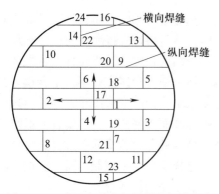

图 10-37 大型容器底板拼接的焊接顺序

2）焊缝分布不对称时的焊接 构件焊缝分布不对称时，一般应先焊焊缝少的一侧，后焊焊缝多的一侧。这样可以使先焊焊缝所引起的变形部分得到抵消。

3）采用不同的焊接顺序 当焊缝长度超过 1 m 时，可采用逐步退焊法、分中逐步退焊法、跳焊法、交替焊法和分中对称焊法等，如图 10-38 所示。一般退焊法和跳焊法

的每段焊缝长度以 100 ~ 350 mm 为宜。

工字梁虽截面形状和焊缝布置对称，如果焊接顺序不合理，也会产生各种变形。按照合理安排焊接顺序的原则，正确的施焊方法是把总装好的工字梁垫平（见图 10-39a），对称焊接。在焊接时，要注意两边对称焊缝的焊接方向要一致，且不要错开；否则会减弱对称焊接抵消变形的作用。如果是一名焊工操作，可先焊 1、2 焊缝，翻转工件后焊 3、4 和 5、6 焊缝，最后再翻转焊 7、8 焊缝。如果四条焊缝都不需要焊两层，则在焊 1、2 焊缝时不焊满全长，留 30% ~ 50%，待焊完 3、4 焊缝后再焊。在焊每一条焊缝时都应从中间向两端分段焊，每段长度为 500 ~ 1 000 mm（见图 10-39b）。若两名焊工同时操作，应在互相对称的位置上采用相同的焊接规范进行焊接，如图 10-39c 所示。

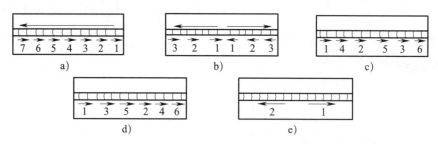

图 10-38 采用不同焊接顺序的对接焊

a）逐步退焊法 b）分中逐步退焊法 c）跳焊法 d）交替焊法 e）分中对称焊法

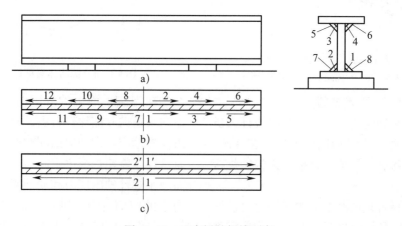

图 10-39 工字梁的焊接顺序

a）工字梁焊前垫平 b）单人焊接的焊接顺序 c）双人焊接的焊接顺序

（2）反变形法　在焊前装配时，先将焊件向与焊接变形相反的方向进行人为的变形，以达到与焊接变形相抵消的目的，这种方法叫作反变形法。用此方法时要预测好反变形量的大小。

如图10-40a所示为V形坡口单面对接焊的角变形情况，若采用图10-40b所示的反变形法，焊接变形可以得到有效的控制。

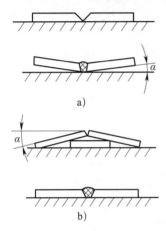

图10-40　钢板对接焊时的反变形法
a）未采用反变形　b）采用反变形法

工字梁焊接后，由于角焊缝的横向收缩，会引起图10-41a所示的角变形。为了防止角变形，在加工时将翼板反向压成一定角度，然后再组装（见图10-41b）焊接，则能收到良好的效果。反向压弯的角度应加以控制，不可过小和过大。

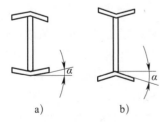

图10-41　焊接工字梁的反变形法
a）焊后角变形　b）采用反变形法

（3）刚性固定法　焊件变形量的大小还取决于结构的刚度。结构刚度越高，焊后引起的变形量相对越小，而结构的刚度主要取决于结构的形状和尺寸大小。从结构抵抗拉伸或压缩的能力来看，刚度高低与结构截面积大小有关。截面积越大，刚度越高，抵抗变形的能力也就越强。所以厚钢板比薄钢板焊接产生的变形量要小一些。

从结构抵抗弯曲和扭曲变形的能力来看，主要取决于结构截面的几何形状和尺寸的大小。短而粗的焊件不易引起弯曲变形，封闭截面构件的抗扭曲变形能力较强。

刚性固定是对自身刚度不足的构件采用强制措施，或借助于刚度高的夹具起到限制和减小焊后变形程度的作用。用此方法时，需在焊件完全冷却后才可撤除固定夹具。常用的方法有以下几种。

1）利用重物加压或定位焊固定　这种方法适用于薄板焊接，如图10-42所示。在板的四周用定位焊将板与平台或胎架焊牢，并用压铁压在焊缝的两侧，待焊缝完全冷却后再搬掉压铁，铲除定位焊点，这样焊件的变形就可以减小。

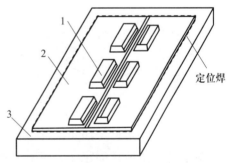

图10-42　薄板拼接时用刚性固定法
防止波浪变形
1—压铁　2—焊件　3—平台

2）利用夹具固定　如图10-43a所示的工字梁，焊前用螺栓将翼板牢牢地紧固在平台上，利用平台的刚性来减小焊后的角变形和弯曲变形。若因条件所限不能采用上述方法时，也可采用图10-43b所示的方法，将两个工字梁组合在一起，用楔口夹具将两翼板楔紧，提高工字梁的刚度，达到减小焊后变形的目的。这种方法也常用在基座、框架等构件的装配及焊接上。

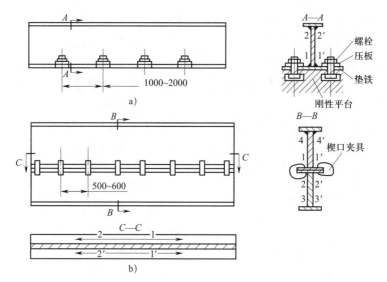

图 10-43　工字梁用刚性夹紧方式进行焊接

3）用加"马架"或临时支承的方法固定　在钢板对接焊时，也可采用加"马架"固定的方法来控制变形，如图 10-44 所示。这种方法简单、可靠，在生产中应用较广泛。

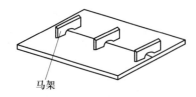

图 10-44　钢板对接焊时加"马架"固定

对于一般小型焊件（如防护罩等），也可采用临时支承的刚性固定法，如图 10-45 所示。

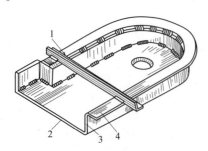

图 10-45　防护罩焊接时用临时支承的刚性固定
1—临时支承　2—底平板　3—立板　4—圆周法兰盘

应当指出，采用刚性固定的结构，焊接变形虽得到了有效控制，但由于结构受到较

大的约束，而导致内部产生较大的应力。所以刚性固定法只适用于可焊性较好的焊件。对于可焊性较差的中碳钢及合金钢，不宜采用刚性固定法焊接，以免产生裂纹。

5. 焊接变形的矫正

焊件装配及焊接后，虽然采取种种有效控制措施来防止或减小构件的变形，但往往还是难以完全避免变形的产生。当变形量超出产品的允许范围时就必须进行矫正，使其符合产品质量的要求。矫正的实质是使变形构件产生新的相反方向的变形，以抵消焊接时所产生的变形。常用的矫正方法有机械矫正和火焰矫正两大类。

（1）机械矫正　机械矫正是利用机械力的作用来矫正变形。对于低碳钢结构，可以在焊后直接矫正。但对于合金结构钢的焊接结构，焊后必须经退火消除焊接应力后才能进行机械矫正。工字梁焊接后产生的弯曲变形如图 10-46a 所示，可用液压机（见图 10-46b）或千斤顶（见图 10-46c）进行矫正。

薄板焊接件的波浪变形主要是由焊缝区纵向收缩而引起的。矫正时，最好在钢板矫正机上矫平，也可沿焊缝用滚轮碾压或手工锤击，使焊缝延伸而矫平。

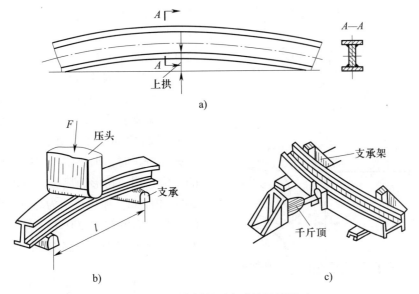

图 10-46　工字梁焊后变形的机械矫正

a）工字梁焊接后产生的弯曲变形　b）用液压机矫正　c）用千斤顶矫正

（2）火焰矫正　火焰矫正是采用氧乙炔焰对构件局部加热进行矫正。如图 10-47 所示为箱形梁焊接变形的火焰矫正。矫正上拱变形时，应加热箱形梁上拱部分的翼板和腹板（见图 10-47a）。矫正旁弯时，应加热上拱部分的两腹板（见图 10-47b），如用外力配合，则效果更好。

如图 10-47c 所示为箱形梁扭曲变形的矫正方法，矫正时由于焊件刚度较高，需配合外力。先将梁放置在平台上，用拉紧螺栓将其拉紧，在梁中部的上翼板上进行加热，如扭曲变形很大，可在中部腹板上同样加热，加热后立即拧紧螺栓。如果仍然存在扭曲变形，则可在 A、B 两端的腹板同时加热，A 端在左板加热，B 端在右板加热，使其产生热塑性变形，加热同时拧紧螺栓。如冷却后仍有扭曲变形，则需重复上述加热过程，加热位置尽可能不与前面的重合。

如果箱形梁同时有上拱、旁弯和扭曲三种变形，一般先矫正扭曲变形，再矫正上拱变形，最后矫正旁弯变形。

圆筒体焊接后，在焊缝处可能产生内凹

或外凸变形，如果变形量大，可在火焰矫正的同时用调弯器顶在凸处，旋紧螺杆施压将其矫正，如图 10-48a 所示。

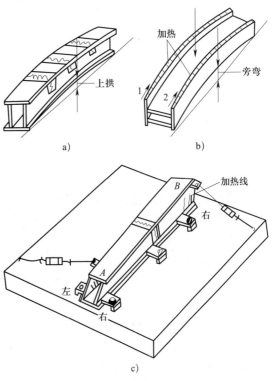

图 10-47　箱形梁焊接变形的火焰矫正

a）上拱的矫正　b）旁弯的矫正　c）扭曲变形的矫正

— 219 —

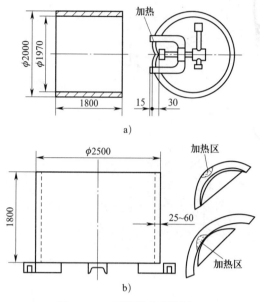

图 10-48 圆筒体变形的矫正

a）圆筒体内凹变形的矫正　b）圆筒体圆度误差的矫正

若厚壁圆筒体焊后圆度不符合要求，可将其放置在平台上，下面垫上规格相同的短型钢（见图 10-48b），先用圆弧样板进行检查，如曲率超差，则沿该处外壁进行线状加

热。如曲率不足，则在该处内壁沿轴向进行线状加热，加热后任其自然冷却，不用锤击，这样反复进行几次，直到圆度符合要求为止。

复杂筒形构件的弯曲变形也可采用火焰矫正。例如，转炉风管由总管和支管焊接而成，由于支管位于总管的一侧，因此焊后产生向下的弯曲变形，如图 10-49 所示。采用火焰矫正时，加热位置应选在与支管相对的一侧，用三角形加热法，三角形的底边为 20 ~ 40 mm，加热范围为总管 120° 所对应的弧长，温度约为 800 ℃，分 5 处加热，经 2 ~ 3 次矫正后就可达到技术要求。

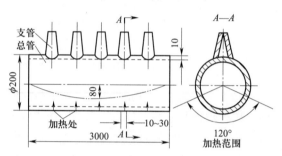

图 10-49　转炉风管的火焰矫正

管子和管板的连接一般都采用胀接方法。对使用温度、压力和密封要求较高的容器，有时采用胀焊方法。

一、胀接原理

胀接是利用管子和管板在外力作用下产生变形，而达到紧固和密封目的的一种连接方法。可以采用不同的方法，如机械、爆炸和液压等来扩胀管子的直径，使管子产生塑性变形。利用管板孔壁的回弹对管子施加径向压力，使管子与管板的连接接头具有足够的胀接强度，保证接头受载时管子不会被从管孔中拉出来。同时还应具有良好的密封强度，在工作压力下保证设备内的介质不会从接头处泄漏出来。

二、胀接的结构形式

胀接的结构形式一般有光孔胀接、翻边胀接、开槽胀接和胀接加端面焊等。

1. 光孔胀接

光孔胀接的管子和管板的连接形式如图 10-50 所示，一般用于工作压力小于 0.6 MPa、温度低于 300 ℃、胀接长度小于 20 mm 的场合。

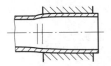

图 10-50　光孔胀接

2. 翻边胀接

翻边胀接即管子胀紧后，将管端扳边成喇叭形或翻打成半圆形，以提高接头的连接强度，如图 10-51 所示。

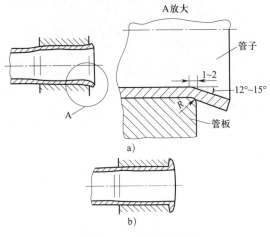

图 10-51　翻边胀接
a）扳边　b）翻边

（1）扳边　扳边是将胀接后的管端扳成喇叭形，以提高接头的胀接强度，增加胀接头的拉脱力和密封性。扳边胀接的拉脱力和密封性比一般胀接有明显的提高，管端扳边的角度越大，胀接处的强度也就越高，其连接强度一般比光孔胀接提高 50%。扳边胀接的角度一般为 12°～ 15°，扳边时管端要扳到喇叭口根部，并伸入管孔 1～2 mm，如图 10-51a 中 A 放大图所示；否则就起不到提高连接强度的作用。

（2）翻边　翻边是将已扳边的管端翻打成半圆形，如图 10-51b 所示。管端翻边时需要采用专用的压脚，如图 10-52 所示。翻边多用于火管锅炉的烟管，以减小烟气流动阻力并提高烟管强度。

3. 开槽胀接

开槽胀接是在管板孔内开环形槽，使管子在胀接后外壁能嵌到槽中，如图 10-53 所示，以提高拉脱力。开槽胀接一般用于胀接操作温度低于 300 ℃、工作压力小于 3.9 MPa 的设备。

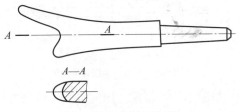

图 10-52　翻边用压脚

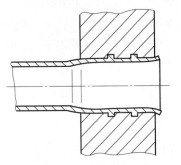

图 10-53　开槽胀接

4. 胀接加端面焊

对于接头密封性要求高的场合，仅靠胀接是不能满足要求的，因此必须采取胀接后再加端面焊的方法。胀接加端面焊有先胀后焊和先焊后胀两种方法。先胀后焊一般用于压力较高、管板较厚的场合；先焊后胀一般用于压力较低、管板较薄的场合。

三、胀接工具

1. 胀管器

胀管器的种类较多，其结构有前进式、后退式和螺旋式等，最常用的是前进式和后退式两种。

（1）前进式胀管器　如图 10-54 所示，前进式胀管器有两种类型：一种只能胀管；另一种既能胀管又能进行扳边，称为前进式扳边胀管器。胀管器零件的几何形状、加工精度直接影响胀接的质量，因此必须掌握胀管器零件的结构和特点，便于正确选用合适的胀管器，以保证胀接接头的质量。

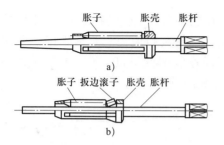

图 10-54　前进式胀管器
a）只能胀管　b）既能胀管又能扳边

如图 10-55 所示，用前进式胀管器胀管时，将胀管器伸入管内，然后推进胀杆，使胀杆、胀子、管子内壁都互相贴紧，并连接动力装置带动胀杆做顺时针方向旋转，则胀子做反方向转动，在管子内壁进行碾压，使管壁金属延伸，管径增大，直到胀紧为止。前进式胀管器工作时，胀杆处于受压状态，所以易过载而折断。

（2）后退式胀管器　在管板厚度大、管子直径小的情况下，一般采用后退式胀管器。后退式胀管器工作时将胀杆的受压状态改变为受拉状态。所以一般不会产生胀杆折断、胀接质量不稳定、胀接长度难以控制等缺陷。后退式胀管器有分开式和整体式两种。

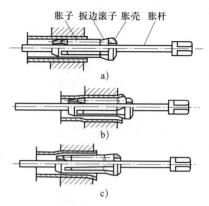

图 10-55　前进式胀管器工作原理
a）始胀　b）胀接终了　c）退出

分开式后退胀管器胀接时分两次进行，先将外套壳 8 向左推动，使钢球 7 打开，则接套管 6 和胀壳 10 分开，将胀子 16 部分送到胀接长度末端，然后按顺时针方向转动胀杆 1，使该部分管子胀紧，达到应有的胀紧程度。再转动定位螺母 2，将轴承 5 推向胀杆，胀管器逐步由内向外退出，同时将管子全长胀紧，并始终保持原来的胀紧程度，如图 10-56 所示。

整体式后退胀管器的胀接原理与分开式后退胀管器基本相同。

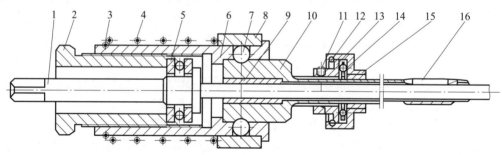

图 10-56　分开式后退胀管器
1—胀杆　2—定位螺母　3—止推弹簧圈　4—弹簧　5、14—轴承　6—接套管　7—钢球
8—外套壳　9—定位圈　10—胀壳　11—螺钉　12—弹簧圈　13—定位盖　15—轴承外壳　16—胀子

2. 胀接动力装置

胀接动力装置一般有风动和电动两种。

使用最多的是手提式风动胀管机，如图 10-57 所示。胀接时，将胀管器的胀杆装在胀管机的主轴上，压缩空气经启动把（正转或反转）进入叶片式转子发动机，使其高速旋转，经过两级齿轮减速装置，带动主轴上的胀管器进行工作。

电动式胀管机利用电动机作为动力，其上装有控制胀管器转矩的控制仪，以保证胀紧力一致。

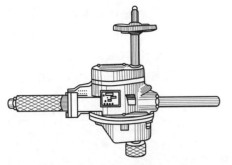

图 10-57　手提式风动胀管机

四、其他胀接方法

1. 爆炸胀接

爆炸胀接是将高能炸药塞入待胀的管

内，在引爆雷管激发下，瞬间产生高温、高压的冲击波，使管子在极短的时间内膨胀，从而把管子与管板紧密地胀接在一起。

爆炸胀接时，根据钢管的规格、管板厚度、材料性能、间隙大小及胀接长度来选择药包的形状和药量。爆炸胀接前要进行试爆，试爆时要根据钢管的材质和管端退火情况确定导爆索的直径。如导爆索直径太小，易使爆炸时管端周向受力不均匀。导爆索插入钢管的长度与胀接长度和管板厚度有关，如图 10-58 所示。

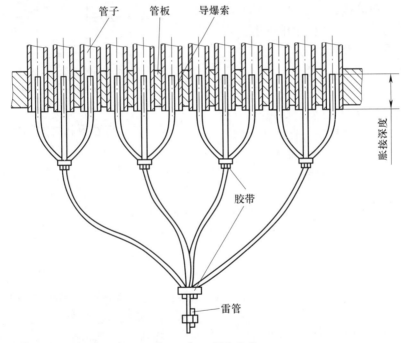

图 10-58　爆炸胀接

2. 液压胀接

液压胀接是依靠液压胀头（液压胀管器）进行胀接的，如图 10-59 所示为液压胀管器。液压胀管的工作原理如图 10-60 所示，胀管前，液体经油路 1 送入胀头，并将增压器活塞推向右方的原始位置，转换控制阀使油路 2 接通，由高压泵产生的一次压力通过增压器转换成需要的二次压力进行胀管。二次压力从一次压力表上间接显示，压

力大小通过调节溢流阀来控制。当转换控制阀使液压系统与油路接通时即可卸载，将胀头取出，结束胀管。

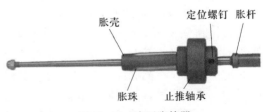

图 10-59　液压胀管器

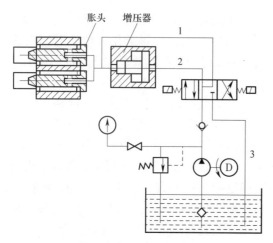

图 10-60　液压胀管的工作原理

五、胀接质量分析

胀接质量与管子、管板之间的间隙、接触面情况、材质等因素有关。

1. 胀紧程度

胀接时管子的胀紧程度必须控制在一定范围内,不足或过量都不能保证胀接质量。适宜的胀紧程度与管子的材质、直径及厚度有关,以管子小径增大率和管壁减薄率来衡量。

管子小径增大率 H 的计算公式:

$$H = \frac{(D'_n - D_n) - (D_0 - D_w)}{D_0} \times 100\%$$

管壁减薄率 ε 的计算公式:

$$\varepsilon = \frac{(D'_n - D_n) - (D_0 - D_w)}{2t} \times 100\%$$

式中　H——管子小径增大率,%;

　　　D'_n——胀接后管子小径,mm;

　　　D_n——胀接前管子小径,mm;

　　　D_0——管板孔小径,mm;

　　　D_w——胀接前管子大径,mm;

　　　ε——管壁减薄率,%;

　　　t——胀接前管子壁厚,mm。

为了得到良好的胀接接头,在胀接时,管子的扩胀量必须控制在一定的范围内。当扩胀量不足时,不能保证接头的胀接强度和密封性。若扩胀过量,则使管孔四周过分地胀大而失去弹性,对管子没有足够的径向压

力,造成密封性和胀接强度相应降低,所以欠胀和过胀都不能保证质量要求。一般情况下管子小径增大率为1% ~ 3%,管壁减薄率为4% ~ 8%。如图10-61所示为有缺陷的接头。

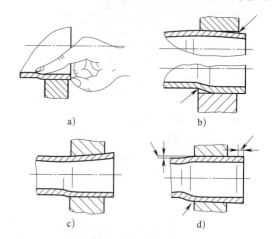

图 10-61　有缺陷的接头

a)接头未胀牢　b)接头有间隙
c)接头胀偏　d)接头过胀,管端伸出过长

2. 管子与管板孔之间的间隙

如间隙过大,会降低胀紧程度,影响连接强度;如间隙过小,会给装配带来困难,所以管子和管板孔都必须进行尺寸测量,以选配合适的间隙。

管子端部经退火后,需打磨露出金属光泽后方可使用。

管子与管板孔之间最大允许间隙(见表10-8)与管径、工作压力有关。

3. 管端伸出长度

管端伸出管板的长度太短,会影响胀接后的板边质量;管端伸出太长,会增大介质的流动阻力,容易引起腐蚀。合理的管端伸出长度见表10-9。

4. 管壁与管孔壁的表面粗糙度

管壁与管孔壁表面粗糙度合适与否直接影响胀接强度和密封性能。若表面太粗糙,则密封性能减弱;若表面太光洁,则降低连接强度。一般管孔表面应进行精钻或铰孔加工,管子胀接端外表面进行粗抛光或用中粗砂布打磨。

表 10-8　　　　　　　　　　　　　　　　**管子与管板孔之间最大允许间隙**

工作压力 /MPa	管子大径 /mm							
	32	38	51	60	76	83	102	108
	最大间隙 /mm							
低于 0.3	1.2	1.4	1.5	1.5	2	2.2	2.6	3
高于 0.3	1	1	1.2	1.2	1.5	1.8	2	2

表 10-9　　　　　　　　　　　　　　　　**合理的管端伸出长度**　　　　　　　　　　　　　　mm

管子外径	38	51	60	76	83	102
管端伸出量	管端伸出长度					
正常	9	11	11	12	12	15
最小	6	7	7	8	9	9
最大	12	15	15	15	18	18

附表 1 热轧钢

钢板公称厚度	按下列钢板宽										
	600	650	700	710	750	800	850	900	950	1 000	1 100
0.50、0.55、0.60	1 200	1 400	1 420	1 420	1 500	1 500	1 700	1 800	1 900	2 000	—
0.65、0.70、0.75	2 000	2 000	1 420	1 420	1 500	1 500	1 700	1 800	1 900	2 000	—
0.80、0.90	2 000	2 000	1 420	1 420	1 500	1 500	1 700	1 800	1 900	2 000	—
1.0	2 000	2 000	1 420	1 420	1 500	1 600	1 700	1 800	1 900	2 000	—
1.2、1.3、1.4	2 000	2 000	2 000	2 000	2 000	2 000	2 000	2 000	2 000	2 000	2 000
1.5、1.6、1.8	2 000	2 000	2 000	2 000 6 000	2 000 6 000	2 000 6 000	2 000 6 000	2 000 6 000	2 000 6 000	2 000 6 000	2 000 6 000
2.0、2.2	2 000	2 000	2 000 6 000	2 000 6 000	2 000 6 000	2 000 6 000	2 000 6 000	2 000 6 000	2 000 6 000	2 000 6 000	2 000 6 000
2.5、2.8	2 000	2 000	2 000 6 000	2 000 6 000	2 000 6 000	2 000 6 000	2 000 6 000	2 000 6 000	2 000 6 000	2 000 6 000	2 000 6 000
3.0、3.2、3.5、3.8、3.9	2 000	2 000	2 000 6 000	2 000 6 000	2 000 6 000	2 000 6 000	2 000 6 000	2 000 6 000	2 000 6 000	2 000 6 000	2 000 6 000
4.0、4.5、5	—	—	2 000 6 000	2 000 6 000	2 000 6 000	2 000 6 000	2 000 6 000	2 000 6 000	2 000 6 000	2 000 6 000	2 000 6 000
6、7	—	—	2 000 6 000	2 000 6 000	2 000 6 000	2 000 6 000	2 000 6 000	2 000 6 000	2 000 6 000	2 000 6 000	2 000 6 000
8、9、10	—	—	2 000 6 000	2 000 6 000	2 000 6 000	2 000 6 000	2 000 6 000	2 000 6 000	2 000 6 000	2 000 6 000	2 000 6 000
11、12	—	—	—	—	—	—	—	—	—	2 000 6 000	2 000 6 000
13、14、15、16、17、18、19、20、21、22、25	—	—	—	—	—	—	—	—	—	2 500 6 500	2 500 6 500
26、28、30、32、34、36、38、40	—	—	—	—	—	—	—	—	—	—	—
42、45、48、50、52、55、60、65、70、75、80、85、90、95、100、105、110、120、125、130、140、150、160、165、170、180、185、190、195、200	—	—	—	—	—	—	—	—	—	—	—

录

板规格   mm

度最小和最大长度

1 250	1 400	1 420	1 500	1 600	1 700	1 800	1 900	2 000	2 100	2 200	2 300	2 400
—	—	—	—	—	—	—	—	—	—	—	—	—
—	—	—	—	—	—	—	—	—	—	—	—	—
—	—	—	—	—	—	—	—	—	—	—	—	—
—	—	—	—	—	—	—	—	—	—	—	—	—
2 500 / 3 000	—	—	—	—	—	—	—	—	—	—	—	—
2 000 / 6 000	2 000 / 6 000	2 000 / 6 000	2 000 / 6 000									
2 000 / 6 000	2 000 / 6 000	2 000 / 6 000	2 000 / 6 000	2 000 / 6 000	2 000 / 6 000	—						
2 000 / 6 000	2 000 / 6 000	2 000 / 6 000	2 000 / 6 000	2 000 / 6 000	2 000 / 6 000	2 000 / 6 000	—					
2 000 / 6 000	2 000 / 6 000	2 000 / 6 000	2 000 / 6 000	2 000 / 6 000	2 000 / 6 000	2 000 / 6 000	—					
2 000 / 6 000	2 000 / 6 000	2 000 / 6 000	2 000 / 6 000	2 000 / 6 000	2 000 / 6 000	2 000 / 6 000	2 000 / 6 000	2 000 / 6 000	—			
2 000 / 6 000	2 000 / 6 000	2 000 / 6 000	2 000 / 6 000	3 000 / 12 000	3 000 / 12 000	3 000 / 12 000	3 000 / 12 000	3 000 / 12 000	3 000 / 12 000	3 000 / 12 000	3 000 / 12 000	4 000 / 12 000
2 000 / 6 000	2 000 / 6 000	2 000 / 6 000	2 000 / 6 000	3 000 / 12 000	3 000 / 12 000	3 000 / 12 000	3 000 / 12 000	3 000 / 10 000	3 000 / 10 000	3 000 / 10 000	3 000 / 9 000	4 000 / 9 000
2 500 / 12 000	2 500 / 12 000	2 500 / 12 000	3 000 / 12 000	3 000 / 11 000	3 500 / 11 000	4 000 / 10 000	4 000 / 10 000	4 000 / 10 000	4 500 / 10 000	4 500 / 9 000	4 500 / 9 000	4 000 / 9 000
2 500 / 12 000	2 500 / 12 000	2 500 / 12 000	3 000 / 12 000	3 000 / 12 000	3 500 / 12 000	3 500 / 12 000	4 000 / 12 000	4 000 / 12 000	4 000 / 12 000	4 500 / 12 000	4 500 / 12 000	4 000 / 11 000
2 500 / 9 000	2 500 / 9 000	3 000 / 9 000	3 000 / 9 000	3 000 / 9 000	3 500 / 9 000	3 500 / 9 000	3 500 / 9 000	3 500 / 9 000	3 500 / 9 000	3 500 / 9 000	3 500 / 9 000	3 500 / 9 000

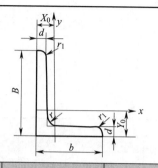

B——长边宽度，mm；

b——短边宽度，mm；

d——边厚，mm；

r——内圆弧半径，mm；

r_1——边端内圆弧半径$\left(r_1=\dfrac{d}{3}\right)$，mm；

X_0——长边至重心距离，cm；

Y_0——短边至重心距离，cm。

角钢号数	尺寸 /mm				截面积 /cm²	外表面积 /（m²/m）	理论质量 /（kg/m）	Y_0/cm	X_0/cm
	B	b	d	r					
2.5/1.6	25	16	3		1.162	0.080	0.912	0.86	0.42
			4		1.499	0.079	1.176	0.90	0.46
3.2/2	32	20	3	3.5	1.492	0.102	1.171	1.08	0.49
			4		1.939	0.101	1.522	1.12	0.53
4/2.5	40	25	3	4	1.890	0.127	1.484	1.32	0.59
			4		2.467	0.127	1.936	1.37	0.63
4.5/2.8	45	28	3	5	2.149	0.143	1.687	1.47	0.64
			4		2.806	0.143	2.203	1.51	0.68
5/3.2	50	32	3	5.5	2.431	0.161	1.908	1.60	0.73
			4		3.177	0.161	2.494	1.65	0.77
5.6/3.6	56	36	3	6	2.743	0.181	2.153	1.78	0.80
			4		3.590	0.180	2.818	1.82	0.85
			5		4.415	0.180	3.466	1.87	0.88
6.3/4	63	40	4	7	4.058	0.202	3.185	2.04	0.92
			5		4.993	0.202	3.920	2.08	0.95
			6		5.908	0.201	4.638	2.12	0.99
			7		6.802	0.201	5.339	2.15	1.03
7/4.5	70	45	4	7.5	4.547	0.226	3.570	2.24	1.02
			5		5.609	0.225	4.403	2.28	1.06
			6		6.647	0.225	5.218	2.32	1.09
			7		7.657	0.225	6.011	2.36	1.13
7.5/5	75	50	5	8	6.125	0.245	4.808	2.40	1.17
			6		7.260	0.245	5.699	2.44	1.21
			8		9.467	0.244	7.431	2.52	1.29
			10		11.590	0.244	9.098	2.60	1.36
8/5	80	50	5	8	6.375	0.255	5.005	2.60	1.14
			6		7.560	0.255	5.935	2.65	1.18
			7		8.724	0.255	6.848	2.96	1.21
			8		9.867	0.254	7.745	2.73	1.25

角钢号数	尺寸 /mm				截面积 / cm²	外表面积 / (m²/m)	理论质量 / (kg/m)	Y_0/cm	X_0/cm
	B	b	d	r					
9/5.6	90	56	5	9	7.212	0.287	5.661	2.91	1.25
			6		8.557	0.286	6.717	2.95	1.29
			7		9.880	0.286	7.756	3.00	1.33
			8		11.183	0.286	8.779	3.04	1.36
10/6.3	100	63	6		9.617	0.320	7.550	3.24	1.43
			7		11.111	0.320	8.722	3.28	1.47
			8		12.584	0.319	9.878	3.32	1.50
			10		15.467	0.319	12.142	3.40	1.58
10/8	100	80	6	10	10.637	0.354	8.350	2.95	1.97
			7		12.301	0.354	9.656	3.00	2.01
			8		13.944	0.353	10.946	3.04	2.05
			10		17.167	0.353	13.476	3.12	2.13
11/7	110	70	6		10.637	0.354	8.350	3.53	1.57
			7		12.301	0.354	9.656	3.57	1.61
			8		13.944	0.353	10.946	3.62	1.65
			10		17.167	0.353	13.476	3.70	1.72
12.5/8	125	80	7	11	14.096	0.403	11.066	4.01	1.80
			8		15.989	0.403	12.551	4.06	1.84
			10		19.712	0.402	15.474	4.14	1.92
			12		23.351	0.402	18.330	4.22	2.00
14/9	140	90	8	12	18.038	0.453	14.160	4.50	2.04
			10		22.261	0.452	17.475	4.58	2.12
			12		26.400	0.451	20.724	4.66	2.19
			14		30.456	0.451	23.908	4.74	2.27
16/10	160	100	10	13	25.315	0.512	19.872	5.24	2.28
			12		30.054	0.511	23.592	5.32	2.36
			14		34.709	0.510	27.247	5.40	2.43
			16		39.281	0.510	30.835	5.48	2.51
18/11	180	110	10		28.373	0.571	22.273	5.89	2.44
			12		33.712	0.571	26.464	5.98	2.52
			14		38.967	0.570	30.589	6.06	2.59
			16		44.139	0.569	34.649	6.14	2.67
20/12.5	200	125	12	14	37.912	0.641	29.761	6.54	2.83
			14		43.867	0.640	34.436	6.62	2.91
			16		49.739	0.639	39.045	6.70	2.99
			18		55.526	0.639	43.588	6.78	3.06

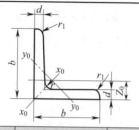

b——边宽，mm;

d——边厚，mm;

r——内圆弧半径，mm;

r_1——边端内圆弧半径$\left(r_1=\dfrac{d}{3}\right)$，mm;

Z_0——板边至重心距离，cm。

角钢号数	尺寸 /mm			截面积 / cm^2	理论质量 / (kg/m)	外表面积 / (m^2/m)	Z_0/cm
	b	d	r				
2	20	3	3.5	1.132	0.889	0.078	0.60
		4		1.459	1.145	0.077	0.64
2.5	25	3		1.432	1.124	0.098	0.73
		4		1.859	1.459	0.097	0.76
3	30	3		1.749	1.373	0.117	0.85
		4	4.5	2.276	1.786	0.117	0.89
3.6	36	3		2.109	1.656	0.141	1.00
		4		2.756	2.163	0.141	1.04
		5		3.382	2.654	0.141	1.07
4	40	3		2.359	1.852	0.157	1.09
		4	5	3.086	2.422	0.157	1.13
		5		3.791	2.976	0.156	1.17
4.5	45	3		2.659	2.088	0.177	1.22
		4		3.486	2.736	0.177	1.26
		5		4.292	3.369	0.176	1.30
		6		5.076	3.985	0.176	1.33
5	50	3	5.5	2.971	2.332	0.197	1.34
		4		3.897	3.059	0.197	1.38
		5		4.803	3.770	0.196	1.42
		6		5.688	4.465	0.196	1.46
5.6	56	3	6	3.343	2.264	0.221	1.48
		4		4.390	3.446	0.220	1.53
		5		5.415	4.251	0.220	1.57
		6		8.367	6.568	0.219	1.68
6.3	63	4	7	4.978	3.907	0.248	1.70
		5		6.143	4.822	0.248	1.74
		6		7.288	5.721	0.247	1.78
		8		9.515	7.469	0.247	1.85
		10		11.657	9.151	0.246	1.92
7	70	4	8	5.570	4.372	0.275	1.86
		5		6.875	5.397	0.275	1.91
		6		8.160	6.406	0.275	1.95
		7		9.424	7.398	0.275	1.99
		8		10.667	8.373	0.274	2.03
7.5	75	5		7.367	5.818	0.295	2.04
		6		8.797	6.905	0.294	2.06
		7		10.160	7.976	0.294	2.11
		8		11.503	9.030	0.294	2.15
		10	9	14.126	11.089	0.293	2.22
8	80	5		7.912	6.211	0.315	2.15
		6		9.397	7.376	0.314	2.19
		7		10.860	8.525	0.314	2.23
		8		12.303	9.658	0.314	2.27
		10		15.126	11.874	0.313	2.35

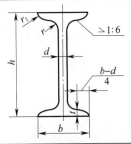

h——高度，mm；
b——腿宽，mm；
d——腰厚，mm；
t——平均腿厚，mm；
r——内圆弧半径，mm；
r_1——腿端圆弧半径，mm。

型号	尺寸/mm						截面积/ cm^2	理论质量/ （kg/m）
	h	b	d	t	r	r_1		
10	100	68	4.5	7.6	6.5	3.3	14.3	11.2
12	120	74	5.0	8.4	7.0	3.5	17.8	14.0
12.6	126	74	5.0	8.4	7.0	3.5	18.1	14.2
14	140	80	5.5	9.1	7.5	3.8	21.5	16.9
16	160	88	6.0	9.9	8.0	4.0	26.1	20.5
18	180	94	6.5	10.7	8.5	4.3	30.6	24.1
20a	200	100	7.0	11.4	9.0	4.5	35.5	27.9
20b	200	102	9.0	11.4	9.0	4.5	39.5	31.1
22a	220	110	7.5	12.3	9.5	4.8	42.0	33.0
22b	220	112	9.5	12.3	9.5	4.8	46.4	36.4
24a	240	116	8.0	13.0	10.0	5.0	47.7	37.4
24b	240	118	10.0	13.0	10.0	5.0	52.6	41.2
25a	250	116	8.0	13.0	10.0	5.0	48.5	38.1
25b	250	118	10.0	13.0	10.0	5.0	53.5	42.0
27a	270	122	8.5	13.7	10.5	5.3	54.6	42.8
27b	270	124	10.5	13.7	10.5	5.3	60.0	47.1
28a	280	122	8.5	13.7	10.5	5.3	55.45	43.4
28b	280	124	10.5	13.7	10.5	5.3	61.05	47.9
30a	300	126	9.0	14.4	11.0	5.5	61.2	48.0
30b	300	128	11.0	14.4	11.0	5.5	67.2	52.7
30c	300	130	13.0	14.4	11.0	5.5	73.4	57.4
32a	320	130	9.5	15	11.5	5.8	67.05	52.7
32b	320	132	11.5	15	11.5	5.8	73.45	57.7
32c	320	134	13.5	15	11.5	5.8	79.95	62.8
36a	360	136	10.0	15.8	12.0	6.0	76.3	59.9
36b	360	138	12.0	15.8	12.0	6.0	83.5	65.6
36c	360	140	14.0	15.8	12.0	6.0	90.7	71.2
40a	400	142	10.5	16.5	12.5	6.3	86.1	67.6
40b	400	144	12.5	16.5	12.5	6.3	94.1	73.8
40c	400	146	14.5	16.5	12.5	6.3	102	80.1
45a	450	150	11.5	18.0	13.5	6.8	102	80.4

型号	尺寸 /mm						截面积 / cm²	理论质量 / （kg/m）
	h	b	d	t	r	r_1		
45b	450	152	13.5	18.0	13.5	6.8	111	87.4
45c	450	154	15.5	18.0	13.5	6.8	120	94.5
50a	500	158	12.0	20.0	14.0	7.0	119	93.6
50b	500	160	14.0	20.0	14.0	7.0	129	101
50c	500	162	16.0	20.0	14.0	7.0	139	109
55a	550	166	12.5	21.0	14.5	7.3	134	105
55b	550	168	14.5	21.0	14.5	7.3	145	114
55c	550	170	16.5	21.0	14.5	7.3	156	123
56a	560	166	12.5	21.0	14.5	7.3	135.25	106.2
56b	560	168	14.5	21.0	14.5	7.3	146.45	115.0
56c	560	170	16.5	21.0	14.5	7.3	157.85	123.9
63a	630	176	13.0	22.0	15.0	7.5	154.9	121.6
63b	630	178	15.0	22.0	15.0	7.5	167.5	131.5
63c	630	180	17.0	22.0	15.0	7.5	180.1	141.0

附表 5 热轧槽钢规格

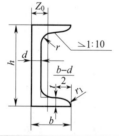

h——高度，mm；

b——腿宽，mm；

d——腰厚，mm；

t——平均腿厚，mm；

r——内圆弧半径，mm；

r_1——腿端圆弧半径，mm；

Z_0——板边至重心距离，cm。

型号	尺寸 /mm						截面积 / cm²	理论质量 / （kg/m）	Z_0/cm
	h	b	d	t	r	r_1			
5	50	37	4.5	7.0	7.0	3.50	6.93	5.44	1.35
6.3	63	40	4.8	7.5	7.5	3.75	8.44	6.63	1.36
8	80	43	5.0	8.0	8.0	4.0	10.24	8.04	1.43
10	100	48	5.3	8.5	8.5	4.25	12.74	10.00	1.52
12.6	126	53	5.5	9.0	9.0	4.5	15.69	12.37	1.59
14a	140	58	6.0	9.5	9.5	4.75	18.51	14.53	1.71
14b	140	60	8.0	9.5	9.5	4.75	21.31	16.73	1.67
16a	160	63	6.5	10.0	10.0	5.0	21.95	17.23	1.80
16	160	65	8.5	10.0	10.0	5.0	25.15	19.74	1.75
18a	180	68	7.0	10.5	10.5	5.25	25.69	20.17	1.88
18	180	70	9.0	10.5	10.5	5.25	29.29	22.99	1.84
20a	200	73	7.0	11.0	11.0	5.5	28.83	22.63	2.01

型号	尺寸 /mm						截面积 / cm²	理论质量 / (kg/m)	Z_0/cm
	h	b	d	t	r	r_1			
20	200	75	9.0	11.0	11.0	5.5	32.83	25.77	1.95
22a	220	77	7.0	11.5	11.5	5.75	31.84	24.99	2.10
22	220	79	9.0	11.5	11.5	5.75	36.24	28.45	2.03
24a	240	78	7.0	12.0	12.0	6.0	34.21	26.55	2.10
24b	240	80	9.0	12.0	12.0	6.0	39.00	30.62	2.03
24c	240	82	11.0	12.0	12.0	6.0	43.81	34.39	2.00
25a	250	78	7.0	12.0	12.0	6.0	34.91	27.47	2.07
25b	250	80	9.0	12.0	12.0	6.0	39.91	31.39	1.98
25c	250	82	11.0	12.0	12.0	6.0	44.91	35.32	1.92
28a	280	82	7.5	12.5	12.5	6.25	40.02	31.42	2.10
28b	280	84	9.5	12.5	12.5	6.25	45.62	35.81	2.02
28c	280	86	11.5	12.5	12.5	6.25	51.22	40.21	1.95
32a	320	88	8	14	14	7	48.70	38.22	2.24
32b	320	90	10	14	14	7	55.10	43.25	2.16
32c	320	92	12	14	14	7	61.50	48.28	2.09
36a	360	96	9	16	16	8	60.89	47.80	2.44
36b	360	98	11	16	16	8	68.09	53.45	2.37
36c	360	100	13	16	16	8	75.29	59.10	2.34
40a	400	100	10.5	18	18	9	75.05	58.91	2.49
40b	400	102	12.5	18	18	9	83.05	65.19	2.44
40c	400	104	14.5	18	18	9	91.05	71.47	2.42

附表 6　　　　　　　　　　型材最小弯形半径　　　　　　　　　　mm

名称	简图	状态	计算公式
等边角钢外弯形		热	$R_{最小} = \dfrac{b - Z_0}{0.14} - Z_0 \approx 7b - 8Z_0$
		冷	$R_{最小} = \dfrac{b - Z_0}{0.04} - Z_0 = 25b - 26Z_0$
等边角钢内弯形		热	$R_{最小} = \dfrac{b - Z_0}{0.14} - b + Z_0 \approx 6(b - Z_0)$
		冷	$R_{最小} = \dfrac{b - Z_0}{0.04} - b + Z_0 = 24(b - Z_0)$
不等边角钢小边外弯形		热	$R_{最小} = \dfrac{b - Z_0}{0.14} - Z_0 \approx 7b - 8Z_0$
		冷	$R_{最小} = \dfrac{b - Z_0}{0.04} - Z_0 = 25b - 26Z_0$

名称	简图	状态	计算公式
不等边角钢大边外弯形		热	$R_{最小} = \dfrac{B - Y_0}{0.14} - Y_0 \approx 7B - 8Y_0$
		冷	$R_{最小} = \dfrac{B - Y_0}{0.04} - Y_0 = 25B - 26Y_0$
不等边角钢小边内弯形		热	$R_{最小} = \dfrac{b - X_0}{0.14} - b + X_0 \approx 6(b - X_0)$
		冷	$R_{最小} = \dfrac{b - X_0}{0.04} - b + X_0 = 24(b - X_0)$
不等边角钢大边内弯形		热	$R_{最小} = \dfrac{B - Y_0}{0.14} - B + Y_0 \approx 6(B - Y_0)$
		冷	$R_{最小} = \dfrac{B - Y_0}{0.04} - B + Y_0 = 24(B - Y_0)$
工字钢以 y_0—y_0 轴弯形		热	$R_{最小} = \dfrac{b}{2 \times 0.14} - \dfrac{b}{2} \approx 3b$
		冷	$R_{最小} = \dfrac{b}{2 \times 0.04} - \dfrac{b}{2} = 12b$
工字钢以 x_0—x_0 轴弯形		热	$R_{最小} = \dfrac{h}{2 \times 0.14} - \dfrac{h}{2} \approx 3h$
		冷	$R_{最小} = \dfrac{h}{2 \times 0.04} - \dfrac{h}{2} = 12h$
槽钢以 x_0—x_0 轴弯形		热	$R_{最小} = \dfrac{h}{2 \times 0.14} - \dfrac{h}{2} \approx 3h$
		冷	$R_{最小} = \dfrac{h}{2 \times 0.04} - \dfrac{h}{2} = 12h$
槽钢以 y_0—y_0 轴外弯形		热	$R_{最小} = \dfrac{b - Z_0}{0.14} - Z_0 \approx 7b - 8Z_0$
		冷	$R_{最小} = \dfrac{b - Z_0}{0.04} - Z_0 = 25b - 26Z_0$
槽钢以 y_0—y_0 轴内弯形		热	$R_{最小} = \dfrac{b - Z_0}{0.14} - b + Z_0 \approx 6(b - Z_0)$
		冷	$R_{最小} = \dfrac{b - Z_0}{0.04} - b + Z_0 = 24(b - Z_0)$

名称	简图	状态	计算公式
圆钢弯形		热	$R_{最小}=d$
		冷	$R_{最小}=2.5d$
扁钢弯形		热	$R_{最小}=3a$
		冷	$R_{最小}=12a$

附表 7   板材最小弯形半径　　　　　　　　　　mm

材料 （厚度 t）	回火或正火		淬火	
	弯形半径 r			
	垂直于轧制纹路	平行于轧制纹路	垂直于轧制纹路	平行于轧制纹路
工业纯铝	0	$0.2t$	$0.2t$	$0.5t$
铝			$0.3t$	$0.8t$
黄铜			$0.4t$	$0.8t$
铜			$1.0t$	$2.0t$
10、Q215	0	$0.4t$	$0.4t$	$0.8t$
15、20、Q235	$0.1t$	$0.5t$	$0.5t$	$1.0t$
25、30、Q255	$0.2t$	$0.6t$	$0.6t$	$1.2t$
35、40、Q275	$0.3t$	$0.8t$	$0.8t$	$1.5t$
45、50	$0.5t$	$1.0t$	$1.0t$	$1.7t$
55、60	$0.7t$	$1.3t$	$1.3t$	$2.0t$
硬铝	$1.0t$	$1.5t$	$1.5t$	$2.5t$
超硬铝	$2.0t$	$3.0t$	$3.0t$	$4.0t$

附表 8   管材最小弯形半径　　　　　　　　　　mm

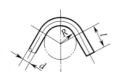 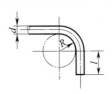 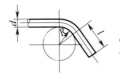

d—管子外径，mm；
R—最小弯形半径，mm。

硬聚氯乙烯管			铝管			纯铜管与黄铜管				焊接钢管				
d	壁厚	R	d	壁厚	R	d	壁厚	R	$l_{最小}$	d	壁厚	R 热	R 冷	$l_{最小}$
12.5	2.25	30	6	1	10	5	1	10		13.5		40	80	40
15	2.25	45	8	1	15	6	1	10	18	17		50	100	45
25	2	60	10	1	15	7	1	15		21.25	2.75	65	130	50
25	3	80	12	1	20	8	1	15	25	26.75	2.75	80	160	55
32	3	110	14	1	20	10	1	15	30	33.5	3.25	100	200	70
40	3.5	150	16	1.5	30	12	1	20	35	42.25	3.25	130	250	85
51	4	180	20	1.5	30	14	1	20		48	3.5	150	290	100
65	4.5	240	25	1.5	50	15	1	30	45	60	3.5	180	360	120
76	5	330	30	1.5	60	16	1.5	30		75.5	3.75	225	450	150
90	6	400	40	1.5	80	18	1.5	30	50	88.5	4	265	530	170
114	7	500	50	2	100	20	1.5	30		114	4	340	680	230
140	8	600	60	2	125	24	1.5	40	55	125		400		
166	8	800				25	1.5	40		150		500		
						28	1.5	50						
						35	1.5	60						
						45	1.5	80						
						55	2	100						

无缝钢管			不锈钢管			不锈无缝钢管		
d	壁厚	R	d	壁厚	R	d	壁厚	R
6	1	15	14	2	18	6	1	25
8	1	15	18	2	28	8	1	15
10	1.5	20	22	2	50	10	1.5	20
12	1.5	25	25	2	50	12	1.5	25
14	1.5	30	32	2.5	60	14	1.5	30
14	3	18	38	2.5	70	16	1.5	30
16	1.5	30	45	2.5	90	18	1.5	40
18	1.5	40	57	2.5	110	20	1.5	20
18	3	28	76	3.5	225	22	1.5	60
20	1.5	40	89	4	250	25	3	60
22	3	50	102			32	3	80
25	3	50	108	4	360	38	3	80
32	3	60	133	4	400	41	3	100
32	3.5	60	139	4	450	57	4	180
38	3	80				76	4	220
38	3.5	70				89	4	270
44.5	3	100				133	4	420
45	3.5	90				159	4	600
57	3.5	110				194	10	800

无缝钢管			不锈钢管			不锈无缝钢管		
d	壁厚	R	d	壁厚	R	d	壁厚	R
57	4	150				219	12	900
76	4	180						
89	4	220						
102								
108	4	270						
133	4	340						
159	4.5	450						
159	6	420						
194	6	500						
219	6	500						
245	6	600						
373	8	700						
325	8	800						
371	10	900						
426	10	1 000						